Mathematics Handbook

数学手册

(大学生用)

盛祥耀
胡金德 编
陈 魁
杨莉军

清华大学出版社
北京

本书封面贴有清华大学出版社防伪标签,无标签者不得销售。
版权所有,侵权必究。 举报:010-62782989,beiqinquan@tup.tsinghua.edu.cn。

图书在版编目(CIP)数据

数学手册(大学生用)/盛祥耀等编著.—北京:清华大学出版社,2005.1(2025.1重印)
ISBN 978-7-302-09816-4

Ⅰ.数… Ⅱ.盛… Ⅲ.高等数学－高等学校－教学参考资料 Ⅳ.O13

中国版本图书馆 CIP 数据核字(2004)第 110139 号

组稿编辑:	刘 颖 王海燕
责任印制:	刘海龙
出版发行:	清华大学出版社

网 址:	https://www.tup.com.cn, https://www.wqxuetang.com		
地 址:	北京清华大学学研大厦 A 座	邮 编:	100084
社 总 机:	010-83470000	邮 购:	010-62786544
投稿与读者服务:	010-62776969,c-service@tup.tsinghua.edu.cn		
质 量 反 馈:	010-62772015,zhiliang@tup.tsinghua.edu.cn		

印 装 者:	涿州市般润文化传播有限公司				
经 销:	全国新华书店				
开 本:	137mm×101mm	**印 张:**	8.375	**字 数:**	298 千字
版 次:	2005 年 1 月第 1 版			**印 次:**	2025 年 1 月第 25 次印刷
定 价:	29.80 元				

产品编号:015578-06

前言

这是一本袖珍式的数学手册,携带方便,使用简捷. 其内容包括高等数学、线性代数和概率论与数理统计三大板块. 涉及的具体条目有定义、定理、公式、方法、总结以及使用时要注意的问题. 另外还有少量在实际工作中所需要的内容. 为了读者使用方便,还编写了少部分中学数学的内容. 本手册适合大学生使用.

由于编者水平有限,错误之处,敬请指正.

编 者
2004 年元月于清华园

第1篇 高等数学

第1章 预备知识 ············ 3

1.1 三角恒等式 ············ 3
1.2 平面解析几何的三个基本公式 ············ 7
1.3 平面上直线 ············ 8
1.4 圆的方程 ············ 10
1.5 坐标变换 ············ 11
1.6 椭圆 ············ 12
1.7 双曲线 ············ 13
1.8 抛物线 ············ 14
1.9 常用曲线的极坐标方程及参数方程 ············ 15

第2章 函数 极限 连续 …………………………………………………… 20

2.1 函数 ………………………………………………………………… 20
2.2 数列的极限 …………………………………………………………… 29
2.3 函数的极限 …………………………………………………………… 31
2.4 函数的连续性 ………………………………………………………… 40

第3章 导数与微分 ……………………………………………………… 46

3.1 导数 …………………………………………………………………… 46
3.2 微分 …………………………………………………………………… 56
3.3 微分在近似计算中的应用 …………………………………………… 59

第4章 中值定理与导数的应用 ………………………………………… 61

4.1 中值定理 ……………………………………………………………… 61
4.2 洛必达法则 …………………………………………………………… 64
4.3 函数图形的特性及其判定 …………………………………………… 65

第 5 章 不定积分 … 72

第 6 章 定积分 … 82

6.1 定积分 … 82
6.2 定积分的近似计算 … 90
6.3 无穷限的广义积分的审敛法 … 96
6.4 无界函数的广义积分的审敛法 … 98

第 7 章 定积分的应用 … 101

7.1 定积分的微元法 … 101
7.2 几何应用 … 105
7.3 平均值 … 110

第 8 章 空间解析几何　向量代数 … 111

8.1 空间直角坐标系 … 111
8.2 向量及其线性运算 … 112

- 8.3 向量的坐标表达式及其有关问题 ········· 114
- 8.4 向量间的乘积 ········· 116
- 8.5 平面方程的各种形式 ········· 120
- 8.6 空间曲面与曲线 ········· 126

第9章 多元函数微分法及其应用 ········· 133

- 9.1 多元函数 ········· 133
- 9.2 闭区域上连续函数的性质 ········· 138
- 9.3 偏导数 ········· 139
- 9.4 全微分 ········· 146
- 9.5 全微分在近似计算中的应用 ········· 149
- 9.6 微分法在几何上的应用 ········· 149
- 9.7 多元函数的极值和最大(小)值 ········· 156
- 9.8 二元函数的泰勒公式 ········· 159

第 10 章　重积分 ·· 163

10.1　二重积分的概念与计算 ·· 163
10.2　二重积分的计算方法 ·· 165
10.3　二重积分的换元法 ··· 169
10.4　二重积分的应用 ·· 173
10.5　三重积分的概念及其计算法 ·· 175
10.6　含参变量的积分 ·· 179

第 11 章　曲线积分与曲面积分 ··· 182

11.1　曲线积分的定义、性质和计算 ·· 182
11.2　格林公式　平面上曲线积分与路径无关的条件 ··············· 189
11.3　曲面积分的定义、性质和计算 ·· 193
11.4　高斯公式　通量与散度 ··· 198
11.5　斯托克斯公式　环流量与旋度 ······································· 201
11.6　向量微分算子 ·· 203

第 12 章　无穷级数 ········· 205

12.1　常数项级数的概念和性质 ········· 205
12.2　正项级数的审敛法 ········· 208
12.3　交错级数及其审敛法 ········· 211
12.4　绝对收敛与条件收敛 ········· 212
12.5　函数项级数　一致收敛性 ········· 214
12.6　幂级数 ········· 217
12.7　幂级数的运算性质 ········· 219
12.8　泰勒级数 ········· 221
12.9　函数展开为幂级数的方法 ········· 223
12.10　傅里叶级数 ········· 225
12.11　傅里叶级数的复数形式 ········· 228

第 13 章　微分方程 ········· 229

13.1　微分方程的基本概念 ········· 229

- 13.2 一阶微分方程的可积类型 ……………………………………………… 231
- 13.3 高阶微分方程的特殊类型 ……………………………………………… 241
- 13.4 高阶线性微分方程 ……………………………………………………… 242

第 2 篇　线性代数

第 1 章　行列式 ……………………………………………………………… 255

- 1.1 排列与逆序 ……………………………………………………………… 255
- 1.2 n 阶行列式 ……………………………………………………………… 256
- 1.3 行列式的性质 …………………………………………………………… 261
- 1.4 行列式按一行(列)展开 ………………………………………………… 265
- 1.5 克拉默法则 ……………………………………………………………… 267

第 2 章　矩阵 ………………………………………………………………… 270

- 2.1 矩阵及其基本运算 ……………………………………………………… 270
- 2.2 特殊矩阵 ………………………………………………………………… 276

2.3 逆矩阵 ········· 279
  2.4 初等变换与初等矩阵 ········· 282
  2.5 分块矩阵 ········· 289

第3章 n维向量空间 ········· 295

  3.1 向量及其线性运算 ········· 295
  3.2 向量的线性相关性 ········· 297
  3.3 极大线性无关组、向量组的秩 ········· 302
  3.4 向量空间 ········· 308
  3.5 向量的内积 ········· 311
  3.6 标准正交基、正交阵 ········· 313

第4章 线性方程组 ········· 316

  4.1 齐次线性方程组 ········· 316
  4.2 非齐次线性方程组 ········· 322

第5章 特征值 特征向量 …… 325

5.1 特征值、特征向量及其性质 …… 325
5.2 相似矩阵 …… 327
5.3 矩阵可对角化的条件 …… 328
5.4 实对称矩阵的对角化 …… 329

第6章 二次型 …… 332

6.1 二次型的矩阵表示,合同矩阵 …… 332
6.2 化二次型为标准形、规范形 …… 335
6.3 正定二次型,正定矩阵 …… 340

第7章 线性空间 线性变换 …… 344

7.1 线性空间 …… 344
7.2 线性子空间的定义 …… 346
7.3 线性变换 …… 350

7.4 欧氏空间 355

第3篇 概率论与数理统计

第1章 概率论的基本概念 363

1.1 随机事件和样本空间 363
1.2 随机事件的概率 366
1.3 条件概率 370
1.4 事件的独立性 373

第2章 随机变量及其分布 376

2.1 随机变量 376
2.2 离散型随机变量的概率分布 377
2.3 随机变量的分布函数 382
2.4 连续型随机变量的概率分布 384

2.5 随机变量的函数的分布 ………………………………………………… 389

第3章 多维随机变量 ……………………………………………………… 393

3.1 二维随机变量的联合分布 ……………………………………………… 393

3.2 二维随机变量的边缘分布 ……………………………………………… 396

3.3 二维随机变量的条件分布 ……………………………………………… 398

3.4 二维随机变量的独立性 ………………………………………………… 399

3.5 两个重要的二维分布 …………………………………………………… 400

3.6 多维随机变量的分布 …………………………………………………… 401

3.7 二维随机变量的函数的分布 …………………………………………… 403

第4章 随机变量的数字特征 …………………………………………… 409

4.1 随机变量的数学期望 …………………………………………………… 409

4.2 随机变量的方差 ………………………………………………………… 413

4.3 重要分布的数学期望与方差 …………………………………………… 414

4.4 二维随机变量的协方差和相关系数 …………………………………… 416

  4.5 随机变量的矩 ·· 418
  4.6 几个重要结论 ·· 418

第5章 极限定理 ·· 420

第6章 数理统计的基本概念 ·· 423

  6.1 总体与样本 ·· 423
  6.2 抽样分布 ··· 426

第7章 参数估计 ·· 434

  7.1 参数的点估计 ·· 434
  7.2 参数的区间估计 ·· 436

第8章 假设检验 ·· 443

  8.1 基本概念 ··· 443
  8.2 正态总体期望 μ 的假设检验 ··· 444

8.3 正态总体方差 σ^2 的假设检验 ………………………………………… 446

8.4 两正态总体期望差 $\mu_1 - \mu_2$ 的假设检验 ………………………………… 448

8.5 两正态总体方差比 $\dfrac{\sigma_1^2}{\sigma_2^2}$ 的假设检验 ……………………………… 452

8.6 (0-1)分布参数 p 的假设检验 …………………………………………… 454

8.7 χ^2 检验法 ………………………………………………………………… 455

8.8 两类错误 …………………………………………………………………… 457

附表 1 积分表 ………………………………………………………………… 459

附表 2 标准正态分布表 …………………………………………………… 480

附表 3 泊松分布表 ………………………………………………………… 482

附表 4 t 分布表 …………………………………………………………… 485

附表 5 χ^2 分布表 ………………………………………………………… 488

附表 6 F 分布表 …………………………………………………………… 494

索引 …………………………………………………………………………… 500

第1篇

高等数学

高等学校

第1篇

第 1 章 预备知识

1.1 三角恒等式

加法公式

$$\sin(\alpha \pm \beta) = \sin\alpha\cos\beta \pm \cos\alpha\sin\beta;$$
$$\cos(\alpha \pm \beta) = \cos\alpha\cos\beta \mp \sin\alpha\sin\beta;$$
$$\tan(\alpha \pm \beta) = \frac{\tan\alpha \pm \tan\beta}{1 \mp \tan\alpha\tan\beta}.$$

和差与积互化公式

$$\sin\alpha + \sin\beta = 2\sin\frac{\alpha+\beta}{2}\cos\frac{\alpha-\beta}{2};$$
$$\sin\alpha - \sin\beta = 2\cos\frac{\alpha+\beta}{2}\sin\frac{\alpha-\beta}{2};$$

$$\cos\alpha + \cos\beta = 2\cos\frac{\alpha+\beta}{2}\cos\frac{\alpha-\beta}{2};$$

$$\cos\alpha - \cos\beta = -2\sin\frac{\alpha+\beta}{2}\sin\frac{\alpha-\beta}{2};$$

$$\tan\alpha \pm \tan\beta = \frac{\sin(\alpha \pm \beta)}{\cos\alpha\cos\beta};$$

$$\cot\alpha \pm \cot\beta = \pm\frac{\sin(\alpha \pm \beta)}{\sin\alpha\sin\beta};$$

$$\sin\alpha\sin\beta = -\frac{1}{2}[\cos(\alpha+\beta) - \cos(\alpha-\beta)];$$

$$\cos\alpha\cos\beta = \frac{1}{2}[\cos(\alpha+\beta) + \cos(\alpha-\beta)];$$

$$\sin\alpha\cos\beta = \frac{1}{2}[\sin(\alpha+\beta) + \sin(\alpha-\beta)].$$

倍角公式

$$\sin 2\alpha = 2\sin\alpha\cos\alpha = \frac{2\tan\alpha}{1+\tan^2\alpha};$$

1.1 三角恒等式

$$\cos 2\alpha = \cos^2\alpha - \sin^2\alpha = 2\cos^2\alpha - 1 = 1 - 2\sin^2\alpha$$
$$= \frac{1-\tan^2\alpha}{1+\tan^2\alpha};$$

$$\tan 2\alpha = \frac{2\tan\alpha}{1-\tan^2\alpha};$$

$$\cot 2\alpha = \frac{\cot^2\alpha - 1}{2\cot\alpha};$$

$$\sin 3\alpha = -4\sin^3\alpha + 3\sin\alpha;$$

$$\cos 3\alpha = 4\cos^3\alpha - 3\cos\alpha.$$

半角公式 下列公式中根号前所取符号与等号左边的符号一致.

$$\sin\frac{\alpha}{2} = \pm\sqrt{\frac{1-\cos\alpha}{2}};$$

$$\cos\frac{\alpha}{2} = \pm\sqrt{\frac{1+\cos\alpha}{2}};$$

$$\tan\frac{\alpha}{2} = \pm\sqrt{\frac{1-\cos\alpha}{1+\cos\alpha}} = \frac{1-\cos\alpha}{\sin\alpha} = \frac{\sin\alpha}{1+\cos\alpha};$$

$$\cot\frac{\alpha}{2} = \pm\sqrt{\frac{1+\cos\alpha}{1-\cos\alpha}} = \frac{1+\cos\alpha}{\sin\alpha} = \frac{\sin\alpha}{1-\cos\alpha}.$$

降幂公式

$$\sin^2\alpha = \frac{1}{2}(1-\cos2\alpha);$$

$$\cos^2\alpha = \frac{1}{2}(1+\cos2\alpha);$$

$$\sin^3\alpha = \frac{1}{4}(3\sin\alpha - \sin3\alpha);$$

$$\cos^3\alpha = \frac{1}{4}(3\cos\alpha + \cos3\alpha).$$

正弦定理与余弦定理(参见图 1.1)

$$\frac{a}{\sin A} = \frac{b}{\sin B} = \frac{c}{\sin C};$$
$$a^2 = b^2 + c^2 - 2bc\cos A;$$
$$b^2 = c^2 + a^2 - 2ca\cos B;$$
$$c^2 = a^2 + b^2 - 2ab\cos C.$$

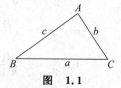

图 1.1

1.2 平面解析几何的三个基本公式

两点之间的距离公式 设点 $M_1(x_1,y_1), M_2(x_2,y_2)$,则 M_1 与 M_2 之间的距离 d 为
$$d = \sqrt{(x_2-x_1)^2 + (y_2-y_1)^2}.$$

分线段为定比的分点公式 如图 1.2 所示,设 $\dfrac{M_1M}{MM_2}=\lambda$,则分点 M 的坐标为

$$x = \frac{x_1+\lambda x_2}{1+\lambda} \quad (\lambda \neq -1), \quad y = \frac{y_1+\lambda y_2}{1+\lambda} \quad (\lambda \neq -1).$$

线段的中点坐标为
$$x = \frac{1}{2}(x_1+x_2), \quad y = \frac{1}{2}(y_1+y_2).$$

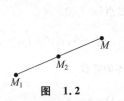

图 1.2

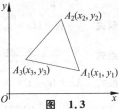

图 1.3

三角形的面积公式 设 $\triangle A_1A_2A_3$(如图 1.3 所示),则它的面积 S 为

$$S = \frac{1}{2} \begin{vmatrix} x_1 & y_1 & 1 \\ x_2 & y_2 & 1 \\ x_3 & y_3 & 1 \end{vmatrix}.$$

1.3 平面上直线

平面上的直线有下列各种形式:

斜截式 $y = kx + b$, k 为斜率, b 为纵截距.

截距式 $\dfrac{x}{a} + \dfrac{y}{b} = 1$, a, b 分别为横截距、纵截距.

点斜式 $y - y_0 = k(x - x_0)$, k 为斜率, 直线通过点 (x_0, y_0).

两点式 $\dfrac{x - x_1}{x_2 - x_1} = \dfrac{y - y_1}{y_2 - y_1}$, 直线过两点 (x_1, y_1), (x_2, y_2), $x_1 \neq x_2$, $y_1 \neq y_2$.

一般式 $Ax + By + C = 0$, A, B, C 是不同时为零的常数.

参数式 $\begin{cases} x = x_0 + t\cos\alpha, \\ y = y_0 + t\sin\alpha, \end{cases}$ t 为参变量(见图 1.4).

极坐标式　$r = \dfrac{p}{\cos(\theta - \alpha)}$ (见图 1.5).

法线式　$x\cos\beta + y\sin\beta - p = 0$ (见图 1.6).

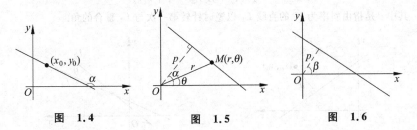

图 1.4　　　　　图 1.5　　　　　图 1.6

点到直线的距离

$$d = \dfrac{|Ax_0 + By_0 + C|}{\sqrt{A^2 + B^2}} \text{(见图 1.7)}.$$

两条直线之间的夹角　如图 1.8 所示,设直线

$$L_1: A_1 x + B_1 y + C_1 = 0, \text{ 或 } y = k_1 x + b_1,$$

$$L_2: A_2x + B_2y + C_2 = 0, \text{或 } y = k_2x + b_2,$$

则

$$\tan\theta = \frac{A_1B_2 - A_2B_1}{A_1A_2 + B_1B_2} = \frac{k_2 - k_1}{1 + k_1k_2},$$

其中 θ 是指由斜率为 k_1 的直线 L_1 以逆时针转第一次与 L_2 重合的角.

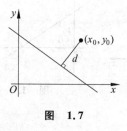

图 1.7

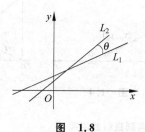

图 1.8

1.4 圆的方程

圆心在原点,半径为 R 的圆的方程为

$$x^2 + y^2 = R^2.$$

圆心在点(x_0, y_0),半径为R的圆的方程为
$$(x-x_0)^2 + (y-y_0)^2 = R^2.$$
圆心在x轴上且与y轴相切的圆的方程为
$$x^2 + y^2 = 2Rx \quad (\text{圆在}y\text{轴右侧});$$
$$x^2 + y^2 = -2Rx \quad (\text{圆在}y\text{轴左侧}).$$
圆心在y轴上且与x轴相切的圆的方程为
$$x^2 + y^2 = 2Ry \quad (\text{圆在}x\text{轴的上方});$$
$$x^2 + y^2 = -2Ry \quad (\text{圆在}x\text{轴的下方}).$$

1.5 坐标变换

坐标平移公式 如图1.9所示,设旧坐标为(x,y),新坐标为(X,Y),新坐标原点在旧坐标中的坐标为(a,b),则

$$\begin{cases} x = X+a, \\ y = Y+b, \end{cases} \text{或} \quad \begin{cases} X = X-a, \\ Y = y-b. \end{cases}$$

坐标旋转公式 如图1.10所示,坐标系Oxy绕原点以逆时针方向旋转θ角. 设点的旧坐标为(x,y),新坐标为(X,Y),则

$$\begin{cases} x = X\cos\theta - Y\sin\theta, \\ y = X\sin\theta + Y\cos\theta. \end{cases}$$

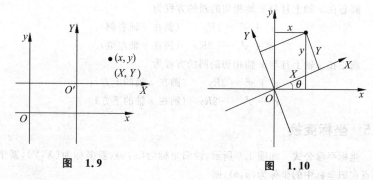

图 1.9 　　　　　　　　　　　图 1.10

1.6 椭圆

椭圆的定义　到两个定点的距离和为常数的动点的轨迹.定点称为椭圆的焦点.

椭圆的标准方程

$\dfrac{x^2}{a^2} + \dfrac{y^2}{b^2} = 1$ （$a > b$，长轴在 x 轴上），焦点坐标为 $(c,0),(-c,0)$；

$\dfrac{x^2}{b^2} + \dfrac{y^2}{a^2} = 1$ （$a > b$，长轴在 y 轴上），焦点坐标为 $(0,c),(0,-c)$.

其中 $a^2 - b^2 = c^2$.

椭圆的离心率 $\varepsilon = \dfrac{c}{a} < 1$.

椭圆的参数方程 $\begin{cases} x = a\cos t, \\ y = b\sin t. \end{cases}$ （t 为参变量）.

1.7 双曲线

双曲线的定义 到两定点的距离之差为常数的动点的轨迹.定点称为双曲线的焦点.

双曲线的标准方程

$\dfrac{x^2}{a^2} - \dfrac{y^2}{b^2} = 1$ （实轴在 x 轴上），焦点坐标为 $(c,0),(-c,0)$；

$$-\frac{x^2}{a^2}+\frac{y^2}{b^2}=1 \quad \text{(实轴在 } y \text{ 轴上)},\text{焦点坐标为}(0,c),(0,-c).$$

其中 $a^2+b^2=c^2$.

双曲线的渐近线方程 $\quad \dfrac{x}{a}-\dfrac{y}{b}=0 \quad$ 及 $\quad \dfrac{x}{a}+\dfrac{y}{b}=0.$

双曲线的离心率 $\quad \varepsilon=\dfrac{c}{a}>1.$

双曲线的参数方程 $\quad \begin{cases} x=a\cosh t, \\ y=b\sinh t, \end{cases} \quad$ 或 $\quad \begin{cases} x=a\sinh t, \\ y=b\cosh t. \end{cases}$

1.8 抛物线

抛物线的定义 动点到定点与定直线的距离相等的动点的轨迹. 定直线称为抛物线的准线, 定点称为抛物线的焦点.

抛物线的标准方程

$$y^2=2px, \quad \text{焦点坐标为}\left(\dfrac{p}{2},0\right) \ (p>0).$$

$$y^2 = -2px, \quad \text{焦点坐标为} \left(-\frac{p}{2}, 0\right) \ (p > 0).$$

$$x^2 = 2py, \quad \text{焦点坐标为} \left(0, \frac{p}{2}\right) \ (p > 0).$$

$$x^2 = -2py, \quad \text{焦点坐标为} \left(0, -\frac{p}{2}\right) \ (p > 0).$$

1.9 常用曲线的极坐标方程及参数方程

圆的方程

$r = R$ （圆心在极点，半径为 R）；

$r = 2R\cos\theta$ （圆心在 x 轴上且与 $\theta = \dfrac{\pi}{2}$ 的直线相切）；

$r = 2R\sin\theta$ （圆心在 y 轴上且与极轴相切）.

双扭线方程及其图形（见图 1.11）

在直角坐标系中：$(x^2 + y^2)^2 - 2a^2(x^2 - y^2) = 0$；

在极坐标系中：$r^2 = 2a^2\cos 2\theta$.

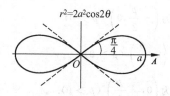
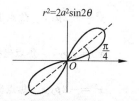

(a) 图形关于极轴及 $\theta=\frac{\pi}{2}$ 对称 (b) 图形关于 $\theta=\frac{\pi}{4}$ 和 $\theta=\frac{5\pi}{4}$ 对称

图 1.11

摆线(或称普通旋轮线)方程及其图形

摆线的定义 定圆上一点 M 在直线上作不滑动的滚动的轨迹(见图 1.12).

摆线的参数方程：$\begin{cases} x=a(t-\sin t), \\ y=a(1-\cos t). \end{cases}$ (定点 M 开始时在坐标原点.)

星形线(或称 $m=4$ 时的内摆线)的方程及其图形

星形线的定义 星形线是一圆周(直径为 a)沿另一定圆(直径为 $4a$ 即 $m=4$)的内部不滑动而滚动时,圆周上一定点 M 所构成的轨迹(见图 1.13).

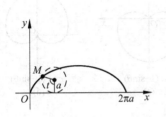

图 1.12

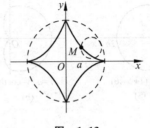

图 1.13

星形线的方程：$x^{\frac{2}{3}}+y^{\frac{2}{3}}=a^{\frac{2}{3}}$ 或 $\begin{cases} x=a\cos^3 t, \\ y=a\sin^3 t. \end{cases}$（定点 M 开始时在 x 轴上．）

玫瑰线

1. 心形线（见图 1.14）
2. 三叶玫瑰线（见图 1.15）

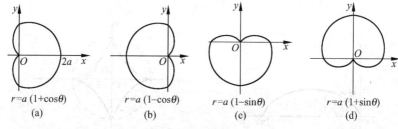

图 1.14

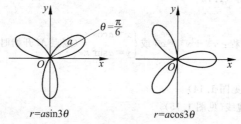

图 1.15

3. 蔓叶线(见图 1.16)：$y^2(2a-x)=x^3$.

4. 笛卡儿叶形线(见图 1.17)：$x^3+y^3-3axy=0$.

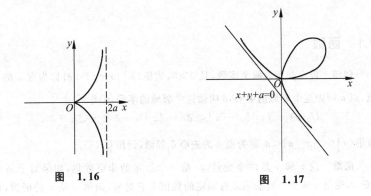

图 1.16   图 1.17

第2章 函数 极限 连续

2.1 函数

邻域 设 a 与 δ 为两个实数,且 $\delta>0$,数集 $\{x \mid |x-a|<\delta\}$ 称为点 a 的 δ 邻域,点 a 叫做这个邻域的**中心**,δ 叫做这个邻域的**半径**,记作

$$U_\delta(a) = \{x \mid |x-a|<\delta\} = \{x \mid a-\delta<x<a+\delta\}.$$

数集 $\{x \mid 0<|x-a|<\delta\}$ 称为**点 a 的去心 δ 邻域**,记作 $\mathring{U}_\delta(a)$.

函数 设 x 和 y 是两个变量,D 是一个给定的非空数集,如果对于每个数 $x \in D$,变量 y 按照一定法则总有确定的数值和它对应,则称 y 是 x 的函数,记作 $y=f(x)$.

数集 D 叫做这个函数的定义域,y 叫做因变量,x 叫做自变量.

单值函数 如果自变量在定义域内任取一个数值时,对应的函数值总是只有一个,这种函数叫做单值函数,否则叫做多值函数.

符号函数 $y = \operatorname{sgn} x = \begin{cases} 1, & x > 0, \\ 0, & x = 0, \\ -1, & x < 0. \end{cases}$

狄利克雷函数 $y = D(x) = \begin{cases} 1, & \text{当 } x \text{ 是有理数时}, \\ 0, & \text{当 } x \text{ 是无理数时}. \end{cases}$

分段函数 在自变量的不同变化范围内,对应法则用不同的式子来表示的函数,称为分段函数. 例如:

$$y = f(x) = \begin{cases} 2\sqrt{x}, & 0 \leqslant x \leqslant 1, \\ 1 + x, & x > 1. \end{cases}$$

取整函数 设 x 为任一实数. 不超过 x 的最大整数称为 x 的整数部分,记作 $[x]$. 这个函数称为取整函数.

反函数 设函数 $y = f(x)$,当变量 x 在一个区域 D 内变化时,变量 y 在区域

W 内变化,如果对于变量 y 在区域 W 内任取一个值 y_0,变量 x 在区域 D 内有 x_0,使 $y_0=f(x_0)$,$x=\varphi(y)$,则变量 y 是变量 x 的函数,函数 $x=\varphi(y)$ 称为函数 $y=f(x)$ 的反函数,二者图形是相同的. 习惯上自变量用 x 表示,因变量用 y 表示. 因此也可以说 $y=\varphi(x)$ 是 $y=f(x)$ 的反函数,原来的函数 $y=f(x)$ 称为直接函数. 这时直接函数与反函数的图形关于直线 $y=x$ 对称.

有界性 若 $X \subset D$,存在 $M>0$,对任意 $x \in X$ 有 $|f(x)| \leqslant M$ 成立. 则称函数 $f(x)$ 在 X 上有界,否则称 $f(x)$ 无界.

单调性 设函数 $f(x)$ 的定义域为 D,区间 $I \in D$. 如果对于区间 I 上任意两点 x_1 及 x_2,当 $x_1 < x_2$ 时,恒有 $f(x_1) < f(x_2)$,则称函数 $f(x)$ 在区间 I 上是(严格)单调增加的;如果对于区间 I 上任意两点 x_1 及 x_2,当 $x_1 < x_2$ 时,恒有 $f(x_1) > f(x_2)$,则称函数 $f(x)$ 在区间 I 上是(严格)单调减少的.

单调增加和单调减少统称为**单调函数**.

奇偶性 设函数 $f(x)$ 的定义域 D 关于原点对称,如果对于任意 $x \in D$ 有 $f(-x)=f(x)$ 恒成立,则称 $f(x)$ 为偶函数;

如果对于任意 $x \in D$ 有 $f(-x)=-f(x)$ 恒成立,则称 $f(x)$ 为奇函数.

周期性 设函数 $f(x)$ 的定义域为 D. 如果存在一个不为零的数 l,使得对于

任一 $x\in D$ 有 $(x\pm l)\in D$,且 $f(x+l)=f(x)$ 恒成立,则称 $f(x)$ 为周期函数. l 称为 $f(x)$ 的周期,通常说的周期函数的周期是指其最小正周期.

基本初等函数

(1) 幂函数(见图 2.1)　　$y=x^{\mu}$　　(μ 是常数).

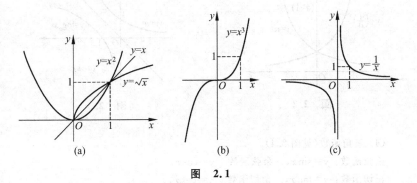

图　2.1

(2) 指数函数(见图 2.2)　　$y=a^{x}$　　($a>0, a\neq 1$).

(3) 对数函数(见图 2.3) $y=\log_a x$ $(a>0, a\neq 1)$.

自然对数函数：$y=\ln x$.

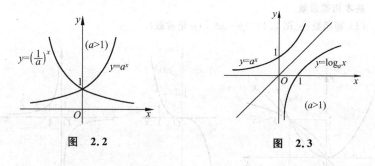

图 2.2

图 2.3

(4) 三角函数(见图 2.4)

正弦函数：$y=\sin x$, 余弦函数 $y=\cos x$,

正切函数：$y=\tan x$, 余切函数 $y=\cot x$,

正割函数：$y=\sec x$, 余割函数 $y=\csc x$.

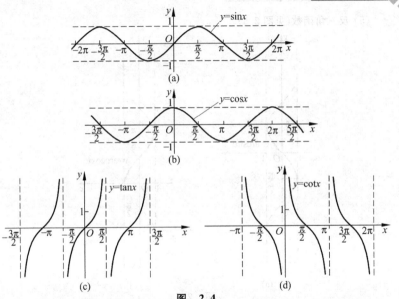

图 2.4

(5) 反三角函数(见图 2.5)

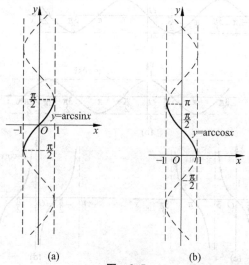

图 2.5

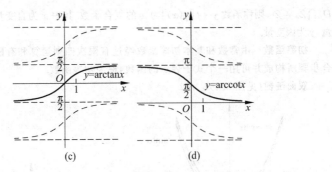

图 2.5（续）

反正弦函数：$y = \arcsin x, x \in [-1, 1], y \in \left[-\dfrac{\pi}{2}, \dfrac{\pi}{2}\right]$；

反余弦函数：$y = \arccos x, x \in [-1, 1], y \in [0, \pi]$；

反正切函数：$y = \arctan x, x \in (-\infty, \infty), y \in \left(-\dfrac{\pi}{2}, \dfrac{\pi}{2}\right)$；

反余切函数：$y = \operatorname{arccot} x, x \in (-\infty, +\infty), y \in (0, \pi)$.

复合函数 设函数 $y = f(u)$ 的定义域为 D_f，而函数 $u = \varphi(x)$ 的值域为 Z_φ，若

$D_f \cap Z_\varphi \neq \varnothing$,则称函数 $y = f[\varphi(x)]$ 为 x 的复合函数. 其中 x 为自变量,u 为中间变量,y 为因变量.

初等函数 由常数和基本初等函数经过有限次四则运算和有限次的函数复合步骤所构成并可用一个式子表示的函数,称为初等函数.

双曲函数(见图 2.6)

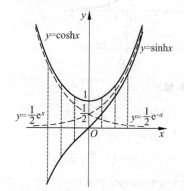
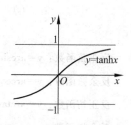

图 2.6

双曲正弦：$\sinh x = \dfrac{e^x - e^{-x}}{2}$；　　　双曲余弦：$\cosh x = \dfrac{e^x + e^{-x}}{2}$；

双曲正切：$\tanh x = \dfrac{\sinh x}{\cosh x} = \dfrac{e^x - e^{-x}}{e^x + e^{-x}}$.

双曲函数常用公式

$\sinh(x \pm y) = \sinh x \cosh y \pm \cosh x \sinh y$；

$\cosh(x \pm y) = \cosh x \cosh y \pm \sinh x \sinh y$；　$\cosh^2 x - \sinh^2 x = 1$；

$\sinh 2x = 2 \sinh x \cosh x$；

$\cosh 2x = \cosh^2 x + \sinh^2 x$.

反双曲函数

反双曲正弦：$y = \operatorname{arsinh} x = \ln(x + \sqrt{x^2 + 1})$；

反双曲余弦：$y = \operatorname{arcosh} x = \ln(x + \sqrt{x^2 - 1})$；

反双曲正切：$y = \operatorname{artanh} x = \dfrac{1}{2} \ln \dfrac{1+x}{1-x}$.

2.2　数列的极限

数列定义　如果按照某一法则，有第 1 个数 x_1，第 2 个数 x_2，…这样依次序排列着,使得对应于任何一个正整数 n 有一个确定的数 x_n,那么,这列有次序的数 $x_1, x_2, \cdots, x_n, \cdots$ 就叫做**数列**,记作 $\{x_n\}$.数列中的每一个数叫做数列的项,第 n 项 x_n 叫做数列的**一般项**.

数列的有界性定义 对数列 $\{x_n\}$,若存在正数 M,使得对于一切自然数 n,恒有 $|x_n| \leqslant M$ 成立,则称数列 $\{x_n\}$ **有界**;否则,称 $\{x_n\}$ **无界**.

数列的极限定义 如果对于任意给定的正数 ε(不论它多么小),总存在正数 N,使得对于 $n>N$ 时的一切 x_n,不等式 $|x_n - a| < \varepsilon$ 都成立,则称**常数 a 是数列 x_n 的极限**,或者称**数列 x_n 收敛于 a**,记为

$$\lim_{n \to \infty} x_n = a, \quad \text{或} \quad x_n \to a \quad (n \to \infty).$$

如果数列没有极限,就说**数列是发散的**.

极限的惟一性定理 每个收敛的数列只有一个极限,即数列 $\{x_n\}$ 不能收敛于两个不同的极限.

收敛数列的有界性定理 收敛的数列必定有界,即如果数列 $\{x_n\}$ 收敛,那么数列 $\{x_n\}$ 一定有界.

收敛数列的有界性推论 无界数列必定发散.

子数列(或子列) 在数列 $\{x_n\}$ 中任意抽取无限多项并保持这些项在原数列

{x_n}中的先后次序,这样得到的一个数列称为原数列{x_n}的子数列.

收敛数列与其子数列间的关系定理 如果数列{x_n}收敛于a,那么它的任一子数列也收敛,且收敛于a.

2.3 函数的极限

自变量趋向有限值时函数的极限定义 设函数$f(x)$在点x_0的某一去心邻域内有定义.如果对于任意给定的正数ε,不论它多么小,总存在相应的正数δ,使得满足不等式$0<|x-x_0|<\delta$的一切x,对应的函数值$f(x)$都满足不等式$|f(x)-A|<\varepsilon$,则称常数A为函数$f(x)$当$x\to x_0$时的极限,记作$\lim\limits_{x\to x_0}f(x)=A$或$f(x)\to A(x\to x_0)$.

简述为"$\varepsilon-\delta$"定义:$\forall \varepsilon>0, \exists \delta>0$,使当$0<|x-x_0|<\delta$时,恒有$|f(x)-A|<\varepsilon$.(其中$\forall$表示任意,$\exists$表示存在.)

自变量趋向有限值时函数的极限几何意义 任意给定一正数ε,作平行于x轴的两条直线$y=A+\varepsilon$和$y=A-\varepsilon$,存在着点x_0的一个去心δ邻域$\mathring{U}_\delta(x_0)$,当x属于$\mathring{U}_\delta(x_0)$时,$y=f(x)$的图形位于这两直线之间(见图2.7).

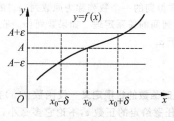

图 2.7

左极限 $\forall \varepsilon > 0, \exists \delta > 0$,使当 $x_0 - \delta < x < x_0$ 时,恒有 $|f(x) - A| < \varepsilon$,记作
$$\lim_{\substack{x \to x_0 - 0 \\ (x \to x_0^-)}} f(x) = A \quad \text{或} \quad f(x_0 - 0) = A.$$

右极限 $\forall \varepsilon > 0, \exists \delta > 0$,使当 $x_0 < x < x_0 + \delta$ 时,恒有 $|f(x) - A| < \varepsilon$,记作
$$\lim_{\substack{x \to x_0 + 0 \\ (x \to x_0^+)}} f(x) = A \quad \text{或} \quad f(x_0 + 0) = A.$$

定理 $\lim\limits_{x \to x_0} f(x) = A \Leftrightarrow f(x_0 - 0) = f(x_0 + 0) = A.$

自变量趋向无穷大时函数的极限定义 如果对于任意给定的正数 ε,总相应

存在正数 X,使得满足不等式 $|x|>X$ 的一切 x,所对应的函数值 $f(x)$ 都满足不等式 $|f(x)-A|<\varepsilon$,那么常数 A 就叫函数 $f(x)$ 当 $x\to\infty$ 时的极限,记作

$$\lim_{x\to\infty}f(x)=A \quad \text{或} \quad f(x)\to A \quad (x\to\infty).$$

几何意义 任意给定一正数 ε,作平行于 x 轴的两条直线 $y=A+\varepsilon$ 和 $y=A-\varepsilon$,则总存在着一个正数 X,使得当 $x<-X$ 或 $x>X$ 时,函数 $y=f(x)$ 的图形位于这两直线之间(见图 2.8).

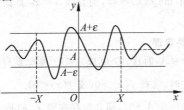

图 2.8

1. $\lim\limits_{x\to+\infty}f(x)=A$ 的情形

任给 $\varepsilon>0$,存在 $X>0$,当 $x>X$ 时恒有

$$|f(x)-A|<\varepsilon.$$

2. $\lim\limits_{x\to-\infty} f(x) = A$ 的情形

任给 $\varepsilon > 0$,存在 $X > 0$,当 $x < -X$ 时恒有

$$|f(x) - A| < \varepsilon.$$

定理 $\lim\limits_{x\to\infty} f(x) = A \Leftrightarrow \lim\limits_{x\to+\infty} f(x) = A$ 且 $\lim\limits_{x\to-\infty} f(x) = A$.

水平渐近线 如果 $\lim\limits_{x\to\infty} f(x) = c$,则直线 $y = c$ 是曲线 $y = f(x)$ 的水平渐近线.

铅直渐近线 如果 $\lim\limits_{x\to x_0} f(x) = \infty$,则直线 $x = x_0$ 是曲线 $y = f(x)$ 的铅直渐近线.

极限的局部保号性定理

(1) 如果 $\lim\limits_{x\to x_0} f(x) = A$,而且 $A > 0$(或 $A < 0$),那么就存在着点 x_0 的某一去心邻域,当 x 在该邻域内时,就有 $f(x) > 0$(或 $f(x) < 0$).

(2) 如果 $\lim\limits_{x\to x_0} f(x) = A (A \neq 0)$,那么就存在着 x_0 的某一去心邻域 $\overset{\circ}{U}(x_0)$,当 $x \in \overset{\circ}{U}(x_0)$ 时,就有 $|f(x)| > \dfrac{|A|}{2}$.

(3) 如果在 x_0 的某一去心邻域内 $f(x) \geqslant 0$(或 $f(x) \leqslant 0$)而且 $\lim\limits_{x\to x_0} f(x) = A$,那么 $A \geqslant 0$(或 $A \leqslant 0$).

2.3 函数的极限

说明:以下记号"lim"是指对 $x \to x_0$ 及 $x \to \infty$ 都成立.

无穷小定义 若 $\lim f(x) = 0$,则称函数 $f(x)$ 当 $x \to x_0$(或 $x \to \infty$)时为无穷小.

无穷小与函数极限的关系定理 $\lim\limits_{x \to x_0} f(x) = A \Leftrightarrow f(x) = A + \alpha(x)$,其中 $\alpha(x)$ 是当 $x \to x_0$(或 $x \to \infty$)时的无穷小.

无穷大定义 若 $\lim f(x) = \infty$(指 $x \in \mathring{U}_\delta \in x_0$)(或 $|x| > N$, N 为某一正数)时, $|f(x)| > M$, M 为任意正数),则称函数 $f(x)$ 当 $x \to x_0$(或 $x \to \infty$)时为无穷大.

正无穷大和负无穷大的定义 $\lim f(x) = +\infty$ (或 $\lim f(x) = -\infty$). (指 $f(x) > M$(或 $f(x) < -M$), M 为任意正数.)

无穷小与无穷大的关系定理 若 $\lim f(x) = 0 (f(x) \neq 0)$,则 $\lim \dfrac{1}{f(x)} = \infty$. 反之也成立.

定理 有限个无穷小的和也是无穷小(注意:无穷多个无穷小的代数和未必是无穷小).

定理 有界函数与无穷小的乘积是无穷小.

定理 常数与无穷小的乘积是无穷小.

定理 有限个无穷小的乘积也是无穷小.

极限的四则运算定理 设 $\lim f(x)=A, \lim g(x)=B$,则

$$\lim[f(x) \pm g(x)] = A \pm B;$$

$$\lim[f(x) \cdot g(x)] = A \cdot B;$$

$$\lim \frac{f(x)}{g(x)} = \frac{A}{B}, 其中 B \neq 0.$$

定理 如果 $\lim f(x)$ 存在,且 c 为常数,则

$$\lim[cf(x)] = c\lim f(x).$$

定理 如果 $\lim f(x)$ 存在,且 n 是正整数,则

$$\lim[f(x)]^n = [\lim f(x)]^n.$$

局部不等性定理 如果 $\varphi(x) > \psi(x)$,且 $\lim \varphi(x)=a, \lim \psi(x)=b$,则 $a \geqslant b$.

复合函数的极限运算法则 设函数 $u=\varphi(x)$ 当 $x \to x_0$ 时的极限存在且等于 a,即 $\lim\limits_{x \to x_0} \varphi(x)=a$,但在点 x_0 的某去心邻域内 $\varphi(x) \neq a$,又 $\lim\limits_{u \to a} f(u)=A$,则复合函数 $f[\varphi(x)]$ 当 $x \to x_0$ 时的极限也存在,且 $\lim\limits_{x \to x_0} f[\varphi(x)] = \lim\limits_{u \to a} f(u) = A$.

夹逼准则 I 如果数列 x_n, y_n 及 z_n 满足下列条件

2.3 函数的极限

$$y_n \leqslant x_n \leqslant z_n \quad (n=1,2,3,\cdots),$$

且 $\lim\limits_{n\to\infty} y_n = a$，$\lim\limits_{n\to\infty} z_n = a$，那么数列 x_n 的极限存在，且 $\lim\limits_{n\to\infty} x_n = a$．

夹逼准则 II 如果当 $x \in \mathring{U}_\delta(x_0)$（或 $|x| > M$）时，有

$$g(x) \leqslant f(x) \leqslant h(x),$$

且 $\lim g(x) = A$，$\lim h(x) = A$，那么 $\lim f(x)$ 存在，且等于 A．

单调数列

1. 如果数列 $\{x_n\}$ 满足条件

$$x_1 \leqslant x_2 \leqslant \cdots \leqslant x_n \leqslant x_{n+1} \leqslant \cdots,$$

就称数列 $\{x_n\}$ 是单调递增数列．

2. 如果数列 $\{x_n\}$ 满足条件

$$x_1 \geqslant x_2 \geqslant \cdots \geqslant x_n \geqslant x_{n+1} \geqslant \cdots,$$

就称数列 $\{x_n\}$ 是单调递减数列．

单调递增数列和单调递减数列统称为单调数列．

单调有界准则 单调有界数列必有极限．

柯西极限存在准则（柯西收敛原理） 数列 $\{x_n\}$ 收敛的充分必要条件是对于任

意给定的正数 ε,存在着这样的正整数 N,使得当 $m>N, n>N$ 时,恒有 $|x_n - x_m| < \varepsilon$.

两个重要极限

(1) $\lim\limits_{x \to 0} \dfrac{\sin x}{x} = 1$,

(2) $\lim\limits_{x \to \infty} \left(1 + \dfrac{1}{x}\right)^x = e$ ($e = 2.71828\cdots$).

无穷小的比较 设 α, β 是同一过程中的两个无穷小,且 $\alpha \neq 0$.

(1) 如果 $\lim \dfrac{\beta}{\alpha} = 0$,就说 β 是 α 的**高阶无穷小**,记作 $\beta = o(\alpha)$.

(2) 如果 $\lim \dfrac{\beta}{\alpha} = \infty$,就说 β 是 α 的**低阶无穷小**.

(3) 如果 $\lim \dfrac{\beta}{\alpha} = C(C \neq 0)$,就说 β 与 α 是**同阶无穷小**. 特殊地,如果 $\lim \dfrac{\beta}{\alpha} = 1$,则称 β 与 α 是**等价无穷小**. 记作 $\alpha \sim \beta$.

(4) 如果 $\lim \dfrac{\beta}{\alpha^k} = C(C \neq 0, k > 0)$,就说 β 是 α 的 **k 阶无穷小**.

2.3 函数的极限

常见的等价无穷小(以下等价无穷小均是在 $x \to 0$ 时的情况)

$\sin x \sim x$, $\arcsin x \sim x$, $\tan x \sim x$, $\arctan x \sim x$,

$\ln(1+x) \sim x$, $e^x - 1 \sim x$, $1 - \cos x \sim \dfrac{1}{2}x^2$.

等价无穷小代换定理

(1) 设 $\alpha \sim \alpha'$, $\beta \sim \beta'$, 且 $\lim \dfrac{\alpha'}{\beta'}$ 存在(或无穷大), 则 $\lim \dfrac{\alpha}{\beta}$ 存在(或无穷大), 且

$$\lim \frac{\alpha}{\beta} = \lim \frac{\alpha'}{\beta'}.$$

(2) 设 $\alpha \sim \alpha'$, $\beta \sim \beta'$, 且 $\lim \dfrac{\alpha' f(x)}{\beta'}$ 存在(或无穷大), 则 $\lim \dfrac{\alpha f(x)}{\beta}$ 存在(或无穷大), 且

$$\lim \frac{\alpha f(x)}{\beta} = \lim \frac{\alpha' f(x)}{\beta'}.$$

(3) 设 $\alpha \sim \alpha'$, $\beta \sim \beta'$, $\gamma \sim \gamma'$, 且 $\lim \dfrac{\alpha}{\beta} = a \neq 1$, 则

$$\lim \frac{\alpha-\beta}{\gamma} = \lim \frac{\alpha'-\beta'}{\gamma'}.$$

定理 β 与 α 是等价无穷小的充分必要条件为 $\beta=\alpha+o(\alpha)$.

2.4 函数的连续性

连续的定义 1 设函数 $f(x)$ 在 $U_\delta(x_0)$ 内有定义,如果当自变量的增量 Δx 趋向于零时,对应的函数增量

$$\Delta y = f(x_0 + \Delta x) - f(x_0)$$

也趋向于零,即

$$\lim_{\Delta x \to 0} \Delta y = 0,$$

或

$$\lim_{\Delta x \to 0} [f(x_0 + \Delta x) - f(x_0)] = 0,$$

则称函数 $f(x)$ 在点 x_0 处**连续**,x_0 为 $f(x)$ 的连续点.

连续的定义 2 函数 $f(x)$ 在点 x_0 处满足:

(1) $f(x)$ 在点 x_0 处有定义;

(2) $\lim_{x \to x_0} f(x)$ 存在；

(3) $\lim_{x \to x_0} f(x) = f(x_0)$.

则称函数 $f(x)$ 在点 x_0 处**连续**.

左连续 若函数 $f(x)$ 在 $(x_0-\delta, x_0]$ 内有定义，且
$$f(x_0 - 0) = f(x_0),$$
则称 $f(x)$ 在点 x_0 处左连续.

右连续 若函数 $f(x)$ 在 $[x_0, x_0+\delta)$ 内有定义，且
$$f(x_0 + 0) = f(x_0),$$
则称 $f(x)$ 在点 x_0 处右连续.

开区间内的连续函数定义 在开区间 (a,b) 每一点都连续的函数，称为在该开区间 (a,b) 上的连续函数，或者说函数在该开区间 (a,b) 内连续.

闭区间上的连续函数定义 如果函数 $f(x)$ 在开区间 (a,b) 内连续，在右端点 b 左连续，在左端点 a 右连续，则称函数 $f(x)$ 在闭区间 $[a,b]$ 上连续.

定理 函数 $f(x)$ 在 x_0 处连续 $\Leftrightarrow$ 函数 $f(x)$ 在 x_0 处既左连续又右连续.

函数的间断点定义 函数 $f(x)$ 在点 x_0 的某去心邻域内有定义. 如果函数

$f(x)$有下列三种情况之一:

(1) $f(x)$在点 x_0 处没有定义;

(2) 在 $x=x_0$ 有定义,但 $\lim_{x\to x_0} f(x)$ 不存在;

(3) 在 $x=x_0$ 有定义,且 $\lim_{x\to x_0} f(x)$ 存在,但 $\lim_{x\to x_0} f(x) \neq f(x_0)$.

则称函数 $f(x)$ 在点 x_0 处间断,称点 x_0 为 $f(x)$ 的间断点.

第 I 类间断点

1. 跳跃间断点 如果函数 $f(x)$ 在点 x_0 处左、右极限都存在,但 $f(x_0-0) \neq f(x_0+0)$,则称点 x_0 为函数 $f(x)$ 的跳跃间断点.

2. 可去间断点 如果函数 $f(x)$ 在点 x_0 处左、右极限都存在,且 $\lim_{x\to x_0} f(x) = A$,但 x_0 是 $f(x)$ 的间断点,则称点 x_0 为函数 $f(x)$ 的可去间断点.

第 II 类间断点 如果函数 $f(x)$ 在点 x_0 处的左、右极限至少有一个不存在,则称点 x_0 为函数 $f(x)$ 的第二类间断点.

连续函数的和、积及商的连续性定理

(1) 有限个在某点连续的函数的和是一个在该点连续的函数.

(2) 有限个在某点连续的函数的乘积是一个在该点连续的函数.

(3) 两个在某点连续的函数的商是一个在该点连续的函数,但要分母在该点不为零.

反函数连续性定理 严格单调的连续函数必有严格单调的连续反函数.

复合函数连续性定理 设函数 $u=\varphi(x)$ 在点 $x=x_0$ 连续,且 $\varphi(x_0)=u_0$,函数 $y=f(u)$ 在点 $u=u_0$ 连续,那么复合函数 $y=f(\varphi(x))$ 在点 $x=x_0$ 也是连续的.

基本初等函数在它们的定义域内都是连续的.

一切初等函数在其定义内的区间内都是连续的.

最大值和最小值定理

定义:若区间 I 上,存在点 ξ,使在 I 上任何一点 x 均有 $f(\xi) \geqslant f(x)$(或 $f(\xi) \leqslant f(x)$)则称 $f(\xi)$ 为函数 $f(x)$ 在区间 I 上的最大值(或最小值).

在闭区间上连续的函数在该区间上一定有最大值和最小值.

如果函数 $f(x)$ 在闭区间 $[a,b]$ 上连续,那么至少有一点 $\xi_1 \in [a,b]$,使 $f(\xi_1)$ 是 $f(x)$ 在 $[a,b]$ 上的最大值,至少有一点 $\xi_2 \in [a,b]$,使 $f(\xi_2)$ 是 $f(x)$ 在 $[a,b]$ 上的最小值(见图 2.9).

有界性定理 在闭区间上连续的函数一定在该区间上有界.

零点定理 设函数 $f(x)$ 在闭区间 $[a,b]$ 上连

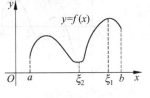

图 2.9

续,且 $f(a)$ 与 $f(b)$ 异号(即 $f(a) \cdot f(b) < 0$),那么在开区间 (a,b) 内至少有函数 $f(x)$ 的一个零点,即至少有一点 $\xi(a<\xi<b)$ 使 $f(\xi)=0$.

从几何上看,如果连续曲线 $y=f(x)$ 的两个端点位于 x 轴的不同侧,那么这段曲线与 x 轴至少有一个交点(见图 2.10).

介值定理 设函数 $f(x)$ 在闭区间 $[a,b]$ 上连续,$f(a)=A$,$f(b)=B$,且 $A\neq B$,那么,对于 A 与 B 之间的任意一个数 C,在开区间 (a,b) 内至少有一点 ξ,使得 $f(\xi)=C(a<\xi<b)$.

从几何上看,连续曲线 $y=f(x)$ 与水平直线 $y=C$ 至少有一个交点(见图 2.11).

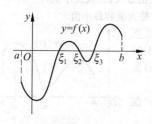

图 2.10   图 2.11

2.4 函数的连续性

推论　在闭区间上连续的函数必取得介于最大值 M 与最小值 m 之间的任何值.

一致连续的定义　设函数 $f(x)$ 在区间 I 上有定义. 如果对于任意给定的正数 ε, 总存在相应的正数 δ, 使得对于区间 I 上的任意两点 x_1, x_2, 当 $|x_1 - x_2| < \delta$ 时, 就有 $|f(x_1) - f(x_2)| < \varepsilon$, 那么称函数 $f(x)$ 在区间 I 上是一致连续的.

一致连续性定理　如果函数 $f(x)$ 在闭区间 $[a,b]$ 上连续, 那么它在该区间上一致连续.

第3章 导数与微分

3.1 导数

导数的定义 设函数 $y=f(x)$ 在点 x_0 的某邻域内有定义,当自变量 x 在 x_0 处取得增量 Δx 时,相应的函数增量为

$$\Delta y = f(x_0 + \Delta x) - f(x_0).$$

如果

$$\lim_{\Delta x \to 0} \frac{\Delta y}{\Delta x}$$

存在,则称函数 $y=f(x)$ 在点 x_0 处可导,并称这个极限为函数 $y=f(x)$ 在点 x_0 处的导数,记为

$$y' \bigg|_{x=x_0} = \lim_{\Delta x \to 0} \frac{\Delta y}{\Delta x} = \lim_{\Delta x \to 0} \frac{f(x_0 + \Delta x) - f(x_0)}{\Delta x},$$

也可记作

$$f'(x_0), \quad \text{或} \left.\frac{\mathrm{d}y}{\mathrm{d}x}\right|_{x=x_0} \quad \text{或} \left.\frac{\mathrm{d}f(x)}{\mathrm{d}x}\right|_{x=x_0}.$$

导数的几何意义 $f'(x_0)$ 表示曲线 $y=f(x)$ 在点 $M(x_0, f(x_0))$ 处切线的斜率,即

$$f'(x_0) = \tan\alpha \quad (\alpha \text{ 为倾角})(\text{见图 } 3.1).$$

切线公式 $y - y_0 = f'(x_0)(x - x_0).$

法线公式

$$y - y_0 = -\frac{1}{f'(x_0)}(x - x_0) \quad (f'(x_0) \neq 0).$$

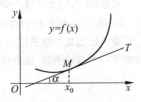

图 3.1

当 $f'(x_0) = 0$ 时,法线方程为 $x = x_0$.

左导数 $f'_{-}(x_0) = \lim\limits_{\Delta x \to -0} \dfrac{f(x_0 + \Delta x) - f(x_0)}{\Delta x}.$

右导数 $f'_{+}(x_0) = \lim\limits_{\Delta x \to +0} \dfrac{f(x_0 + \Delta x) - f(x_0)}{\Delta x}.$

定理 函数 $f(x)$ 在点 x_0 处可导 $\Leftrightarrow$ 左导数 $f'_{-}(x_0)$ 和右导数 $f'_{+}(x_0)$ 都存在

且相等.

开区间(a,b)内可导 如果函数$y=f(x)$在开区间(a,b)内的每点处都可导,则称函数$f(x)$在开区间(a,b)内可导.

闭区间$[a,b]$上可导 如果函数$f(x)$在开区间(a,b)内可导,且$f'_+(a)$及$f'_-(b)$都存在,则称$f(x)$在闭区间$[a,b]$上可导.

导函数定义 对于任一$x\in I$,都对应着$f(x)$的一个确定的导数值,这样就构成了一个新的函数.这个函数叫做原来函数$y=f(x)$的导函数,记作

$$y', \quad f'(x), \quad \frac{\mathrm{d}y}{\mathrm{d}x} 或 \frac{\mathrm{d}f(x)}{\mathrm{d}x}.$$

可导与连续的关系定理 函数$f(x)$在点x_0处可导,则$f(x)$在点x_0处连续.但逆命题不成立.

函数和、差、积、商的求导法则 设函数$u(x),v(x)$均可导,则$u(x)\pm v(x)$,$u(x)\cdot v(x)$,$\dfrac{u(x)}{v(x)}(v(x)\neq 0)$均可导,且

(1) $[u(x)\pm v(x)]'=u'(x)\pm v'(x)$;

(2) $[u(x)\cdot v(x)]'=u'(x)v(x)+u(x)v'(x)$;

(3) $\left[\dfrac{u(x)}{v(x)}\right]' = \dfrac{u'(x)v(x) - u(x)v'(x)}{v^2(x)}$ $(v(x) \neq 0)$.

反函数的导数 如果函数 $x = \varphi(y)$ 在某区间 I_y 内单调、可导且 $\varphi'(y) \neq 0$，则它的反函数 $y = f(x)$ 在对应区间 I_x 内也可导，并且

$$f'(x) = \dfrac{1}{\varphi'(y)}.$$

复合函数的求导法则（链式法则） 如果函数 $u = \varphi(x)$ 在点 x_0 处可导，$y = f(u)$ 在点 $u_0 = \varphi(x_0)$ 处可导，则复合函数 $y = f[\varphi(x)]$ 在点 x_0 处可导，且其导数为

$$\left.\dfrac{\mathrm{d}y}{\mathrm{d}x}\right|_{x=x_0} = f'(u_0) \cdot \varphi'(x_0).$$

常用导数公式

$(c)' = 0$；

$(\sin x)' = \cos x$；

$(\cos x)' = -\sin x$；

$(\tan x)' = \sec^2 x$；

$(\cot x)' = -\csc^2 x$；

$(\sec x)' = \sec x \tan x$;

$(\csc x)' = -\csc x \cot x$;

$(x^\mu)' = \mu x^{\mu-1}$;

$(a^x)' = a^x \ln a \quad (a>0, 且\ a \neq 1)$;

$(\log_a x)' = \dfrac{1}{x \ln a} \quad (a>0, 且\ a \neq 1)$;

$(e^x)' = e^x$;

$(\ln x)' = \dfrac{1}{x}$;

$(\arcsin x)' = \dfrac{1}{\sqrt{1-x^2}}$;

$(\arccos x)' = -\dfrac{1}{\sqrt{1-x^2}}$;

$(\arctan x)' = \dfrac{1}{1+x^2}$;

$(\operatorname{arccot} x)' = -\dfrac{1}{1+x^2}$;

$(\sinh x)' = \cosh x$;

$(\cosh x)' = \sinh x;$

$(\tanh x)' = \dfrac{1}{\cosh^2 x};$

$(\operatorname{arcsinh} x)' = \dfrac{1}{\sqrt{1+x^2}};$

$(\operatorname{arccosh} x)' = \dfrac{1}{\sqrt{x^2-1}};$

$(\operatorname{arctanh} x)' = \dfrac{1}{1-x^2}.$

高阶导数定义 如果导函数 $f'(x)$ 仍然可导,则称 $f'(x)$ 的导数是函数 $y = f(x)$ 的**二阶导数**,记作

$$f''(x), \quad y'', \quad \dfrac{\mathrm{d}^2 y}{\mathrm{d} x^2} \quad \text{或} \quad \dfrac{\mathrm{d}^2 f(x)}{\mathrm{d} x^2},$$

即 $f''(x) = \lim\limits_{\Delta x \to 0} \dfrac{f'(x+\Delta x) - f'(x)}{\Delta x}.$

类似地,二阶导数的导数称为**三阶导数**,记作

$$f'''(x), \quad y''', \quad \dfrac{\mathrm{d}^3 y}{\mathrm{d} x^3}.$$

三阶导数的导数称为四阶导数,记作

$$f^{(4)}(x), \quad y^{(4)}, \quad \frac{\mathrm{d}^4 y}{\mathrm{d}x^4}.$$

函数 $f(x)$ 的 $n-1$ 阶导数的导数叫做 n 阶导数,记作

$$f^{(n)}(x), \quad y^{(n)}, \quad \frac{\mathrm{d}^n y}{\mathrm{d}x^n} \quad \text{或} \quad \frac{\mathrm{d}^n f(x)}{\mathrm{d}x^n}.$$

二阶和二阶以上的导数统称为**高阶导数**. 相应地,$f(x)$ 称为零阶导数,$f'(x)$ 称为**一阶导数**.

常用高阶导数公式

$(a^x)^{(n)} = a^x \cdot \ln^n a \quad (a>0, \text{且} \ a \neq 1)$;

$(\mathrm{e}^x)^{(n)} = \mathrm{e}^x$;

$(\sin kx)^{(n)} = k^n \sin\left(kx + \dfrac{n\pi}{2}\right)$;

$(\cos kx)^{(n)} = k^n \cos\left(kx + \dfrac{n\pi}{2}\right)$;

$(x^\alpha)^{(n)} = \alpha(\alpha-1)\cdots(\alpha-n+1)x^{\alpha-n}$;

$$(\ln x)^{(n)} = (-1)^{n-1}\frac{(n-1)!}{x^n} \quad (0! = 1);$$

$$\left(\frac{1}{x}\right)^{(n)} = (-1)^n \frac{n!}{x^{n+1}}.$$

n 阶导数的莱布尼茨(Leibniz)公式

$$(uv)' = u^{(n)}v + nu^{(n-1)}v' + \frac{n(n-1)}{2}u^{(n-2)}v'' + \cdots + uv^{(n)}.$$

例 $y = x^2 e^{2x}$,求 $y^{(20)}$.

解 设 $u = e^{2x}$, $v = x^2$,则

$$u^{(k)} = 2^k e^{2x} \quad (k = 1, 2, \cdots, 20),$$

$$v' = 2x, \quad v'' = 2, \quad v^{(k)} = 0 \quad (k = 3, 4, \cdots, 20),$$

代入莱布尼茨公式,得

$$y^{(20)} = (x^2 e^{2x})^{(20)}$$

$$= 2^{20} e^{2x} \cdot x^2 + 20 \cdot 2^{19} e^{2x} \cdot 2x + \frac{20 \cdot 19}{2!} 2^{18} e^{2x} \cdot 2$$

$$= 2^{20} e^{2x}(x^2 + 20x + 95).$$

隐函数求导法 用复合函数求导法直接对方程 $F(x, y) = 0$ 两边求导.

例 求由方程 $e^y + xy - e = 0$ 所确定的隐函数 y 的导数 $\dfrac{dy}{dx}$.

解 方程两端对 x 求导,得

$$e^y \frac{dy}{dx} + y + x \frac{dy}{dx} = 0,$$

则有 $\dfrac{dy}{dx} = -\dfrac{y}{x+e^y}$ $(x+e^y \neq 0)$.

对数求导法 先在方程两边取对数,然后利用隐函数的求导方法求出导数.

对数求导法适用范围 多个函数相乘及幂指函数 $u(x)^{v(x)}$ 的情形.

例 $f(x) = u(x)^{v(x)}$ $(u(x) > 0)$,求 $f'(x)$.

解 因为 $\ln f(x) = v(x) \cdot \ln u(x),$

所以 $f'(x) = u(x)^{v(x)} \left[v'(x) \cdot \ln u(x) + \dfrac{v(x) u'(x)}{u(x)} \right].$

由参数方程 $\begin{cases} x = \varphi(t) \\ y = \psi(t) \end{cases}$ **所确定的函数的微分法**

$$\frac{\mathrm{d}y}{\mathrm{d}x} = \frac{\dfrac{\mathrm{d}y}{\mathrm{d}t}}{\dfrac{\mathrm{d}x}{\mathrm{d}t}} = \frac{\psi'(t)}{\varphi'(t)},$$

$$\frac{\mathrm{d}^2 y}{\mathrm{d}x^2} = \frac{\psi''(t)\varphi'(t) - \psi'(t)\varphi''(t)}{\varphi'^{3}(t)}.$$

曲线的切线倾斜角与切点和极点的连线间的夹角关系 设已给曲线的极坐标方程为 $r = r(\theta)$，则 $\tan\psi = \dfrac{r(\theta)}{r'(\theta)}$（见图 3.2）.

相关变化率 设 $x = x(t)$ 及 $y = y(t)$ 都是可导函数，变量 x 与 y 间存在某种关系，从而变化率 $\dfrac{\mathrm{d}x}{\mathrm{d}t}$ 与 $\dfrac{\mathrm{d}y}{\mathrm{d}t}$ 之间也存在一定关系. 这两个相互依赖的变化率称为相关变化率.

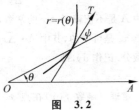

图 3.2

3.2 微分

微分的定义 设函数 $y=f(x)$ 在某区间内有定义,x_0 及 $x_0+\Delta x$ 都在这区间内. 如果函数的增量

$$\Delta y = f(x_0+\Delta x) - f(x_0)$$

可表示为

$$\Delta y = A \cdot \Delta x + o(\Delta x),$$

其中 A 是不依赖于 Δx 的常数,$o(\Delta x)$ 是 Δx 高阶的无穷小,那么称函数 $y=f(x)$ 在点 x_0 是可微的,其中 $A \cdot \Delta x$ 叫做函数 $y=f(x)$ 在点 x_0 相应于自变量增量 Δx 的微分. 记作 $\mathrm{d}y$,即

$$\mathrm{d}y = A\Delta x.$$

定理 函数 $f(x)$ 在点 x_0 可微的充分必要条件是函数 $f(x)$ 在点 x_0 处可导,且

$$A = f'(x_0).$$

自变量 x 的增量 Δx 称为自变量 x 的微分,并记作 $\mathrm{d}x$,即

$$\Delta x = \mathrm{d}x.$$

函数 y 的微分可记作
$$dy = f'(x_0)dx.$$

导数也称为微商
$$f'(x) = \frac{dy}{dx}.$$

若 $f'(x_0) \neq 0$，则称 $dy = f'(x_0)dx$ 是 Δy 的线性主部，其含义是指
$$\lim_{\Delta x \to 0} \frac{\Delta y}{dy} = 1.$$

几何意义 Δy 是曲线 $y = f(x)$ 上的点的纵坐标的增量，dy 是曲线的切线上点的纵坐标的相应增量（见图3.3）.

常用的微分公式

$d(c) = 0$；

$d(\sin x) = \cos x dx$；

$d(\cos x) = -\sin x dx$；

$d(\tan x) = \sec^2 x dx$；

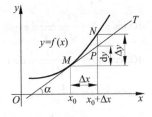

图 3.3

$$d(\cot x) = -\csc^2 x \, dx;$$

$$d(\sec x) = \sec x \tan x \, dx;$$

$$d(\csc x) = -\csc x \cot x \, dx;$$

$$d(x^\mu) = \mu x^{\mu-1} \, dx;$$

$$d(a^x) = a^x \ln a \, dx \quad (a>0, \text{且 } a \neq 1);$$

$$d(e^x) = e^x \, dx;$$

$$d(\log_a x) = \frac{1}{x \ln a} \, dx \quad (a>0, \text{且 } a \neq 1);$$

$$d(\ln x) = \frac{1}{x} \, dx;$$

$$d(\arcsin x) = \frac{1}{\sqrt{1-x^2}} \, dx;$$

$$d(\arccos x) = -\frac{1}{\sqrt{1-x^2}} \, dx;$$

$$d(\arctan x) = \frac{1}{1+x^2} \, dx;$$

$$d(\operatorname{arccot} x) = -\frac{1}{1+x^2} \, dx.$$

函数和、差、积、商的微分法 设函数 u,v 可微，则 $u\pm v, uv, \dfrac{u}{v}(v\neq 0)$ 均可微，且

$$d(u\pm v) = du \pm dv;$$
$$d(cu) = cdu;$$
$$d(uv) = vdu + udv;$$
$$d\left(\frac{u}{v}\right) = \frac{vdu - udv}{v^2} \quad (v\neq 0).$$

微分形式的不变性 无论 u 是自变量还是另一个变量的可微函数，则
$$dy = f'(u)du,$$
这一性质称为一阶微分形式的不变性.

3.3 微分在近似计算中的应用

近似公式

$$f(x) \approx f(x_0) + f'(x_0)(x - x_0).$$

当 $x_0 = 0$ 时，

$$f(x) \approx f(0) + f'(0)x.$$

常用近似公式（$|x|$很小时）

$$\sqrt[n]{1+x} \approx 1 + \frac{1}{n}x;$$

$$\sin x \approx x \quad (x 为弧度);$$

$$\tan x \approx x \quad (x 为弧度);$$

$$e^x \approx 1 + x;$$

$$\ln(1+x) \approx x.$$

绝对误差 如果某个量的精确值为 A，它的近似值为 a，那么 $|A-a|$ 叫做 a 的绝对误差.

相对误差 如果某个量的精确值为 A，它的近似值为 a，那么绝对误差与 $|a|$ 的比值 $\dfrac{|A-a|}{|a|}$ 叫做 a 的相对误差.

绝对误差限，相对误差限 如果某个量的精确值是 A，测得它的近似值是 a，且它的误差不超过 δ_A，即 $|A-a| \leqslant \delta_A$，那么 δ_A 叫做测量 A 的绝对误差限，$\dfrac{\delta_A}{|a|}$ 叫做测量 A 的相对误差限.

通常把绝对误差限与相对误差限简称为绝对误差与相对误差.

第4章 中值定理与导数的应用

4.1 中值定理

罗尔(Rolle)定理 如果函数 $f(x)$ 在闭区间 $[a,b]$ 上连续,在开区间 (a,b) 内可导,且在区间端点的函数值相等,即 $f(a)=f(b)$,则在 (a,b) 内至少有一点 $\xi(a<\xi<b)$,使得函数 $f(x)$ 在该点的导数等于零,即 $f'(\xi)=0$.

几何意义 $\overparen{AB}$ 是一条连续的曲线弧,除端点外处处具有不垂直于 x 轴的切线,且两个端点的纵坐标相等.则在曲线弧 $\overparen{AB}$ 上至少有一点 C,在该点处曲线的切线是水平的(见图 4.1).

拉格朗日(Lagrange)中值定理(微分中值定理) 如果函数 $f(x)$ 在闭区间 $[a,b]$ 上连

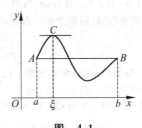

图 4.1

续,在开区间(a,b)内可导,则在(a,b)内至少有一点$\xi(a<\xi<b)$,使得
$$f(b) - f(a) = f'(\xi)(b-a).$$

几何意义 $\overset{\frown}{AB}$是一条连续的曲线弧,除端点外处处具有不垂直于x轴的切线,则在曲线弧$\overset{\frown}{AB}$上至少有一点C,在该点处曲线的切线平行于弦AB(见图4.2).

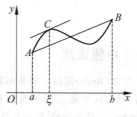

图 4.2

柯西(Cauchy)中值定理 如果函数$f(x)$及$F(x)$在闭区间$[a,b]$上连续,在开区间(a,b)内可导,且$F'(x)$在(a,b)内每一点处均不为零,则在(a,b)内至少有一点$\xi(a<\xi<b)$,使得

$$\frac{f(a)-f(b)}{F(a)-F(b)} = \frac{f'(\xi)}{F'(\xi)}.$$

泰勒(Taylor)中值定理 如果函数$f(x)$在含有x_0的某个开区间(a,b)内具有直到$(n+1)$阶的导数,则当x在(a,b)内时,$f(x)$可以表示为$(x-x_0)$的一个n次多项式与一个余项$R_n(x)$之和,即

$$f(x) = f(x_0) + f'(x_0)(x-x_0) + \frac{f''(x_0)}{2!}(x-x_0)^2 + \cdots +$$

$$\frac{f^{(n)}(x_0)}{n!}(x-x_0)^n + R_n(x),$$

称为 $f(x)$ 按 $(x-x_0)$ 的幂展开的 n 阶泰勒公式. 其中 $R_n(x) = \frac{f^{(n+1)}(\xi)}{(n+1)!} \times (x-x_0)^{n+1}$ (ξ 是在 x_0 与 x 之间的某个值)称为拉格朗日型余项. 当 $R_n(x)$ 的形式取为 $R_n(x) = o((x-x_0)^n)$ 时, 称为佩亚诺型余项.

$$P_n(x) = \sum_{k=0}^{n} \frac{f^{(k)}(x_0)}{k!}(x-x_0)^k$$

称为 $f(x)$ 按 $(x-x_0)$ 的幂展开的 n 次多项式.

麦克劳林(Maclaurin)公式

$$f(x) = f(0) + f'(0)x + \frac{f''(0)}{2!}x^2 + \cdots + \frac{f^{(n)}(0)}{n!}x^n + \frac{f^{(n+1)}(\theta x)}{(n+1)!}x^{n+1} \quad (0 < \theta < 1),$$

或 $f(x) = f(0) + f'(0)x + \frac{f''(0)}{2!}x^2 + \cdots + \frac{f^{(n)}(0)}{n!}x^n + o(x^n)$ \quad $(x \to 0)$.

常用函数的麦克劳林公式

$$e^x = 1 + x + \frac{x^2}{2!} + \cdots + \frac{x^n}{n!} + \frac{e^{\theta x}}{(n+1)!}x^{n+1} \quad (0 < \theta < 1);$$

$$\sin x = x - \frac{x^3}{3!} + \frac{x^5}{5!} - \cdots + (-1)^n \frac{x^{2n+1}}{(2n+1)!} + o(x^{2n+1});$$

$$\cos x = 1 - \frac{x^2}{2!} + \frac{x^4}{4!} - \frac{x^6}{6!} + \cdots + (-1)^n \frac{x^{2n}}{(2n)!} + o(x^{2n});$$

$$\ln(1+x) = x - \frac{x^2}{2} + \frac{x^3}{3} - \cdots + (-1)^n \frac{x^{n+1}}{n+1} + o(x^{n+1});$$

$$\frac{1}{1-x} = 1 + x + x^2 + \cdots + x^n + o(x^n);$$

$$(1+x)^m = 1 + mx + \frac{m(m-1)}{2!}x^2 + \cdots + \frac{m(m-1)\cdots(m-n+1)}{n!}x^n + o(x^n).$$

4.2 洛必达法则

定理 设 (1) 当 $x \to a$(或 $x \to \infty$)时,函数 $f(x)$ 及 $F(x)$ 都趋于零或都趋于无穷大;

(2) 在点 a 的某去心邻域内(或 $|x| > N$ 时),$f'(x)$ 及 $F'(x)$ 都存在且 $F'(x) \neq 0$;

(3) $\lim\limits_{x \to a} \dfrac{f'(x)}{F'(x)}$ 存在(或为无穷大).

那么
$$\lim_{\substack{x\to a\\(x\to\infty)}}\frac{f(x)}{F(x)}=\lim_{\substack{x\to a\\(x\to\infty)}}\frac{f'(x)}{F'(x)}.$$

此法称为**洛必达法则(L'Hospital)**.

4.3 函数图形的特性及其判定

函数单调性的判定法 设函数 $y=f(x)$ 在 $[a,b]$ 上连续,在 (a,b) 内可导.

如果在 (a,b) 内 $f'(x)>0$,则函数 $y=f(x)$ 在 $[a,b]$ 上单调增加.

如果在 (a,b) 内 $f'(x)<0$,则函数 $y=f(x)$ 在 $[a,b]$ 上单调减少.

如果在 (a,b) 内 $f'(x)=0$,则函数 $y=f(x)$ 在 $[a,b]$ 上为常数.

函数极值定义 设函数 $f(x)$ 在区间 (a,b) 内有定义,x_0 是 (a,b) 内的一个点.

如果存在着点 x_0 的一个去心邻域,对于这去心邻域内的任何点 x,恒有 $f(x)<f(x_0)$,则称 $f(x_0)$ 是函数 $f(x)$ 的一个**极大值**.

如果存在着点 x_0 的一个去心邻域,对于这去心邻域内的任何点 x,恒有 $f(x)>f(x_0)$,则称 $f(x_0)$ 是函数 $f(x)$ 的一个**极小值**.

函数的极大值与极小值统称为函数的**极值**,使函数取得极值的点称为**极**

值点.

函数在一点取得极值的必要条件 设函数 $f(x)$ 在点 x_0 处可导,且在 x_0 处取得极值,那么函数在 x_0 处的导数为零,即
$$f'(x_0) = 0.$$

函数在一点取得极值的第一充分条件 设函数 $f(x)$ 在点 x_0 的一个空心邻域内可导且在 x_0 处连续.

如果存在 $\delta>0$,当 $x\in(x_0-\delta, x_0)$ 时,$f'(x)>0$;当 $x\in(x_0, x_0+\delta)$ 时,$f'(x)<0$,则 $f(x)$ 在 x_0 处取得极大值.

如果存在 $\delta>0$,当 $x\in(x_0-\delta, x_0)$ 时,$f'(x)<0$;当 $x\in(x_0, x_0+\delta)$ 时,$f'(x)>0$,则 $f(x)$ 在 x_0 处取得极小值.

如果当 x 取 x_0 左右两侧邻近的值时,$f'(x)$ 符号相同,则 $f(x)$ 在 x_0 处无极值.

函数在一点取得极值的第二充分条件 设 $f(x)$ 在 x_0 处具有二阶导数,且 $f'(x_0)=0, f''(x_0)\neq 0$,那么

当 $f''(x_0)<0$ 时,函数 $f(x)$ 在 x_0 处取得极大值;

当 $f''(x_0)>0$ 时,函数 $f(x)$ 在 x_0 处取得极小值.

最大值、最小值(统称最值)的求法 若函数 $y=f(x)$ 在闭区间 $[a,b]$ 上连续,

则求最大值、最小值的方法为:

在闭区间$[a,b]$上找出所有使$y'=0$的驻点和导数不存在的点,比较函数$y=f(x)$在驻点、导数不存在的点和区间端点处的函数值的大小,其中最大的是函数$y=f(x)$在闭区间$[a,b]$上的最大值,最小的是函数$y=f(x)$在闭区间$[a,b]$上的最小值.

在实际问题中,常运用下面的结论:

(1) 若$f(x)$在某区间(包括各种区间)内连续且仅有一个可能极值点x_0,则当x_0是极大(小)值点时,$f(x_0)$就是函数在该区间的最大(小)值.

(2) 若由分析得知,确实存在最大(小)值,又在论及的区间内仅有一个可能极值点x_0,则$f(x_0)$就是该函数在该区间的最大(小)值.

曲线凹凸的定义 设$f(x)$在区间I上连续,如果对I上任意两点x_1,x_2,恒有

$$f\left(\frac{x_1+x_2}{2}\right)<\frac{f(x_1)+f(x_2)}{2},$$

则称$f(x)$在区间I上的图形是(向上)凹的(或凹弧);如果恒有

$$f\left(\frac{x_1+x_2}{2}\right)>\frac{f(x_1)+f(x_2)}{2},$$

则称 $f(x)$ 在区间 I 上的图形是(向上)凸的(或凸弧).

曲线凹凸的判定定理 设 $f(x)$ 在 (a,b) 内连续且具有二阶导数,若在 (a,b) 内 $f''(x)>0$,则 $f(x)$ 在 (a,b) 上的图形是凹的;若在 (a,b) 内 $f''(x)<0$,则 $f(x)$ 在 (a,b) 上的图形是凸的.

曲线的拐点 连续曲线上凹凸的分界点称为曲线的拐点.

定理 如果函数 $f(x)$ 在点 x_0 的 δ 邻域内存在二阶导数,则点 $(x_0,f(x_0))$ 是拐点的必要条件是 $f''(x_0)=0$.

求函数 $f(x)$ 拐点的方法

方法 1:

设函数 $f(x)$ 在点 x_0 的 δ 去心邻域内存在二阶导数且 x_0 处 $f(x)$ 连续. 若 x_0 两侧 $f''(x)$ 变号,则点 $(x_0,f(x_0))$ 是曲线 $y=f(x)$ 的拐点. 若 x_0 两侧 $f''(x)$ 不变号,则点 $(x_0,f(x_0))$ 不是曲线 $y=f(x)$ 的拐点.

方法 2:

设函数 $f(x)$ 在 x_0 的邻域内具有三阶导数,且 $f''(x_0)=0$ 而 $f'''(x_0)\neq 0$,那么点 $(x_0,f(x_0))$ 是曲线 $y=f(x)$ 的拐点.

水平渐近线 见第 1 章.

4.3 函数图形的特性及其判定

铅直渐近线 见第 1 章.

斜渐近线

如果 $a = \lim\limits_{x\to\infty}\dfrac{f(x)}{x}, b = \lim\limits_{x\to\infty}[f(x)-ax]$ (a,b 为常数)存在,则 $y = ax+b$ 就是 $y = f(x)$ 的一条斜渐近线.

函数图形描绘的步骤

(1) 确定函数的定义域,讨论其奇偶性、周期性;

(2) 求出 $f'(x)$,并讨论单调性及极值;

(3) 求出 $f''(x)$,并讨论曲线的凹凸性及拐点;

(4) 讨论铅直渐近线、斜渐近线;

(5) 有时还需要补充一些点,如零点值 $f(x) = 0$.

有时只需讨论定义域、单调性、极值和渐近线,就可作函数的图形.

弧微分公式 $ds = \sqrt{1+y'^2}\,dx.$

平均曲率 记单位弧段上切线转过的角度的大小为 $\Delta\alpha$,则平均曲率 $\overline{K}$

$$\overline{K} = \left|\frac{\Delta\alpha}{\Delta s}\right| (见图\ 4.3),$$

其中 $\Delta s = \widehat{MM'}$.

曲率 平均曲率的极限叫做曲线 C 在点 M 处的曲率,记作
$$K = \lim_{\Delta s \to 0} \left| \frac{\Delta \alpha}{\Delta s} \right|.$$

曲率圆与曲率半径 设曲线 $y = f(x)$ 在点 $M(x, y)$ 处的曲率为 $K(K \neq 0)$. 在点 M 处的曲线的法线上,在凹的一侧取一点 D,使 $|MD| = \dfrac{1}{K} = \rho$. 以 D 为圆心,ρ 为半径作图(见图 4.4),这个圆叫做曲线在点 M 处的曲率圆. 曲率圆的圆心 D 叫做曲线在点 M 处的曲率中心,曲率圆的半径 ρ 叫做曲线在点 M 处的曲率半径.

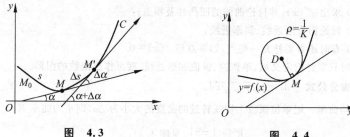

图 4.3　　　　　　图 4.4

渐屈线与渐伸线 当点 $(x,f(x))$ 沿曲线 C 移动时,相应的曲率中心 D 的轨迹曲线 G 称为曲线 C 的渐屈线,而曲线 C 称为曲线 G 的渐伸线.

曲率中心(渐屈线)的计算公式 曲线 $y=f(x)$ 具有二阶导数 y'',且 $y''\neq 0$,设曲线在点 $M(x,y)$ 处的曲率中心为 $D(\alpha,\beta)$,则有

$$\begin{cases} \alpha = x - \dfrac{y'(1+y'^2)}{y''}, \\ \beta = y + \dfrac{1+y'^2}{y''}. \end{cases}$$

第5章 不定积分

原函数 如果在区间 I 内,可导函数 $F(x)$ 的导函数为 $f(x)$,即对任一 $x \in I$,都有

$$F'(x) = f(x) \quad \text{或} \quad \mathrm{d}F(x) = f(x)\mathrm{d}x,$$

则函数 $F(x)$ 就称为 $f(x)$ 在区间 I 内的原函数.

原函数存在定理 如果函数 $f(x)$ 在区间 I 上连续,那么在区间 I 上存在可导函数 $F(x)$,使对任一 $x \in I$,都有

$$F'(x) = f(x).$$

简言之,连续函数一定有原函数.

不定积分定义 如果在区间 I 上,$F(x)$ 是 $f(x)$ 的一个原函数,则 $F(x)+C$ 称为 $f(x)$ 在区间 I 上的不定积分,记为

$$\int f(x)\mathrm{d}x.$$

其中记号 $\int$ 称为积分号，$f(x)$ 称为**被积函数**，$f(x)\mathrm{d}x$ 称为**被积表达式**，x 称为**积分变量**.

积分曲线 函数 $y=f(x)$ 的原函数的图形称为 $f(x)$ 的积分曲线. 显然，不定积分得到的是积分曲线族.

不定积分的性质

(1) $\int[f(x)\pm g(x)]\mathrm{d}x = \int f(x)\mathrm{d}x \pm \int g(x)\mathrm{d}x$

(此性质可推广到有限多个函数之和的情况).

(2) $\int kf(x)\mathrm{d}x = k\int f(x)\mathrm{d}x$ （k 是常数，$k\neq 0$）.

第一类换元积分法 设 $\int f(x)\mathrm{d}x = F(x)+C$，则

$$\int f[\varphi(x)]\varphi'(x)\mathrm{d}x = F(\varphi(x)) + C,$$

其中 $\varphi(x)$ 是可微函数，简记为

$$\int f(u)\mathrm{d}u = F(u) + C.$$

由此可见,已知公式中的 x 换为可微函数 $\varphi(x)$,公式仍成立.

例 已知 $\int \dfrac{1}{x}\mathrm{d}x = \ln|x| + C$,所以

$$\int \dfrac{\cos x}{\sin x}\mathrm{d}x = \int \dfrac{\mathrm{d}\sin x}{\sin x} = \ln|\sin x| + C.$$

第二类换元积分法 设 $x = \psi(t)$ 是单调的、可导的函数,并且 $\psi'(t) \neq 0$. 又设 $f[\psi(t)]\psi'(t)$ 具有原函数,则有换元公式

$$\int f(x)\mathrm{d}x = \left[\int f[\psi(t)]\psi'(t)\mathrm{d}t\right]_{t=\bar{\psi}(x)},$$

其中 $\bar{\psi}(x)$ 是 $x = \psi(t)$ 的反函数.

第二类换元积分法主要解决的问题

被积函数中含有根式的积分问题.

例 求 $\displaystyle\int \dfrac{1}{\sqrt{x^2+a^2}}\mathrm{d}x \quad (a>0)$.

解 令 $x = a\tan t$,则 $\mathrm{d}x = a\sec^2 t\,\mathrm{d}t \quad t \in \left(-\dfrac{\pi}{2}, \dfrac{\pi}{2}\right)$,于是

$$\int \frac{1}{\sqrt{x^2+a^2}} \mathrm{d}x = \int \frac{1}{a\sec t} \cdot a\sec^2 t \, \mathrm{d}t = \int \sec t \, \mathrm{d}t$$

$$= \ln(\sec t + \tan t) + C = \ln\left(\frac{x}{a} + \frac{\sqrt{x^2+a^2}}{a}\right) + C$$

$$= \ln(x + \sqrt{x^2+a^2}) + C_1.$$

分部积分法

$$\int uv' \mathrm{d}x = uv - \int u'v \, \mathrm{d}x,$$

或写为

$$\int u \, \mathrm{d}v = uv - \int v \, \mathrm{d}u.$$

分部积分法的特点　等号两边的积分中 u 与 v 交换位置.

例 1　求 $\int \ln x \, \mathrm{d}x$.

解
$$\int \ln x \, \mathrm{d}x = x \ln x - \int x \, \mathrm{d}\ln x$$
$$= x \ln x - \int \mathrm{d}x = x \ln x - x + C.$$

例2 求 $\int x \ln x \, dx$.

解 要凑一个微分,再用分部积分法.

$$\begin{aligned}
\int x \ln x \, dx &= \frac{1}{2} \int \ln x \, dx^2 \\
&= \frac{1}{2} \left(x^2 \ln x - \int x^2 \, d\ln x \right) \\
&= \frac{1}{2} \left(x^2 \ln x - \int x \, dx \right) \\
&= \frac{1}{2} x^2 \ln x - \frac{1}{4} x^2 + C.
\end{aligned}$$

下列类型可用分部积分法解决:

$$\int p(x) e^{ax} \, dx = \frac{1}{\alpha} \int p(x) \, de^{ax};$$

$$\int p(x) \sin ax \, dx = -\frac{1}{\alpha} \int p(x) \, d\cos ax;$$

$$\int p(x) \cos ax \, dx = \frac{1}{\alpha} \int p(x) \, d\sin ax.$$

其中 $p(x)$ 为 x 的多项式.

有理函数积分法　有理函数分解为多项式及最简分式之和后,各个部分都能积出,且原函数都是初等函数.

三角有理式的定义　由三角函数和常数经过有限次四则运算构成的函数称之为**三角有理式**,一般记为 $R(\sin x,\cos x)$.

三角函数有理式积分法

由 $\sin x=\dfrac{2\tan\dfrac{x}{2}}{1+\tan^2\dfrac{x}{2}}$, $\cos x=\dfrac{1-\tan^2\dfrac{x}{2}}{1+\tan^2\dfrac{x}{2}}$, 令 $u=\tan\dfrac{x}{2}$, 则 $x=2\arctan u$, 即

$$\sin x=\frac{2u}{1+u^2},\quad \cos x=\frac{1-u^2}{1+u^2},\quad \mathrm{d}x=\frac{2}{1+u^2}\mathrm{d}u,$$

则三角有理式 $R(\sin x,\cos x)$ 的积分可化为

$$\int R(\sin x,\cos x)\mathrm{d}x=\int R\Big(\frac{2u}{1+u^2},\frac{1-u^2}{1+u^2}\Big)\frac{2}{1+u^2}\mathrm{d}u.$$

例　求 $\displaystyle\int\frac{\sin x}{1+\sin x+\cos x}\mathrm{d}x$.

解 令 $u = \tan \dfrac{x}{2}$,则

$$x = 2\arctan u, \quad \sin x = \frac{2u}{1+u^2}, \quad \cos x = \frac{1-u^2}{1+u^2}, \quad \mathrm{d}x = \frac{2}{1+u^2}\mathrm{d}u,$$

$$\begin{aligned}
原式 &= \int \frac{2u}{(1+u)(1+u^2)}\mathrm{d}u \\
&= \int \frac{2u + 1 + u^2 - 1 - u^2}{(1+u)(1+u^2)}\mathrm{d}u \\
&= \int \frac{(1+u)^2 - (1+u^2)}{(1+u)(1+u^2)}\mathrm{d}u \\
&= \int \frac{1+u}{1+u^2}\mathrm{d}u - \int \frac{1}{1+u}\mathrm{d}u \\
&= \arctan u + \frac{1}{2}\ln(1+u^2) - \ln|1+u| + C \quad (将 u = \tan \frac{x}{2} 代回) \\
&= \frac{x}{2} + \ln\left|\sec\frac{x}{2}\right| - \ln\left|1+\tan\frac{x}{2}\right| + C.
\end{aligned}$$

基本积分表

$$\int k\,\mathrm{d}x = kx + C \quad (k \text{ 是常数});$$

$$\int x^\mu \,\mathrm{d}x = \frac{x^{\mu+1}}{\mu+1} + C \quad (\mu \neq -1);$$

$$\int \frac{\mathrm{d}x}{x} = \ln|x| + C;$$

$$\int \frac{1}{1+x^2}\,\mathrm{d}x = \arctan x + C;$$

$$\int \frac{1}{\sqrt{1-x^2}}\,\mathrm{d}x = \arcsin x + C;$$

$$\int \cos x\,\mathrm{d}x = \sin x + C;$$

$$\int \sin x\,\mathrm{d}x = -\cos x + C;$$

$$\int \frac{\mathrm{d}x}{\cos^2 x} = \int \sec^2 x\,\mathrm{d}x = \tan x + C;$$

$$\int \frac{\mathrm{d}x}{\sin^2 x} = \int \csc^2 x\,\mathrm{d}x = -\cot x + C;$$

第 5 章 不定积分

$$\int \sec x \tan x \, dx = \sec x + C;$$

$$\int \csc x \cot x \, dx = -\csc x + C;$$

$$\int e^x \, dx = e^x + C;$$

$$\int a^x \, dx = \frac{a^x}{\ln a} + C;$$

$$\int \sinh x \, dx = \cosh x + C;$$

$$\int \sinh x \, dx = \cosh x + C;$$

$$\int \tan x \, dx = -\ln|\cos x| + C;$$

$$\int \cot x \, dx = \ln|\sin x| + C;$$

$$\int \sec x \, dx = \ln|\sec x + \tan x| + C;$$

$$\int \csc x \, dx = \ln|\csc x - \cot x| + C;$$

$$\int \frac{1}{a^2+x^2}dx = \frac{1}{a}\arctan\frac{x}{a}+C;$$

$$\int \frac{1}{x^2-a^2}dx = \frac{1}{2a}\ln\left|\frac{x-a}{x+a}\right|+C;$$

$$\int \frac{1}{a^2-x^2}dx = \frac{1}{2a}\ln\left|\frac{a+x}{a-x}\right|+C;$$

$$\int \frac{1}{\sqrt{a^2-x^2}}dx = \arcsin\frac{x}{a}+C;$$

$$\int \frac{1}{\sqrt{x^2\pm a^2}}dx = \ln(x+\sqrt{x^2\pm a^2})+C.$$

第6章 定积分

6.1 定积分

定积分定义 设函数 $f(x)$ 在 $[a,b]$ 上有界,在 $[a,b]$ 中任意插入 $n-1$ 个分点

$$a = x_0 < x_1 < x_2 < \cdots < x_{n-1} < x_n = b,$$

把区间 $[a,b]$ 分成 n 个子区间,

$$[x_0, x_1], [x_1, x_2], \cdots, [x_{n-1}, x_n],$$

各子区间的长度依次为

$$\Delta x_i = x_i - x_{i-1}, \quad (i = 1, 2, \cdots, n),$$

在各子区间 $[x_{i-1}, x_i]$ 上任取一点 $\xi_i (\xi_i \in [x_{i-1}, x_i])$,作乘积

$$f(\xi_i) \Delta x_i \quad (i = 1, 2, \cdots, n),$$

并作和

$$S = \sum_{i=1}^{n} f(\xi_i)\Delta x_i,$$

记 $\lambda = \max\{\Delta x_1, \Delta x_2, \cdots, \Delta x_n\}$,如果不论对$[a,b]$怎样的分法,也不论在小区间$[x_{i-1}, x_i]$上点$\xi_i$怎样的取法,只要当$\lambda \to 0$时,和$S$总趋于确定的极限$I$,则称这个极限$I$为函数$f(x)$在区间$[a,b]$上的定积分,记为$\int_a^b f(x)\mathrm{d}x$,即

$$\int_a^b f(x)\mathrm{d}x = I = \lim_{\lambda \to 0} \sum_{i=1}^{n} f(\xi_i)\Delta x_i,$$

其中$f(x)$叫做被积函数,$f(x)\mathrm{d}x$叫做被积表达式,x叫做积分变量,a叫做积分下限,b叫做积分上限,$[a,b]$叫做积分区间,和$\sum_{i=1}^{n} f(\xi_i)\Delta x_i$称为积分和.如果$f(x)$在$[a,b]$上的定积分存在,则说$f(x)$在$[a,b]$上可积.

定积分存在定理 1 当函数$f(x)$在$[a,b]$上连续时,$f(x)$在区间$[a,b]$上可积.

定积分存在定理 2 设函数$f(x)$在区间$[a,b]$上有界,且只有有限个第一类间断点,则$f(x)$在区间$[a,b]$上可积.

定积分的几何意义

$$\int_a^b f(x)\mathrm{d}x = A_1 - A_2 + A_3,$$

其中 A_1, A_2, A_3 表示图中所示的面积（见图 6.1）.

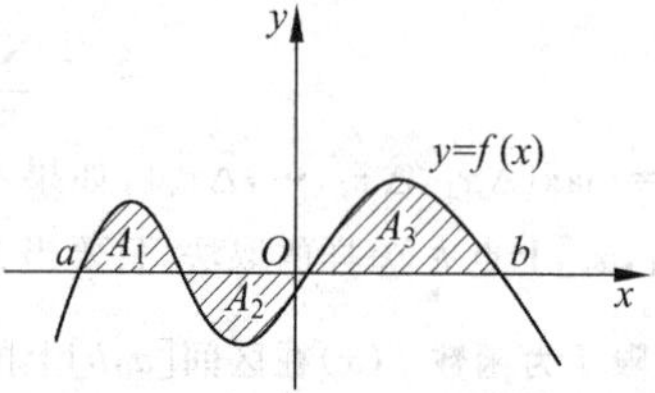

定积分的补充规定

当 $a=b$ 时，$\int_a^b f(x)\mathrm{d}x = 0$；

当 $a>b$ 时，$\int_a^b f(x)\mathrm{d}x = -\int_b^a f(x)\mathrm{d}x$.

图 6.1

定积分的性质（在下面的定积分的性质中，假定定积分都存在）

(1) $\int_a^b [f(x) \pm g(x)]\mathrm{d}x = \int_a^b f(x)\mathrm{d}x \pm \int_a^b g(x)\mathrm{d}x$（此性质可以推广到有限多个函数和的情况）.

(2) $\int_a^b kf(x)\mathrm{d}x = k\int_a^b f(x)\mathrm{d}x$ （k 为常数）.

(3) 不论 a, b, c 的相对位置如何，则

$$\int_a^b f(x)\mathrm{d}x = \int_a^c f(x)\mathrm{d}x + \int_c^b f(x)\mathrm{d}x.$$

(4) $\int_a^b 1 \cdot \mathrm{d}x = \int_a^b \mathrm{d}x = b-a.$

(5) 如果在区间 $[a,b]$ 上 $f(x) \geqslant 0$，则

$$\int_a^b f(x)\mathrm{d}x \geqslant 0 \quad (a < b).$$

推论 如果在区间 $[a,b]$ 上 $f(x) \leqslant g(x)$，则

$$\int_a^b f(x)\mathrm{d}x \leqslant \int_a^b g(x)\mathrm{d}x \quad (a < b),$$

$$\left|\int_a^b f(x)\mathrm{d}x\right| \leqslant \int_a^b |f(x)|\mathrm{d}x \quad (a < b).$$

(6) 设 M 及 m 分别是函数 $f(x)$ 在区间 $[a,b]$ 上的最大值及最小值，则

$$m(b-a) \leqslant \int_a^b f(x)\mathrm{d}x \leqslant M(b-a)$$

(此性质可用于估计积分值的范围).

定积分的中值定理（或积分中值公式） 如果函数 $f(x)$ 在闭区间 $[a,b]$（或 $[b,a]$）上连续，则在积分区间 $[a,b]$（或 $[b,a]$）上至少存在一个点 ξ，使

$$\int_a^b f(x)\mathrm{d}x = f(\xi)(b-a) \quad (\xi \text{ 在 } a \text{ 与 } b \text{ 之间}, b \text{ 不一定要大于 } a).$$

定积分中值定理的几何解释 在区间 $[a,b]$ 上至少存在一个点 ξ,使得以区间 $[a,b]$ 为底边,以曲线 $y=f(x)$ 为曲边的曲边梯形的面积等于同一底边长乘高为 $f(\xi)$ 的一个矩形的面积(见图 6.2).

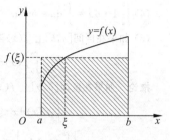

图 6.2

上限为变量的定积分(变上限定积分)

设函数 $f(x)$ 在区间 $[a,b]$ 上连续,并且设 x 为 $[a,b]$ 上的一点,则称积分

$$\Phi(x) = \int_a^x f(t)\mathrm{d}t$$

为变上限的定积分.

变上限的定积分的导数定理(或原函数存在定理) 如果函数 $f(x)$ 在 $[a,b]$ 上连续,则函数

$$\Phi(x) = \int_a^x f(t)\mathrm{d}t$$

在$[a,b]$上具有导数,且它的导数是

$$\Phi'(x) = \frac{\mathrm{d}}{\mathrm{d}x}\int_a^x f(t)\mathrm{d}t = f(x) \quad (a \leqslant x \leqslant b).$$

即 $\Phi(x) = \int_a^x f(t)\mathrm{d}t$ 就是 $f(x)$ 在$[a,b]$上的一个原函数.

特别地,如果 $f(t)$ 连续,$a(x),b(x)$ 可导,则

$$F(x) = \int_{a(x)}^{b(x)} f(t)\mathrm{d}t$$

的导数 $F'(x)$ 为

$$F'(x) = \frac{\mathrm{d}}{\mathrm{d}x}\int_{a(x)}^{b(x)} f(t)\mathrm{d}t$$
$$= f(b(x))b'(x) - f(a(x))a'(x).$$

牛顿-莱布尼茨公式(微积分基本公式) 如果函数 $F(x)$ 是连续函数 $f(x)$ 在区间$[a,b]$上的一个原函数,则

$$\int_a^b f(x)\mathrm{d}x = F(b) - F(a),$$

记为

$$\int_a^b f(x)\mathrm{d}x = F(x)\Big|_a^b.$$

(当 $a>b$ 时,公式仍成立.)

微积分基本公式表明:

(1) 一个连续函数在区间 $[a,b]$ 上的定积分等于它的任意一个原函数在区间 $[a,b]$ 上的增量;

(2) 求定积分问题转化为求原函数的问题.

定积分的换元法 假设函数 $f(x)$ 在 $[a,b]$ 上连续,函数 $x=\varphi(t)$ 在 $[\alpha,\beta]$ 上是单值的且有连续导数,当 t 在区间 $[\alpha,\beta]$ 上变化时,$x=\varphi(t)$ 的值在 $[a,b]$ 上变化,且 $\varphi(\alpha)=a, \varphi(\beta)=b$,则有定积分的换元公式

$$\int_a^b f(x)\mathrm{d}x = \int_\alpha^\beta f[\varphi(t)]\varphi'(t)\mathrm{d}t.$$

当 $\alpha>\beta$ 时,换元公式仍成立.

例 计算 $\int_0^{\frac{\pi}{2}} \cos^5 x \sin x \mathrm{d}x$.

解 令 $t=\cos x$,则 $\mathrm{d}t=-\sin x\mathrm{d}x$,

当 $x=\dfrac{\pi}{2}$ 时,$t=0$,当 $x=0$ 时,$t=1$,故

$$\int_0^{\frac{\pi}{2}} \cos^5 x \sin x \,\mathrm{d}x = -\int_1^0 t^5 \,\mathrm{d}t = \dfrac{t^6}{6}\bigg|_0^1 = \dfrac{1}{6}.$$

定积分的分部积分法 设函数 $u(x), v(x)$ 在区间 $[a,b]$ 上具有连续导数,则有定积分的分部积分公式

$$\int_a^b uv' \,\mathrm{d}x = uv\bigg|_a^b - \int_a^b v u' \,\mathrm{d}x$$

简记为
$$\int_a^b u \,\mathrm{d}v = uv\bigg|_a^b - \int_a^b v \,\mathrm{d}u.$$

定积分常用公式

$$I_n = \int_0^{\frac{\pi}{2}} \sin^n x \,\mathrm{d}x = \int_0^{\frac{\pi}{2}} \cos^n x \,\mathrm{d}x$$

$$= \begin{cases} \dfrac{n-1}{n} \cdot \dfrac{n-3}{n-2} \cdots \dfrac{3}{4} \cdot \dfrac{1}{2} \cdot \dfrac{\pi}{2} & (n \text{ 为偶数}), \\ \dfrac{n-1}{n} \cdot \dfrac{n-3}{n-2} \cdots \dfrac{4}{5} \cdot \dfrac{2}{3} & (n \text{ 为大于 1 的奇数}). \end{cases}$$

6.2 定积分的近似计算

矩形法 矩形法是把曲边梯形分成若干个窄曲边梯形,然后用窄矩形的面积来近似代替窄曲边梯形的面积,从而求得定积分的近似值的方法.

矩形法公式1: $\int_a^b f(x)\mathrm{d}x \approx \sum_{i=1}^n y_{i-1}\Delta x = \dfrac{b-a}{n}\sum_{i=1}^n y_{i-1}$ (见图 6.3).

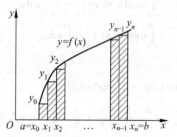

图 6.3

矩形法公式 2：$\int_a^b f(x)\mathrm{d}x \approx \sum_{i=1}^n y_i \Delta x = \dfrac{b-a}{n}\sum_{i=1}^n y_i$　（见图 6.4）.

梯形法　梯形法是把曲边梯形分成若干个窄曲边梯形，然后用窄梯形的面积来近似代替窄曲边梯形的面积，从而求得定积分的近似值的方法.

梯形法公式：

$$\int_a^b f(x)\mathrm{d}x = \dfrac{b-a}{n}\left[\dfrac{1}{2}(y_0+y_n)+y_1+y_2+\cdots+y_{n-1}\right]\text{（见图 6.5）.}$$

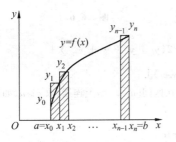

图　6.4

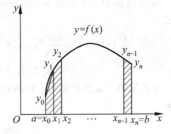

图　6.5

抛物线法 抛物线法是将曲线分为许多小段,用对称轴平行于 y 轴的二次抛物线上的一段弧来近似代替原来的曲线弧,从而得到定积分的近似值的方法.

用分点 $a=x_0,x_1,\cdots,x_n=b$ 把区间分成 n(偶数)等分,这些分点对应曲线上的点为 $M_i(x_i,y_i)(y_i=f(x_i))(i=0,1,2,\cdots,n)$(见图 6.6).

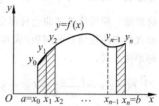

图 6.6

抛物线法公式(辛普森(Simpson)公式):

$$\int_a^b f(x)\mathrm{d}x \approx \frac{b-a}{3n}[(y_0+y_n)+2(y_2+y_4+\cdots+y_{n-2})+4(y_1+y_3+\cdots+y_{n-1})].$$

无穷限的广义积分定义 设函数 $f(x)$ 在区间 $[a,+\infty)$ 上连续,取 $b>a$,如果极限

$$\lim_{b\to+\infty}\int_a^b f(x)\mathrm{d}x$$

存在,则称此极限为函数 $f(x)$ 在无穷区间 $[a,+\infty)$ 上的广义积分,记作 $\int_a^{+\infty} f(x)\mathrm{d}x$,即

$$\int_a^{+\infty} f(x)\mathrm{d}x = \lim_{b \to +\infty} \int_a^b f(x)\mathrm{d}x.$$

当极限存在时,称**广义积分收敛**;否则,称**广义积分发散**.

类似地,设函数 $f(x)$ 在区间 $(-\infty,b]$ 上连续,取 $a<b$,如果极限

$$\lim_{a \to -\infty} \int_a^b f(x)\mathrm{d}x$$

存在,则称此极限为函数 $f(x)$ 在无穷区间 $(-\infty,b]$ 上的广义积分,记作 $\int_{-\infty}^b f(x)\mathrm{d}x$,即

$$\int_{-\infty}^b f(x)\mathrm{d}x = \lim_{a \to -\infty} \int_a^b f(x)\mathrm{d}x.$$

设函数 $f(x)$ 在区间 $(-\infty,+\infty)$ 上连续. 如果广义积分 $\int_{-\infty}^0 f(x)\mathrm{d}x$ 和 $\int_0^{+\infty} f(x)\mathrm{d}x$ 都收敛,则称上述两广义积分之和为函数 $f(x)$ 在无穷区间 $(-\infty,+\infty)$ 上的广义积分,记作 $\int_{-\infty}^{+\infty} f(x)\mathrm{d}x$,即

$$\int_{-\infty}^{+\infty} f(x)\,\mathrm{d}x = \int_{-\infty}^{0} f(x)\,\mathrm{d}x + \int_{0}^{+\infty} f(x)\,\mathrm{d}x$$
$$= \lim_{a \to -\infty} \int_{a}^{0} f(x)\,\mathrm{d}x + \lim_{b \to +\infty} \int_{0}^{b} f(x)\,\mathrm{d}x.$$

极限存在称**广义积分收敛**；否则称**广义积分发散**.

例如,广义积分 $\int_{1}^{+\infty} \dfrac{1}{x^p}\,\mathrm{d}x$,当 $p > 1$ 时收敛,其值为 $\dfrac{1}{p-1}$;当 $p \leqslant 1$ 时发散.

无界函数的广义积分定义 设函数 $f(x)$ 在区间 $(a,b]$ 上连续,而在点 a 的右邻域内无界. 取 $\varepsilon > 0$,如果极限

$$\lim_{\varepsilon \to +0} \int_{a+\varepsilon}^{b} f(x)\,\mathrm{d}x$$

存在,则称此极限为函数 $f(x)$ 在区间 $(a,b]$ 上的广义积分,记作 $\int_{a}^{b} f(x)\,\mathrm{d}x$,即

$$\int_{a}^{b} f(x)\,\mathrm{d}x = \lim_{\varepsilon \to +0} \int_{a+\varepsilon}^{b} f(x)\,\mathrm{d}x.$$

当极限存在时,称**广义积分收敛**；否则,称**广义积分发散**.

类似地,设函数 $f(x)$ 在区间 $[a,b)$ 上连续,而在点 b 的左邻域内无界. 取 $\varepsilon > 0$,如果极限

$$\lim_{\varepsilon \to +0} \int_a^{b-\varepsilon} f(x) \mathrm{d}x$$

存在,则称此极限为函数 $f(x)$ 在区间 $[a,b]$ 上的广义积分,记作 $\int_a^b f(x)\mathrm{d}x$,即

$$\int_a^b f(x) \mathrm{d}x = \lim_{\varepsilon \to +0} \int_a^{b-\varepsilon} f(x) \mathrm{d}x.$$

当极限存在时,称广义积分收敛,否则,称广义积分发散.

设函数 $f(x)$ 在区间 $[a,b]$ 上除点 $c(a<c<b)$ 外连续,而在点 c 的邻域内无界. 如果两个广义积分

$$\int_a^c f(x) \mathrm{d}x \quad \text{和} \quad \int_c^b f(x) \mathrm{d}x$$

都收敛,则定义

$$\begin{aligned}\int_a^b f(x) \mathrm{d}x &= \int_a^c f(x) \mathrm{d}x + \int_c^b f(x) \mathrm{d}x \\ &= \lim_{\varepsilon \to +0} \int_a^{c-\varepsilon} f(x) \mathrm{d}x + \lim_{\varepsilon' \to +0} \int_{c+\varepsilon'}^b f(x) \mathrm{d}x;\end{aligned}$$

否则,就称广义积分 $\int_a^b f(x) \mathrm{d}x$ 发散(定义中 c 为瑕点,以上积分也称为瑕积分).

6.3 无穷限的广义积分的审敛法

定理 1 设函数 $f(x)$ 在区间 $[a,+\infty)$ 上连续,且 $f(x) \geqslant 0$. 若函数

$$F(x) = \int_a^x f(t) \mathrm{d}t$$

在 $[a,+\infty)$ 上有界,则广义积分 $\int_a^{+\infty} f(x) \mathrm{d}x$ 收敛.

定理 2(比较审敛原理) 设函数 $f(x), g(x)$ 在区间 $[a,+\infty)$ 上连续,如果

$$0 \leqslant f(x) \leqslant g(x) \quad (a \leqslant x < +\infty),$$

并且

$$\int_a^{+\infty} g(x) \mathrm{d}x$$

收敛,则 $\int_a^{+\infty} f(x) \mathrm{d}x$ 也收敛;如果 $\int_a^{+\infty} f(x) \mathrm{d}x$ 发散,则 $\int_a^{+\infty} g(x) \mathrm{d}x$ 也发散.

定理 3(比较审敛法) 设函数 $f(x)$ 在区间 $[a,+\infty)(a>0)$ 上连续,且 $f(x) \geqslant 0$. 如果存在常数 $M>0$ 及 $p>1$,使得

$$f(x) \leqslant \frac{M}{x^p} \quad (a \leqslant x < +\infty),$$

则广义积分 $\int_a^{+\infty} f(x) \mathrm{d}x$ 收敛;

如果存在常数 $N>0$, 使得

$$f(x) \geqslant \frac{N}{x} \quad (a \leqslant x < +\infty),$$

则广义积分 $\int_a^{+\infty} f(x) \mathrm{d}x$ 发散.

定理 4(极限审敛法) 设函数 $f(x)$ 在区间 $[a, +\infty)$ $(a>0)$ 上连续, 且 $f(x) \geqslant 0$. 如果存在常数 $p>1$, 使得

$$\lim_{x \to +\infty} x^p f(x)$$

存在, 则广义积分 $\int_a^{+\infty} f(x) \mathrm{d}x$ 收敛;

如果

$$\lim_{x \to +\infty} x f(x) = d > 0 (\text{或} \lim_{x \to +\infty} x f(x) = +\infty),$$

则广义积分 $\int_a^{+\infty} f(x) \mathrm{d}x$ 发散.

定理 5 设函数 $f(x)$ 在区间 $[a, +\infty)$ 上连续, 如果广义积分

$$\int_a^{+\infty} |f(x)| \, dx$$

收敛,则广义积分 $\int_0^{+\infty} f(x)dx$ 也收敛.

绝对收敛定义 若广义 $\int_a^{+\infty} |f(x)|dx$ 收敛,则称广义积分 $\int_a^{+\infty} f(x)dx$ 绝对收敛.

6.4 无界函数的广义积分的审敛法

比较审敛法 设函数 $f(x)$ 在区间 $(a,b]$ 上连续,且

$$f(x) \geqslant 0, \quad \lim_{x \to a+0} f(x) = +\infty.$$

如果存在常数 $M>0$ 及 $q<1$,使得

$$f(x) \leqslant \frac{M}{(x-a)^q} \quad (a < x \leqslant b),$$

则广义积分 $\int_a^b f(x)dx$ 收敛.

如果存在常数 $N>0$ 及 $q \geqslant 1$,使得

$$f(x) \geqslant \frac{N}{(x-a)^q} \quad (a < x \leqslant b),$$

则广义积分 $\int_a^b f(x)\mathrm{d}x$ 发散.

极限审敛法 设函数 $f(x)$ 在区间 $(a,b]$ 上连续,且

$$f(x) \geqslant 0, \quad \lim_{x \to a+0} f(x) = +\infty.$$

如果存在常数 $0 < q < 1$,使得

$$\lim_{x \to a+0} (x-a)^q f(x) \text{ 存在},$$

则广义积分 $\int_b^a f(x)\mathrm{d}x$ 收敛;

如果存在常数 $q \geqslant 1$,使得

$$\lim_{x \to a+0} (x-a)^q f(x) = d > 0 (\text{或} \lim_{x \to a+0} (x-a)^q f(x) = +\infty),$$

则广义积分 $\int_a^b f(x)\mathrm{d}x$ 发散.

Γ 函数定义 $\Gamma(s) = \int_0^{+\infty} \mathrm{e}^{-x} x^{s-1} \mathrm{d}x \quad (s > 0).$

Γ 函数性质

(1) 递推公式：$\Gamma(s+1) = s\Gamma(s)$ $(s>0)$.

(2) 当 $s \to +0$ 时，$\Gamma(s) \to +\infty$.

(3) 余元公式：

$$\Gamma(s)\Gamma(1-s) = \frac{\pi}{\sin \pi s} \quad (0 < s < 1).$$

特别地，当 $s = \dfrac{1}{2}$ 时，有

$$\Gamma\left(\frac{1}{2}\right) = \sqrt{\pi}.$$

第7章 定积分的应用

7.1 定积分的微元法

若所求量 U 符合下列条件

(1) U 是与一个变量 x 的变化区间 $[a,b]$ 有关的量;

(2) U 对于区间 $[a,b]$ 具有可加性. 也就是说,如果把区间 $[a,b]$ 分成许多部分区间,则 U 相应地分成许多部分量,而 U 等于所有部分量之和;

(3) 部分量 ΔU_i 的近似值可表示为 $f(\xi_i)\Delta x_i$,就可以考虑用定积分来表达这个量 U.

具体做法

(1) 根据问题的具体情况,选取一个变量. 例如 x 为积分变量,并确定它的变化区间 $[a,b]$;

(2) 设想把区间 $[a,b]$ 分成 n 个子区间,取其中任一子区间并记为 $[x,x+\mathrm{d}x]$,

求出相应于这个小区间的部分量 ΔU 的近似值. 如果 ΔU 能近似地表示为 $[a,b]$ 上的一个连续函数在 x 处的值 $f(x)$ 与 dx 的乘积,就把 $f(x)dx$ 称为量 U 的元素且记作 dU,即

$$dU = f(x)dx;$$

(3) 以所求量 U 的元素 $f(x)dx$ 为被积表达式,在区间 $[a,b]$ 上作定积分,得 $U = \int_a^b f(x)dx$,即为所求量 U 的积分表达式,这个方法通常叫做**元素法**或**微元法**.

应用方向 平面图形的面积,体积,平面曲线的弧长,功,水压力,引力和平均值等.

通过两个例子说明微元法在物理上的应用 由物理学知道,如果物体在作直线运动的过程中有一个不变的力 F 作用在这物体上,且这个力的方向与物体的运动方向一致,那么,在物体移动了距离 s 时,力 F 对物体所做的功为 $W = F \cdot s$.

如果物体在运动的过程中所受的力是变化的,就不能直接使用此公式,而需采用"微元法"思想.

例 1 有两个质量分别为 m_1, m_2 的质点 A, B,相距为 a. 将质点 B 沿其 AB 方

向移动到点 C,B 与 C 之间的距离为 l,求 A 与 B 之间引力所做的功(见图 7.1).

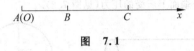

图 7.1

解 取坐标系如图 7.1 所示,选积分变量为 $x \in [a, a+l]$,任取子区间 $[x, x+\mathrm{d}x] \subset [a, a+l]$,则在子区间上功的微元为
$$\mathrm{d}W = F\mathrm{d}x,$$
其中 $F = \dfrac{km_1 m_2}{x^2}$,则引力所做的功为
$$W = \int_a^{a+l} \frac{km_1 m_2}{x^2} \mathrm{d}x = km_1 m_2 \left(\frac{1}{a} - \frac{1}{a+l} \right).$$

由物理学知道,在水深为 h 处的压强为 $p = \gamma h$,这里 γ 是水的比重.

如果有一面积为 A 的平板水平地放置在水深为 h 处,那么,平板一侧所受的水压力为 $P = pA$. 如果平板垂直放置在水中,由于水深不同的点处压强 p 不相等,平板一侧所受的水压力就不能直接使用此公式,而需采用"微元法"思想.

例2 一个横放着的圆柱形水桶,桶内盛有半桶水,设桶的底半径为 R,水的比重为 γ,计算桶的一端面上所受的压力(见图7.2).

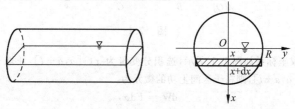

图 7.2

解 取坐标系如图7.2所示,选积分变量为 $x\in[0,R]$,任取子区间 $[x, x+\mathrm{d}x]\subset[0,R]$,则在子区间上小矩形片的压力微元为

$$\mathrm{d}P = 2\gamma x\sqrt{R^2-x^2}\,\mathrm{d}x,$$

端面上所受的压力为

$$P = \int_0^R 2\gamma x\sqrt{R^2-x^2}\,\mathrm{d}x = \frac{2\gamma}{3}R^3.$$

7.2 几何应用

平面图形的面积

1. 直角坐标系情形

由曲线 $y=f(x)(f(x)\geqslant 0)$ 及直线 $x=a$, $x=b(a<b)$ 与 x 轴所围成的曲边梯形的面积 A 是定积分

$$A=\int_a^b f(x)\mathrm{d}x,$$

其中被积表达式 $f(x)\mathrm{d}x$ 是面积元素(见图 7.3).

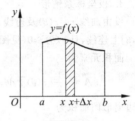

图 7.3

2. 曲边为参数方程的情形

当曲边梯形的曲边 $y=f(x)(f(x)\geqslant 0, x\in[a,b])$ 由参数方程

$$\begin{cases} x=\varphi(t), \\ y=\psi(t) \end{cases}$$

给出时,曲边梯形的面积为

$$A=\int_{t_1}^{t_2}\psi(t)\varphi'(t)\mathrm{d}t,$$

其中 t_1 和 t_2 对应曲线起点与终点的参数值. 在 $[t_1,t_2]$(或 $[t_2,t_1]$)上 $x=\varphi(t)$ 具有连续导数,$y=\psi(t)$ 连续.

3. 极坐标系情形

设由曲线 $r=r(\theta)$ 及射线 $\theta=\alpha,\theta=\beta$ 围成一曲边扇形,求其面积. 这里 $r(\theta)$ 在 $[\alpha,\beta]$ 上连续,且 $r(\theta)\geqslant 0$(见图 7.4).

面积元素为
$$dA = \frac{1}{2}[r(\theta)]^2 d\theta,$$
曲边扇形的面积为
$$A = \int_\alpha^\beta \frac{1}{2}[r(\theta)]^2 d\theta.$$

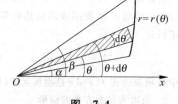

图 7.4

体积

1. 旋转体

由一个平面图形绕这平面内一条直线旋转而成的立体,这条直线叫做旋转轴.

2. 旋转体体积

求由连续曲线 $y=f(x)$,直线 $x=a,x=b$ 及 x 轴所围成的曲边梯形绕 x 轴旋转而成的旋转体体积(见图 7.5).

取以 dx 为底的窄曲边梯形绕 x 轴旋转而成的薄片的体积为体积元素
$$dV = \pi[f(x)]^2 dx,$$
旋转体体积为
$$V = \int_a^b \pi[f(x)]^2 dx.$$

3. 平行截面面积为已知的立体的体积

如果一个立体不是旋转体,但却知道该立体上垂直于一定轴的各个截面面积 $A(x)$,求这个立体的体积(见图 7.6).

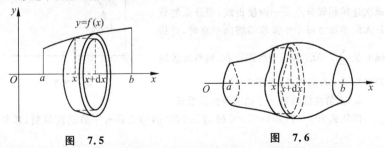

图 7.5　　　　　　　　图 7.6

过点 x 且垂直于 x 轴的截面面积 $A(x)$ 为 x 的已知连续函数,体积元素为
$$dV = A(x)dx,$$
立体体积为
$$V = \int_a^b A(x)dx.$$

平面曲线的弧长

1. 平面曲线弧长的概念

设 A,B 是曲线弧上的两个端点,在弧上插入分点 $A=M_0, M_1, \cdots, M_i, \cdots M_{n-1}, M_n=B$,并依次连接相邻分点得一内接折线,当分点的数目无限增加且每个小弧段都缩向一点时,此折线的长 $\sum_{i=1}^{n}|M_{i-1}M_i|$ 的极限存在,则称此极限为曲线弧 AB 的弧长(见图 7.7).

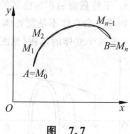

图 7.7

2. 直角坐标情形下平面曲线弧长公式

曲线弧为 $y=f(x)(a \leqslant x \leqslant b)$,$f(x)$ 在 (a,b) 上具有一阶连续导数,弧长元

素为
$$ds = \sqrt{1+y'^2}\,dx,$$
弧长为
$$s = \int_a^b \sqrt{1+y'^2}\,dx.$$

3. 参数方程情形下平面曲线弧长公式

曲线弧为
$$\begin{cases} x = \varphi(t), \\ y = \psi(t), \end{cases} (\alpha \leqslant t \leqslant \beta),$$

其中 $\varphi(t), \psi(t)$ 在 $[\alpha,\beta]$ 上具有连续导数,弧长元素为
$$ds = \sqrt{\varphi'^2(t)+\psi'^2(t)}\,dt,$$
弧长为
$$s = \int_\alpha^\beta \sqrt{\varphi'^2(t)+\psi'^2(t)}\,dt.$$

4. 极坐标情形下平面曲线弧长公式

曲线弧为

$$r = r(\theta) \quad (\alpha \leqslant \theta \leqslant \beta),$$

其中 $r(\theta)$ 在 $[\alpha,\beta]$ 上具有连续导数,弧长元素为

$$\mathrm{d}s = \sqrt{r^2(\theta) + r'^2(\theta)}\,\mathrm{d}\theta,$$

弧长为

$$s = \int_\alpha^\beta \sqrt{r^2(\theta) + r'^2(\theta)}\,\mathrm{d}\theta.$$

7.3 平均值

函数的平均值 连续函数 $f(x)$ 在区间 $[a,b]$ 上的平均值为

$$\bar{y} = \frac{1}{b-a}\int_a^b f(x)\,\mathrm{d}x.$$

均方根 函数 $f(x)$ 在区间 $[a,b]$ 上的均方根为

$$\sqrt{\frac{1}{b-a}\int_a^b f^2(x)\,\mathrm{d}x}.$$

第8章 空间解析几何 向量代数

8.1 空间直角坐标系

两点间的距离公式 设两点 $M_1(x_1,y_1,z_1), M_2(x_2,y_2,z_2)$,则 M_1 与 M_2 之间的距离 d 为

$$d = \sqrt{(x_2-x_1)^2 + (y_2-y_1)^2 + (z_2-z_1)^2}.$$

定点分点公式 设两点 $M_1(x_1,y_1,z_1), M_2(x_2,y_2,z_2), \lambda = \dfrac{M_1 M}{MM_2}$(见图 8.1),则分点 $M(x,y,z)$ 为

$$x = \frac{x_1 + \lambda x_2}{1+\lambda}, \quad y = \frac{y_1 + \lambda y_2}{1+\lambda}, \quad z = \frac{z_1 + \lambda z_2}{1+\lambda}.$$

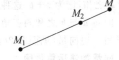

图 8.1

中点公式

$$x = \frac{1}{2}(x_1 + x_2), \quad y = \frac{1}{2}(y_1 + y_2), \quad z = \frac{1}{2}(z_1 + z_2).$$

8.2 向量及其线性运算

向量定义 有大小，又有方向的量称为向量．记为 $\boldsymbol{a}$ 或 $\overrightarrow{M_1M_2}$．

向量相等定义 若两个向量大小相等，方向相同，则称这两个向量相等，记为 $\boldsymbol{a}=\boldsymbol{b}$．

向量的模及单位向量 向量的大小称为向量的模或长度记为 $|\boldsymbol{a}|$ 或 $|\overrightarrow{M_1M_2}|$．模为一个单位的向量称为单位向量．记为 $\boldsymbol{a}^\circ,\overrightarrow{M_1M_2^\circ}$．长度为零的向量称为零向量记为 $\boldsymbol{0}$．零向量的方向不定（或任意）．

向量的加法 以 $\boldsymbol{a},\boldsymbol{b}$ 为平行四边形的邻边，则对角线（如图 8.2(a)）向量称为 $\boldsymbol{a}$ 与 $\boldsymbol{b}$ 之和，记为 $\boldsymbol{a}+\boldsymbol{b}$．这种求和方法称为平行四边形法则．

向量 $\boldsymbol{a}$ 与 $\boldsymbol{b}$ 之和的三角形方法：$\boldsymbol{a}$ 与 $\boldsymbol{b}$ 首尾相接（$\boldsymbol{a}$ 的终点接 $\boldsymbol{b}$ 的起点），则三角形另一边向量（见图 8.2(b)）$\boldsymbol{c}$ 为 $\boldsymbol{a}+\boldsymbol{b}$，即 $\boldsymbol{c}=\boldsymbol{a}+\boldsymbol{b}$．

向量加法运算规律

交换律：$\boldsymbol{a}+\boldsymbol{b}=\boldsymbol{b}+\boldsymbol{a}$．

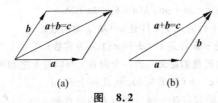

图 8.2

结合律：$(a+b)+c=a+(b+c)$.

三角不等式：$|a+b|\leqslant|a|+|b|$.

数与向量的乘积定义　设 λ 为实数，a 为非零向量. 数 λ 与 a 乘积 λa 定义如下：

(1) λa 是一个向量；

(2) $|\lambda a|=|\lambda|\cdot|a|$；

(3) 当 $\lambda>0$ 时，λa 与 a 同向；当 $\lambda<0$ 时，λa 与 a 反向；当 $\lambda=0$ 或 $a=0$ 时，λa 为零向量.

λa 满足下列运算规则

结合律：$\lambda(\mu a)=(\lambda\mu)a$　（λ,μ 为实数）.

分配律：$(\lambda+\mu)\boldsymbol{a}=\lambda\boldsymbol{a}+\mu\boldsymbol{a}$；$\lambda(\boldsymbol{a}+\boldsymbol{b})=\lambda\boldsymbol{a}+\lambda\boldsymbol{b}$.

两向量 $\boldsymbol{a}$ 与 $\boldsymbol{b}$ 平行的充要条件是 $\boldsymbol{a}=\lambda\boldsymbol{b}(\lambda$ 为实数$)$.

$\boldsymbol{a},\boldsymbol{b},\boldsymbol{c}$ 共面的充要条件是 $\boldsymbol{a}=\lambda\boldsymbol{b}+\mu\boldsymbol{c}(\lambda,\mu$ 为实数$)$.

向量的减法，负向量的定义 若一个向量 $\boldsymbol{c}$ 与向量 $\boldsymbol{b}$ 之和等于 $\boldsymbol{a}$，则称 $\boldsymbol{c}$ 为 $\boldsymbol{a}$ 与 $\boldsymbol{b}$ 之差，记作 $\boldsymbol{c}=\boldsymbol{a}-\boldsymbol{b}$（见图 8.3）.从几何上看，$\boldsymbol{a}$ 与 $\boldsymbol{b}$ 首首相接（$\boldsymbol{a},\boldsymbol{b}$ 的起点在一起），则由 $\boldsymbol{b}$ 的终点到 $\boldsymbol{a}$ 的终点向量为

$$\boldsymbol{c}=\boldsymbol{a}-\boldsymbol{b}.$$

与 $\boldsymbol{a}$ 方向相反，模相等的向量称为负 $\boldsymbol{a}$.记作 $-\boldsymbol{a}$，且有

$$-\boldsymbol{a}=(-1)\boldsymbol{a}.$$

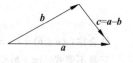

图 8.3

8.3 向量的坐标表达式及其有关问题

向量的坐标表达式 设向量 $\boldsymbol{a}$ 的起点为 $M_1(x_1,y_1,z_1)$ 终点为 $M_2(x_2,y_2,z_2)$，则

$$\begin{aligned}\boldsymbol{a}=\overrightarrow{M_1M_2}&=(x_2-x_1)\boldsymbol{i}+(y_2-y_1)\boldsymbol{j}+(z_2-z_1)\boldsymbol{k}\\&=\{x_2-x_1,y_2-y_1,z_2-z_1\}.\end{aligned}$$

其中 $\boldsymbol{i},\boldsymbol{j},\boldsymbol{k}$ 分别为 x,y,z 轴上与轴的正方向相同的单位向量,称为**基本单位向量**.

当起点在原点,终点为 (x,y,z) 时向量 $\boldsymbol{a}$ 为
$$\boldsymbol{a} = x\boldsymbol{i} + y\boldsymbol{j} + z\boldsymbol{k} = \{x,y,z\}.$$

向量的长度公式 设向量 $\boldsymbol{a} = x\boldsymbol{i} + y\boldsymbol{j} + z\boldsymbol{k}$,则
$$|\boldsymbol{a}| = \sqrt{x^2 + y^2 + z^2}.$$

设 $M_1(x_1,y_1,z_1), M_2(x_2,y_2,z_2)$ 则
$$|\overrightarrow{M_1M_2}| = \sqrt{(x_2-x_1)^2 + (y_2-y_1)^2 + (z_2-z_1)^2}.$$

向量的方向余弦 设 α,β,γ 为向量 $\boldsymbol{a}$ 与 x,y,z 轴的正方向夹角不超过 π 的角,则称 α,β,γ 为向量 $\boldsymbol{a}$ 的**方向角**. 方向角的余弦称为向量 $\boldsymbol{a}$ 的方向余弦.

设 $\overrightarrow{M_1M_2} = \{x_2-x_1, y_2-y_1, z_2-z_1\}$,则
$$\cos\alpha = \frac{x_2-x_1}{|\overrightarrow{M_1M_2}|} = \frac{x_2-x_1}{\sqrt{(x_2-x_1)^2 + (y_2-y_1)^2 + (z_2-z_1)^2}},$$
$$\cos\beta = \frac{y_2-y_1}{|\overrightarrow{M_1M_2}|} = \frac{y_2-y_1}{\sqrt{(x_2-x_1)^2 + (y_2-y_1)^2 + (z_2-z_1)^2}},$$

$$\cos\gamma = \frac{z_2 - z_1}{|\overrightarrow{M_1M_2}|} = \frac{z_2 - z_1}{\sqrt{(x_2-x_1)^2 + (y_2-y_1)^2 + (z_2-z_1)^2}}.$$

设 $a = \{x, y, z\}$,则

$$\cos\alpha = \frac{x}{|a|} = \frac{x}{\sqrt{x^2 + y^2 + z^2}},$$

$$\cos\beta = \frac{y}{|a|} = \frac{y}{\sqrt{x^2 + y^2 + z^2}},$$

$$\cos\gamma = \frac{z}{|a|} = \frac{z}{\sqrt{x^2 + y^2 + z^2}}.$$

方向余弦之间的关系 $\cos^2\alpha + \cos^2\beta + \cos^2\gamma = 1.$

8.4 向量间的乘积

两个向量 a 与 b 的数量积定义 a 与 b 的数量积,记为 $a \cdot b$(或称点积),规定如下:

$$a \cdot b = |a||b|\cos(\widehat{a,b}),$$

记号 $(\widehat{a,b})$ 为向量 a 与 b 之间不超过 π 的角.

数量积满足下列规则

交换律：$a \cdot b = b \cdot a$.

结合律：$\lambda(a \cdot b) = (\lambda a) \cdot b = a \cdot (\lambda b)$.

分配律：$a \cdot (b+c) = a \cdot b + a \cdot c$,

其中 λ 为实数.

数量积的计算公式 设 $a = \{x_1, y_1, z_1\}, b = \{x_2, y_2, z_2\}$，则
$$a \cdot b = x_1 x_2 + y_1 y_2 + z_1 z_2.$$

两个向量 a,b 的垂直充要条件是 $a \cdot b = 0$ 或 $x_1 x_2 + y_1 y_2 + z_1 z_2 = 0$.

向量 a 在向量 b 上的投影 a_b
$$a_b = \frac{a \cdot b}{|b|} = \frac{x_1 x_2 + y_1 y_2 + z_1 z_2}{\sqrt{x_2^2 + y_2^2 + z_2^2}},$$

其中 $a = \{x_1, y_1, z_1\}, b = \{x_2, y_2, z_2\}$.

两个向量的夹角公式 设 $a = \{x_1, y_1, z_1\}, b = \{x_2, y_2, z_2\}$. 则
$$\cos(a,b) = \frac{a \cdot b}{|a||b|} = \frac{x_1 x_2 + y_1 y_2 + z_1 z_2}{\sqrt{x_1^2 + y_1^2 + z_1^2} \cdot \sqrt{x_2^2 + y_2^2 + z_2^2}}.$$

两个向量 a 与 b 的向量积（或叉积）定义　两个向量 a,b 的向量积是满足下列条件的一个向量，记作 $a \times b$（又称叉积）：

(1) $a \times b \perp a$, $a \times b \perp b$;

(2) $|a \times b| = |a||b|\sin(a,b)$, 即其模为以 a,b 为邻边的平行四边形的面积；

(3) $a, b, a \times b$ 构成右手系，即以右手的大拇指的指向为 a, 食指的指向为 b, 则中指指向 $a \times b$.

基本单位向量 i, j, k 的叉积关系

$$i \times j = k, \quad j \times k = i, \quad k \times i = j,$$
$$j \times i = -k, \quad k \times j = -i, \quad i \times k = -j.$$

叉积的运算规则

$a \times a = 0$;

$a \times b = -b \times a$;

$(\lambda a) \times b = a \times (\lambda b) = \lambda(a \times b)$, λ 为实数；

$a \times (b+c) = a \times b + a \times c$;

$(a+b) \times c = a \times c + b \times c$.

叉积的计算公式　设 $a = \{x_1, y_1, z_1\}, b = \{x_2, y_2, z_2\}$, 则

$$a \times b = \begin{vmatrix} i & j & k \\ x_1 & y_1 & z_1 \\ x_2 & y_2 & z_2 \end{vmatrix}.$$

两向量平行的充要条件　$a \times b = \mathbf{0}$.

三个向量的混合积定义　$a \cdot (b \times c)$

$|a \cdot (b \times c)|$ 的几何意义　以 a, b, c 为邻边的平行六面体的体积.

三个向量共面的充要条件　$a \cdot (b \times c) = 0$.

混合积的计算公式　设 $a = \{x_1, y_1, z_1\}, b = \{x_2, y_2, z_2\}, c = \{x_3, y_3, z_3\}$，则

$$a \cdot (b \times c) = \begin{vmatrix} x_1 & y_1 & z_1 \\ x_2 & y_2 & z_2 \\ x_3 & y_3 & z_3 \end{vmatrix}.$$

混合积性质　$a \cdot (b \times c) = (a \times b) \cdot c = -(a \times c) \cdot b = -(b \times a) \cdot c$.

三个向量的向量积

(1) $a \times (b \times c) = (a \cdot c)b - (a \cdot b)c$.

(2) $a \times (b \times c) + b \times (c \times a) + c \times (a \times b) = \mathbf{0}$.

8.5 平面方程的各种形式

平面方程的一般式
$$Ax + By + Cz + D = 0,$$
其中 A, B, C 不同时为零,垂直平面的一个法向量 $\boldsymbol{n} = \{A, B, C\}$.

平面方程的点法式 设平面过一定点 (x_0, y_0, z_0),其法向量为 $\boldsymbol{n} = \{A, B, C\}$,则其平面方程为
$$A(x - x_0) + B(y - y_0) + C(z - z_0) = 0.$$
称为平面的点法式方程.

截距式方程
$$\frac{x}{p} + \frac{y}{q} + \frac{z}{r} = 1.$$
该平面过三点 $(p, 0, 0), (0, q, 0), (0, 0, r)$,且 $p \cdot q \cdot r \neq 0$. p, q, r 分别称为平面在 x, y, z 轴的截距.

平面方程为 x, y, z 之间的一次方程,反之也成立

平面过不在一条直线上的三个点的方程 设 $M_1(x_1, y_1, z_1), M_2(x_2, y_2, z_2),$

$M_3(x_3, y_3, z_3)$ 不在一条直线上,则过 M_1, M_2, M_3 的平面方程为

$$\begin{vmatrix} x-x_1 & y-y_1 & z-z_1 \\ x_2-x_1 & y_2-y_1 & z_2-z_1 \\ x_3-x_1 & y_3-y_1 & z_3-z_1 \end{vmatrix} = 0.$$

两平面间的夹角(指不超过 π) 设平面 $A_1 x + B_1 y + C_1 z + D_1 = 0$ 及 $A_2 x + B_2 y + C_2 z + D_2 = 0$,则其夹角 θ 为

$$\theta = \frac{|A_1 A_2 + B_1 B_2 + C_1 C_2|}{\sqrt{A_1^2 + B_1^2 + C_1^2} \cdot \sqrt{A_2^2 + B_2^2 + C_2^2}}.$$

直线方程的各种形式

(1) 直线的一般式方程

$$L: \begin{cases} A_1 x + B_1 y + C_1 z + D_1 = 0, \\ A_2 x + B_2 y + C_2 z + D_2 = 0, \end{cases}$$

其中 x, y, z 的系数不成比例.

与 L 平行的直线的方向向量 l 为

$$l = \begin{vmatrix} i & j & k \\ A_1 & B_1 & C_1 \\ A_2 & B_2 & C_2 \end{vmatrix}.$$

(2) 直线的对称式方程

设直线 L 过定点 (x_0, y_0, z_0),其方向向量 $l = \{m, n, p\}$,则 L 的方程为

$$\frac{x - x_0}{m} = \frac{y - y_0}{n} = \frac{z - z_0}{p}.$$

这一形式称为对称式方程. 当分母为 0 时,应理解是分子为 0.

(3) 直线的参数式方程

设直线 L 过点 (x_0, y_0, z_0),其方向向量 $l = \{m, n, p\}$,则 L 的方程为

$$\begin{cases} x = x_0 + mt, \\ y = y_0 + nt, \\ z = z_0 + pt. \end{cases}$$

此形式称为参数式方程.

两直线间的夹角(指不超 π 的) 设两直线的方向向量分别为 $l_1 = \{m_1, n_1, p_1\}$,$l_2 = \{m_2, n_2, p_2\}$,则它们间的夹角 θ 为

$$\cos\theta = \frac{|m_1m_2 + n_1n_2 + p_1p_2|}{\sqrt{m_1^2+n_1^2+p_1^2} \cdot \sqrt{m_2^2+n_2^2+p_2^2}}.$$

直线与平面的夹角 设直线的方向向量为 $l=\{m,n,p\}$，平面的法向量为 $n=\{A,B,C\}$，则它们夹角的正弦（见图 8.4）为

$$\sin\theta = \frac{|Am+Bn+Cp|}{\sqrt{A^2+B^2+C^2} \cdot \sqrt{m^2+n^2+p^2}}.$$

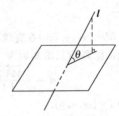

图 8.4

点到平面的距离 设定点 (x_0,y_0,z_0)，平面方程为 $Ax+By+Cz+D=0$，则点到该平面的距离 d 为

$$d = \frac{|Ax_0+By_0+Cz_0+D|}{\sqrt{A^2+B^2+C^2}}.$$

平面束方程 设平面 $\pi_1: A_1x+B_1y+C_1z+D_1=0$，平面 $\pi_2: A_2x+B_2y+C_2z+D_2=0$，则过 π_1 与 π_2 的交线的所有的平面方程称为平面束方程，其方程为

$$\lambda(A_1x+B_1y+C_1z+D_1) + \mu(A_2x+B_2y+C_2z+D_2) = 0,$$

其中 λ,μ 为不同时为 0 的实数.

点到直线的距离 设定点为 $A(x_0, y_0, z_0)$,直线方程为 $\dfrac{x-x_1}{m} = \dfrac{y-y_1}{n} = \dfrac{z-z_1}{p}$.

$M = (x_1, y_1, z_1)$ 在直线上,则 (x_0, y_0, z_0) 到该直线的距离 d(见图 8.5)为

$$d = \frac{|\overrightarrow{MA} \times \boldsymbol{l}|}{|\boldsymbol{l}|},$$

其中 $\boldsymbol{l} = \{m, n, p\}$.

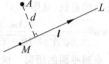

图 8.5

两条直线间的垂直距离 设直线 L_1 的方向向量为 $\boldsymbol{l}_1$,直线 L_2 的方向向量为 $\boldsymbol{l}_2$,M_1, M_2 分别为 L_1, L_2 上一个定点. 则 L_1 与 L_2 间的垂直距离 d 为

$$d = \frac{|\overrightarrow{M_1 M_2} \cdot (\boldsymbol{l}_1 \times \boldsymbol{l}_2)|}{|\boldsymbol{l}_1 \times \boldsymbol{l}_2|}.$$

两直线的垂直方程 设直线 L_1 与 L_2 的方程分别为

$$L_1 : \frac{x-x_1}{m_1} = \frac{y-y_1}{n_1} = \frac{z-z_1}{p_1}; \quad L_2 : \frac{x-x_2}{m_2} = \frac{y-y_2}{n_2} = \frac{z-z_2}{p_2},$$

则两直线的方程为
$$\begin{cases} A_1(x-x_1) + B_1(y-y_1) + C_1(z-z_1) = 0, \\ A_2(x-x_2) + B_2(y-y_2) + C_2(z-z_2) = 0, \end{cases}$$
其中
$$\{A_1, B_1, C_1\} = \begin{vmatrix} \boldsymbol{i} & \boldsymbol{j} & \boldsymbol{k} \\ m_1 & n_1 & p_1 \\ x_2-x_1 & y_2-y_1 & z_2-z_1 \end{vmatrix},$$

$$\{A_2, B_2, C_2\} = \begin{vmatrix} \boldsymbol{i} & \boldsymbol{j} & \boldsymbol{k} \\ m_2 & n_2 & p_2 \\ x_2-x_1 & y_2-y_1 & z_2-z_1 \end{vmatrix}.$$

两条直线共面的条件 设 L_1 的方程为
$$\frac{x-x_1}{m_1} = \frac{y-y_1}{n_1} = \frac{z-z_1}{p_1},$$
L_2 的方程为

$$\frac{x-x_2}{m_2} = \frac{y-y_2}{n_2} = \frac{z-z_2}{p_2},$$

则 L_1 与 L_2 共面的条件是

$$\begin{vmatrix} x_2-x_1 & y_2-y_1 & z_2-z_1 \\ m_1 & n_1 & p_1 \\ m_2 & n_2 & p_2 \end{vmatrix} = 0.$$

四点共面的条件 设 $M_1(x_1,y_1,z_1), M_2(x_2,y_2,z_2), M_3(x_3,y_3,z_3), M_4(x_4,y_4,z_4)$，则 M_1,M_2,M_3,M_4 共面的条件是

$$\begin{vmatrix} x_2-x_1 & y_2-y_1 & z_2-z_1 \\ x_3-x_1 & y_3-y_1 & z_3-z_1 \\ x_4-x_1 & y_4-y_1 & z_4-z_1 \end{vmatrix} = 0.$$

8.6　空间曲面与曲线

球面方程

(1) 球心为 (x_0,y_0,z_0)，半径为 R 的球面方程为

$$(x-x_0)^2 + (y-y_0)^2 + (z-z_0)^2 = R^2.$$

(2) 球心为原点,半径为 R 的球面方程为

$$x^2 + y^2 + z^2 = R^2.$$

(3) 球心在 x 轴上 $(R,0,0)$,半径为 R 的球面方程(即与 Oyz 坐标面相切于原点)为

$$x^2 + y^2 + z^2 = 2Rx.$$

(4) 球心在 y 轴上 $(0,0,R)$,半径为 R 的球面方程(即与 Oxy 坐标面相切于原点)为

$$x^2 + y^2 + z^2 = 2Rz.$$

母线平行坐标轴的柱面方程

(1) 柱面定义:在 Oxy 坐标面上的曲线 L 的方程为 $f(x,y)=0$ 称为柱面的**准线**,过准线且平行 z 轴的所有直线所形成的曲面称为**柱面**.这些直线称为柱面的**母线**.柱面方程为

$$f(x,y) = 0.$$

(2) 设准线在 yOz 坐标面上的方程为 $f(y,z)=0$,则母线平行 x 轴的柱面方

程为
$$f(y,z) = 0.$$

(3) 设准线在 Oxz 坐标面上的方程为 $f(x,z)=0$,则母线平行 y 轴的柱面方程为
$$f(x,z) = 0.$$

椭球面方程(见图 8.6) $\dfrac{x^2}{a^2}+\dfrac{y^2}{b^2}+\dfrac{z^2}{c^2}=1$ (a,b,c 为正常数).

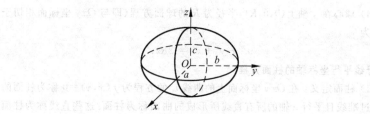

图 8.6 椭球面:$\dfrac{x^2}{a^2}+\dfrac{y^2}{b^2}+\dfrac{z^2}{c^2}=1$

单叶双曲面方程(见图 8.7)

$$\frac{x^2}{a^2} + \frac{y^2}{b^2} - \frac{z^2}{c^2} = 1 \quad (a,b,c \text{ 为正常数});$$

$$\frac{x^2}{a^2} - \frac{y^2}{b^2} + \frac{z^2}{c^2} = 1 \quad (a,b,c \text{ 为正常数});$$

$$-\frac{x^2}{a^2} + \frac{y^2}{b^2} + \frac{z^2}{c^2} = 1 \quad (a,b,c \text{ 为正常数}).$$

双叶双曲面方程(见图 8.8)

$$-\frac{x^2}{a^2} - \frac{y^2}{b^2} + \frac{z^2}{c^2} = 1 \quad (a,b,c \text{ 为正常数});$$

$$-\frac{x^2}{a^2} + \frac{y^2}{b^2} - \frac{z^2}{c^2} = 1 \quad (a,b,c \text{ 为正常数});$$

$$\frac{x^2}{a^2} - \frac{y^2}{b^2} - \frac{z^2}{c^2} = 1 \quad (a,b,c \text{ 为正常数}).$$

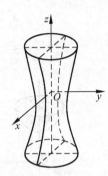

图 8.7 单叶双曲面
$$-\frac{x^2}{a^2} + \frac{y^2}{b^2} + \frac{z^2}{c^2} = 1$$

椭圆抛物面方程(见图 8.9)

$$\frac{x^2}{a^2} + \frac{y^2}{b^2} = 2pz \quad (a,b,p \text{ 为正常数});$$

$$\frac{y^2}{b^2} + \frac{z^2}{c^2} = 2px \quad (b,c,p \text{ 为正常数});$$

$$\frac{z^2}{c^2} + \frac{x^2}{a^2} = 2py \quad (c,a,p \text{ 为正常数}).$$

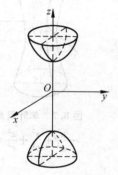

图 8.8 双叶双曲面
$$-\frac{x^2}{a^2} - \frac{y^2}{b^2} + \frac{z^2}{c^2} = 1$$

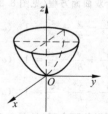

图 8.9 椭圆抛物面
$$\frac{x^2}{a^2} + \frac{y^2}{b^2} = 2pz$$

双曲抛物面方程(见图 8.10)

$$\frac{x^2}{a^2} - \frac{y^2}{b^2} = 2pz \quad (a,b,p \text{ 为正常数});$$

$$\frac{y^2}{b^2} - \frac{z^2}{c^2} = 2px \quad (b,c,p \text{ 为正常数});$$

$$\frac{z^2}{c^2} - \frac{x^2}{a^2} = 2py \quad (c,a,p \text{ 为正常数}).$$

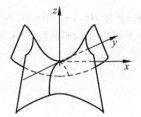

图 8.10 双曲抛物面 $\dfrac{x^2}{a^2} - \dfrac{y^2}{b^2} = 2pz$

投影柱面定义 过空间曲线 C 上每一点作平行坐标轴的直线. 这些直线所形成的面称为投影柱面. 设空间曲线 C 的方程为

$$\begin{cases} F(x,y,z) = 0, \\ G(x,y,z) = 0. \end{cases}$$

消去一个变量如消去 z 得方程

$$H(x,y) = 0,$$

此方程即为投影柱面.

投影曲线定义 投影柱面(如 $H(x,y)=0$)与坐标面(Oxy 坐标面)的交线叫做曲线 C 在坐标面上(Oxy 平面上)的投影曲线,简称为投影.

第9章 多元函数微分法及其应用

9.1 多元函数

邻域 设 $P_0(x_0, y_0)$ 是 Oxy 平面上的一个点,δ 是某一正数,与点 $P_0(x_0, y_0)$ 距离小于 δ 的点 $P(x,y)$ 的全体,称为点 P_0 的 $\boldsymbol{\delta}$ **邻域**,记为 $U(P_0, \delta)$,即

$$U(P_0, \delta) = \left\{ P \mid |PP_0| < \delta \right\}$$
$$= \left\{ (x,y) \mid \sqrt{(x-x_0)^2 + (y-y_0)^2} < \delta \right\}.$$

内点 设 E 是平面上的一个点集,P 是平面上的一个点. 如果存在点 P 的某一邻域 $U(P) \subset E$,则称 P 为 E 的内点.

开集 如果点集 E 的点都是内点,则称 E 为开集.

例如:$E_1 = \{(x,y) \mid 1 < x^2 + y^2 < 4\}$ 即为开集.

边界点 如果点 P 的任一个邻域内既有属于 E 的点,也有不属于 E 的点(点 P 本身可以属于 E,也可以不属于 E),则称 P 为 E 的**边界点**.

E 的边界点的全体称为 E 的**边界**.

连通 开集 D 内任何两点,都可用折线连结起来,且该折线上的点都属于 D,则称开集 D 是连通的.

连通的开集称为**区域**或**开区域**.

例如:$\{(x,y) \mid 1 < x^2 + y^2 < 4\}$.

开区域连同它的边界一起称为**闭区域**.

例如:$\{(x,y) \mid 1 \leq x^2 + y^2 \leq 4\}$.

有界点集 对于点集 E,如果存在正数 K,使一切点 $P \in E$ 与某一定点 A 间的距离 $|AP|$ 不超过 K,即

$$|AP| \leq K,$$

则称 E 为有界点集,否则称为**无界点集**.

例如:$\{(x,y) \mid 1 \leq x^2 + y^2 \leq 4\}$ 为有界闭区域,$\{(x,y) \mid x+y > 0\}$ 为无界开区域.

聚点 设 E 是平面上的一个点集,P 是平面上的一个点,如果点 P 的任何一

个邻域内总有无限多个点属于点集 E,则称 P 为 E 的聚点.

内点一定是聚点;边界点可能是聚点.

例如:$\{(x,y)|0<x^2+y^2\leqslant 1\}$,$(0,0)$ 既是边界点,也是聚点.

点集 E 的聚点可以属于 E,也可以不属于 E.

n 维空间 设 n 为取定的一个自然数,我们称 n 元数组 $(x_1,x_2,\cdots,x_n)$ 的全体为 n 维空间,而每个 n 元数组 $(x_1,x_2,\cdots,x_n)$ 称为 n 维空间中的一个点,数 x_i 称为该点的第 i 个坐标,n 维空间的记号为 R^n.

n 维空间中两点间的距离公式 n 维空间中两点为 $P(x_1,x_2,\cdots,x_n)$,$Q(y_1,y_2,\cdots,y_n)$,则

$$|PQ|=\sqrt{(y_1-x_1)^2+(y_2-x_2)^2+\cdots+(y_n-x_n)^2}.$$

当 $n=1,2,3$ 时,便为数轴、平面、空间两点间的距离.

n 维空间中邻域定义 $U(P_0,\delta)=\left\{P\,\big|\,|PP_0|<\delta,P\in\mathbb{R}^n\right\}$

二元函数 设 D 是平面上的一个点集,如果对于每个点 $P(x,y)\in D$,变量 z 按照一定的法则总有确定的值和它对应,则称 z 是变量 x,y 的二元函数,记为 $z=f(x,y)$(或记为 $z=f(P)$).

类似地可定义三元及三元以上函数.

当 $n \geqslant 2$ 时,n 元函数统称为**多元函数**.多元函数中同样有定义域、值域、自变量、因变量等概念.

二元函数 $z=f(x,y)$ 的图形 设函数 $z=f(x,y)$ 的定义域为 D,对于任意取定的 $P(x,y) \in D$,对应的函数值为 $z=f(x,y)$,这样,以 x 为横坐标、y 为纵坐标、z 为竖坐标在空间就确定一点 $M(x,y,z)$,当 x 取遍 D 上一切点时,得一个空间点集 $\{(x,y,z) | z=f(x,y), (x,y) \in D\}$,这个点集称为二元函数的图形.二元函数的图形通常是一张曲面(如图 9.1).

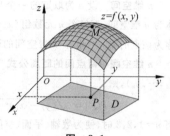

图 9.1

二元函数的极限 设函数 $z=f(x,y)$ 的定义域为 D,$P_0(x_0,y_0)$ 是其聚点,如果对于任意给定的正数 ε,总存在正数 δ,使得对于适合不等式

$$0 < |PP_0| = \sqrt{(x-x_0)^2 + (y-y_0)^2} < \delta$$

的一切点,都有 $|f(x,y)-A| < \varepsilon$ 成立,则称 A 为函数 $z=f(x,y)$ 当 $x \to x_0, y \to y_0$

时的极限,记为
$$\lim_{\substack{x \to x_0 \\ y \to y_0}} f(x,y) = A.$$

(或 $f(x,y) \to A(\rho \to 0)$,这里 $\rho = |PP_0|$.)为了区别于一元函数的极限,我们把二元函数的极限叫做二重极限.

确定二元函数的极限不存在的方法 令 $P(x,y)$ 沿 $y=kx$ 趋向于 $P_0(x_0,y_0)$,若极限值与 k 有关,则可断言极限不存在.

找两种不同的趋近方式,使 $\lim\limits_{\substack{x \to x_0 \\ y \to y_0}} f(x,y)$ 存在,但两者不相等,此时也可断言 $f(x,y)$ 在点 $P_0(x_0,y_0)$ 处极限不存在.

n 元函数的极限定义 设 n 元函数 $f(P)$ 的定义域为点集 D,P_0 是其聚点.如果对于任意给定的正数 ε,总存在正数 δ,使得对于适合不等式
$$0 < |PP_0| < \delta$$
的一切点 $P \in D$,都有 $|f(P) - A| < \varepsilon$ 成立,则称 A 为 n 元函数 $f(P)$ 当 $P \to P_0$ 时的极限,记为
$$\lim_{P \to P_0} f(P) = A.$$

多元函数的连续性 设 n 元函数 $f(P)$ 的定义域为点集 D,P_0 是其聚点且 $P_0 \in D$,如果 $\lim\limits_{P \to P_0} f(P) = f(P_0)$ 则称 n 元函数 $f(P)$ 在点 P_0 处连续.

设 P_0 是函数 $f(P)$ 的定义域的聚点,如果 $f(P)$ 在点 P_0 处不连续,则称 P_0 是函数 $f(P)$ 的间断点.

多元初等函数 由多元多项式及基本初等函数经过有限次的四则运算和复合步骤所构成的可用一个式子所表示的多元函数叫多元初等函数.

一切多元初等函数在其定义区域内是连续的.

一般地,求 $\lim\limits_{P \to P_0} f(P)$ 时,如果 $f(P)$ 是初等函数,且 P_0 是 $f(P)$ 的定义域的内点,则 $f(P)$ 在点 P_0 处连续,于是 $\lim\limits_{P \to P_0} f(P) = f(P_0)$.

定义区域 是指包含在定义域内的(开)区域或闭区域.

9.2 闭区域上连续函数的性质

最大值和最小值定理 在有界闭区域 D 上的多元连续函数,在 D 上至少取得它的最大值和最小值各一次.

介值定理 在有界闭区域 D 上的多元连续函数,如果在 D 上取得两个不同的函数值,则它在 D 上取得介于这两值之间的任何值至少一次.

一致连续性定理 在有界闭区域 D 上的多元连续函数必定在 D 上一致连续.

9.3 偏导数

偏导数的定义 设函数 $z=f(x,y)$ 在点 (x_0,y_0) 的某一邻域内有定义,当 y 固定在 y_0 而 x 在 x_0 处有增量 Δx 时,相应地函数有增量 $f(x_0+\Delta x,y_0)-f(x_0,y_0)$,如果

$$\lim_{\Delta x \to 0} \frac{f(x_0+\Delta x,y_0)-f(x_0,y_0)}{\Delta x}$$

存在,则称此极限为函数 $z=f(x,y)$ 在点 (x_0,y_0) 处对 x 的偏导数,记为

$$\frac{\partial z}{\partial x}\bigg|_{\substack{x=x_0\\y=y_0}},\quad \frac{\partial f}{\partial x}\bigg|_{\substack{x=x_0\\y=y_0}},\quad z_x\bigg|_{\substack{x=x_0\\y=y_0}} \text{ 或 } f_x(x_0,y_0).$$

同理可定义函数 $z=f(x,y)$ 在点 (x_0,y_0) 处对 y 的偏导数,

$$\lim_{\Delta y \to 0} \frac{f(x_0,y_0+\Delta y)-f(x_0,y_0)}{\Delta y},$$

记为 $\left.\dfrac{\partial z}{\partial y}\right|_{\substack{x=x_0\\y=y_0}}$, $\left.\dfrac{\partial f}{\partial y}\right|_{\substack{x=x_0\\y=y_0}}$, $z_y\left|_{\substack{x=x_0\\y=y_0}}\right.$ 或 $f_y(x_0,y_0)$.

偏导函数的定义 如果函数 $z=f(x,y)$ 在区域 D 内任一点 (x,y) 处对 x 的偏导数都存在,那么这个偏导数就是 x、y 的函数,它就称为函数 $z=f(x,y)$ 对自变量 x 的偏导函数,记作

$$\dfrac{\partial z}{\partial x}, \dfrac{\partial f}{\partial x}, z_x \text{ 或 } f_x(x,y).$$

同理可以定义函数 $z=f(x,y)$ 对自变量 y 的偏导函数,记作

$$\dfrac{\partial z}{\partial y}, \dfrac{\partial f}{\partial y}, z_y \text{ 或 } f_y(x,y).$$

在不发生混淆时也称偏导函数为偏导数.

偏导数的概念可以推广到二元以上函数 如 $u=f(x,y,z)$ 在 (x,y,z) 处

$$f_x(x,y,z) = \lim_{\Delta x \to 0} \dfrac{f(x+\Delta x,y,z)-f(x,y,z)}{\Delta x},$$

$$f_y(x,y,z) = \lim_{\Delta y \to 0} \dfrac{f(x,y+\Delta y,z)-f(x,y,z)}{\Delta y},$$

$$f_z(x,y,z) = \lim_{\Delta z \to 0} \dfrac{f(x,y,z+\Delta z)-f(x,y,z)}{\Delta z}.$$

偏导数的几何意义 设 $M_0(x_0, y_0, f(x_0, y_0))$ 为曲面 $z = f(x, y)$ 上一点(如图 9.2).

偏导数 $f_x(x_0, y_0)$ 就是曲面被平面 $y = y_0$ 所截得的曲线在点 M_0 处的切线 T_x 的斜率.

偏导数 $f_y(x_0, y_0)$ 就是曲面被平面 $x = x_0$ 所截得的曲线在点 M_0 处的切线 T_y 的斜率.

高阶偏导数 函数 $z = f(x, y)$ 的二阶偏导数为

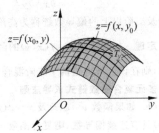

图 9.2

$$\frac{\partial}{\partial x}\left(\frac{\partial z}{\partial x}\right) = \frac{\partial^2 z}{\partial x^2} = f_{xx}(x, y),$$

$$\frac{\partial}{\partial y}\left(\frac{\partial z}{\partial y}\right) = \frac{\partial^2 z}{\partial y^2} = f_{yy}(x, y),$$

$$\frac{\partial}{\partial y}\left(\frac{\partial z}{\partial x}\right) = \frac{\partial^2 z}{\partial x \partial y} = f_{xy}(x, y),$$

$$\frac{\partial}{\partial x}\left(\frac{\partial z}{\partial y}\right) = \frac{\partial^2 z}{\partial y \partial x} = f_{yx}(x,y).$$

二阶及二阶以上的偏导数统称为高阶偏导数.

定理 如果函数 $z=f(x,y)$ 的两个二阶混合偏导数 $\dfrac{\partial^2 z}{\partial y \partial x}$ 及 $\dfrac{\partial^2 z}{\partial x \partial y}$ 在区域 D 内连续,则在该区域内这两个二阶混合偏导数必相等.

多元复合函数链式求导法则

(1) 如果函数 $u=\varphi(t)$ 及 $v=\psi(t)$ 都在点 t 可导,函数 $z=f(u,v)$ 在对应点 (u,v) 具有连续偏导数,则复合函数 $z=f[\varphi(t),\psi(t)]$ 在对应点 t 可导,且其导数公式为(中间变量是二元函数):

$$\frac{\mathrm{d}z}{\mathrm{d}t} = \frac{\partial z}{\partial u}\frac{\mathrm{d}u}{\mathrm{d}t} + \frac{\partial z}{\partial v}\frac{\mathrm{d}v}{\mathrm{d}t}.$$

以上定理的结论可推广到中间变量多于两个的情况,如:

$$\frac{\mathrm{d}z}{\mathrm{d}t} = \frac{\partial z}{\partial u}\frac{\mathrm{d}u}{\mathrm{d}t} + \frac{\partial z}{\partial v}\frac{\mathrm{d}v}{\mathrm{d}t} + \frac{\partial z}{\partial w}\frac{\mathrm{d}w}{\mathrm{d}t}.$$

以上公式中的导数 $\dfrac{\mathrm{d}z}{\mathrm{d}t}$ 称为**全导数**.

(2) 如果 $u=\varphi(x,y)$ 及 $v=\psi(x,y)$ 都在点 (x,y) 具有对 x 和 y 的偏导数,且函数 $z=f(u,v)$ 在对应点 (u,v) 具有连续偏导数,则复合函数 $z=f[\varphi(x,y),\psi(x,y)]$ 在对应点 (x,y) 的两个偏导数都存在,且其偏导数公式为

$$\frac{\partial z}{\partial x}=\frac{\partial z}{\partial u}\frac{\partial u}{\partial x}+\frac{\partial z}{\partial v}\frac{\partial v}{\partial x},$$

$$\frac{\partial z}{\partial y}=\frac{\partial z}{\partial u}\frac{\partial u}{\partial y}+\frac{\partial z}{\partial v}\frac{\partial v}{\partial y}.$$

隐函数存在定理

(1) $F(x,y)=0$

隐函数存在定理 1 设函数 $F(x,y)$ 在点 $P(x_0,y_0)$ 的某一邻域内具有连续的偏导数,且 $F(x_0,y_0)=0$,$F_y(x_0,y_0)\neq 0$,则方程 $F(x,y)=0$ 在点 $P(x_0,y_0)$ 的某一邻域内惟一确定一个单值连续且具有连续导数的函数 $y=f(x)$,它满足条件 $y_0=f(x_0)$,并有

$$\frac{\mathrm{d}y}{\mathrm{d}x}=-\frac{F_x}{F_y}.$$

(2) $F(x,y,z)=0$

隐函数存在定理 2 设函数 $F(x,y,z)$ 在点 $P(x_0,y_0,z_0)$ 的某一邻域内有连

续的偏导数,且 $F(x_0,y_0,z_0)=0, F_z(x_0,y_0,z_0)\neq 0$,则方程 $F(x,y,z)=0$ 在点 $P(x_0,y_0,z_0)$ 的某一邻域内惟一确定一个单值连续且具有连续偏导数的函数 $z=f(x,y)$,它满足条件 $z_0=f(x_0,y_0)$,并有

$$\frac{\partial z}{\partial x}=-\frac{F_x}{F_z}, \quad \frac{\partial z}{\partial y}=-\frac{F_y}{F_z}.$$

(3) $\begin{cases} F(x,y,u,v)=0 \\ G(x,y,u,v)=0 \end{cases}$

隐函数存在定理 3 设 $F(x,y,u,v), G(x,y,u,v)$ 在点 $P(x_0,y_0,u_0,v_0)$ 的某一邻域内有对各个变量的连续偏导数,且

$$F(x_0,y_0,u_0,v_0)=0, G(x_0,y_0,u_0,v_0)=0,$$

且偏导数所组成的函数行列式(或称雅可比式)

$$J=\frac{\partial(F,G)}{\partial(u,v)}=\begin{vmatrix} \dfrac{\partial F}{\partial u} & \dfrac{\partial F}{\partial v} \\ \dfrac{\partial G}{\partial u} & \dfrac{\partial G}{\partial v} \end{vmatrix}$$

在点 $P(x_0,y_0,u_0,v_0)$ 不等于零,则方程组

$$F(x,y,u,v)=0, \quad G(x,y,u,v)=0$$

在点 $P(x_0,y_0,u_0,v_0)$ 的某一邻域内惟一确定一组单值连续且具有连续偏导数的函数
$$u = u(x,y), \quad v = v(x,y),$$
它们满足条件
$$u_0 = u(x_0,y_0), \quad v_0 = v(x_0,y_0),$$
并有

$$\frac{\partial u}{\partial x} = -\frac{1}{J}\frac{\partial(F,G)}{\partial(x,v)} = -\frac{\begin{vmatrix} F_x & F_v \\ G_x & G_v \end{vmatrix}}{\begin{vmatrix} F_u & F_v \\ G_u & G_v \end{vmatrix}},$$

$$\frac{\partial v}{\partial x} = -\frac{1}{J}\frac{\partial(F,G)}{\partial(u,x)} = -\frac{\begin{vmatrix} F_u & F_x \\ G_u & G_x \end{vmatrix}}{\begin{vmatrix} F_u & F_v \\ G_u & G_v \end{vmatrix}},$$

$$\frac{\partial u}{\partial y} = -\frac{1}{J}\frac{\partial(F,G)}{\partial(y,v)} = -\frac{\begin{vmatrix} F_y & F_v \\ G_y & G_v \end{vmatrix}}{\begin{vmatrix} F_u & F_v \\ G_u & G_v \end{vmatrix}},$$

$$\frac{\partial v}{\partial y} = -\frac{1}{J}\frac{\partial(F,G)}{\partial(u,y)} = -\frac{\begin{vmatrix} F_u & F_y \\ G_u & G_y \end{vmatrix}}{\begin{vmatrix} F_u & F_v \\ G_u & G_v \end{vmatrix}}.$$

9.4 全微分

全增量 如果函数 $z=f(x,y)$ 在点 $P(x,y)$ 的某邻域内有定义,并设 $P'(x+\Delta x, y+\Delta y)$ 为这邻域内的任意一点,则称这两点的函数值之差

$$f(x+\Delta x, y+\Delta y) - f(x,y)$$

为函数在点 P 对应于自变量增量 $\Delta x, \Delta y$ 的全增量,记为 Δz,即

$$\Delta z = f(x+\Delta x, y+\Delta y) - f(x,y).$$

全微分 如果函数 $z=f(x,y)$ 在点 (x,y) 的全增量

$$\Delta z = f(x+\Delta x, y+\Delta y) - f(x,y)$$

可以表示为

$$\Delta z = A\Delta x + B\Delta y + o(\rho),$$

其中 A,B 不依赖于 $\Delta x, \Delta y$ 而仅与 x,y 有关,$\rho = \sqrt{(\Delta x)^2+(\Delta y)^2}$,则称函数 $z=$

$f(x,y)$ 在点 (x,y) 可微分,

$$A\Delta x + B\Delta y$$

称为函数 $z=f(x,y)$ 在点 (x,y) 的全微分,记为 dz,即

$$dz = A\Delta x + B\Delta y,$$

其中 $A=\dfrac{\partial z}{\partial x}, B=\dfrac{\partial z}{\partial y}$.

习惯上,记全微分为

$$dz = \frac{\partial z}{\partial x}dx + \frac{\partial z}{\partial y}dy.$$

全微分的定义可推广到三元及三元以上函数,三元函数的全微分记为

$$du = \frac{\partial u}{\partial x}dx + \frac{\partial u}{\partial y}dy + \frac{\partial u}{\partial z}dz.$$

通常我们把二元函数的全微分等于它的两个偏微分之和这件事称为二元函数的微分符合叠加原理.叠加原理也适用于二元以上函数的情况.

若函数在区域 D 内各点处都可微分,则称这函数在 D 内可微分.

可微与连续关系定理 如果函数 $z=f(x,y)$ 在点 (x,y) 可微分,则函数在点 (x,y) 连续.

可微的必要条件 如果函数 $z=f(x,y)$ 在点 (x,y) 可微分,则该函数在点 (x,y) 的偏导数 $\dfrac{\partial z}{\partial x},\dfrac{\partial z}{\partial y}$ 必存在,且函数 $z=f(x,y)$ 在点 (x,y) 的全微分为

$$dz = \frac{\partial z}{\partial x}\Delta x + \frac{\partial z}{\partial y}\Delta y.$$

可微的充分条件 如果函数 $z=f(x,y)$ 的偏导数 $\dfrac{\partial z}{\partial x},\dfrac{\partial z}{\partial y}$ 在点 (x,y) 连续,则该函数在点 (x,y) 可微分.

全微分形式不变性 设函数 $z=f(u,v)$ 具有连续偏导数,则有全微分

$$dz = \frac{\partial z}{\partial u}du + \frac{\partial z}{\partial v}dv.$$

当 $u=\varphi(x,y),v=\psi(x,y)$ 时,有

$$dz = \frac{\partial z}{\partial x}dx + \frac{\partial z}{\partial y}dy.$$

全微分形式不变形的实质:无论 z 是自变量 u,v 的函数或中间变量 u,v 的函数,它的全微分形式是一样的.

全微分的几何意义 因为曲面在 M 处的切平面方程为

$$z - z_0 = f_x(x_0, y_0)(x - x_0) + f_y(x_0, y_0)(y - y_0)$$
$$= \frac{\partial z}{\partial x}\bigg|_{\substack{x=x_0\\y=y_0}} dx + \frac{\partial z}{\partial y}\bigg|_{\substack{x=x_0\\y=y_0}} dy,$$

所以函数 $z = f(x, y)$ 在点 (x_0, y_0) 的全微分表示曲面 $z = f(x, y)$ 在点 (x_0, y_0, z_0) 处的切平面上点的竖坐标的增量.

9.5 全微分在近似计算中的应用

当二元函数 $z = f(x, y)$ 在点 $P(x, y)$ 的两个偏导数 $f_x(x, y)$, $f_y(x, y)$ 连续,且 $|\Delta x|$, $|\Delta y|$ 都较小时,有近似等式

$$\Delta z \approx dz = f_x(x, y)\Delta x + f_y(x, y)\Delta y,$$

也可写成

$$f(x + \Delta x, y + \Delta y) \approx f(x, y) + f_x(x, y)\Delta x + f_y(x, y)\Delta y.$$

9.6 微分法在几何上的应用

空间曲线的切线与法平面方程

切向量 曲线上点 M 处切线的方向向量称为曲线的切向量(见图 9.3).

法平面 过曲线上的点 M 且与切线垂直的平面称为法平面.

(1) 设空间曲线的方程为

$$\begin{cases} x = \varphi(t), \\ y = \psi(t), \\ z = \omega(t), \end{cases}$$

曲线在 M 处的**切线方程**为

$$\frac{x-x_0}{\varphi'(t_0)} = \frac{y-y_0}{\psi'(t_0)} = \frac{z-z_0}{\omega'(t_0)}.$$

切向量为 $\boldsymbol{T} = \{\varphi'(t_0), \psi'(t_0), \omega'(t_0)\}$. 曲线在 M 处的**法平面方程**为

$$\varphi'(t_0)(x-x_0) + \psi'(t_0)(y-y_0) + \omega'(t_0)(z-z_0) = 0.$$

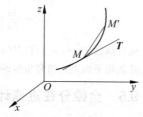

图 9.3

(2) 设空间曲线方程为

$$\begin{cases} y = \varphi(x), \\ z = \psi(x), \end{cases}$$

在点 $M(x_0, y_0, z_0)$ 处的切线方程为

$$\frac{x-x_0}{1} = \frac{y-y_0}{\varphi'(x_0)} = \frac{z-z_0}{\psi'(x_0)},$$

切向量为 $T=\{1,\varphi'(x_0),\psi'(x_0)\}$. 曲线在 M 处的法平面方程为

$$(x-x_0)+\varphi'(x_0)(y-y_0)+\psi'(x_0)(z-z_0)=0.$$

(3) 空间曲线方程为

$$\begin{cases} F(x,y,z)=0, \\ G(x,y,z)=0. \end{cases}$$

曲线在 M 处的切线方程为

$$\frac{x-x_0}{\begin{vmatrix} F_y & F_z \\ G_y & G_z \end{vmatrix}_0}=\frac{y-y_0}{\begin{vmatrix} F_z & F_x \\ G_z & G_x \end{vmatrix}_0}=\frac{z-z_0}{\begin{vmatrix} F_x & F_y \\ G_x & G_y \end{vmatrix}_0}.$$

曲线在 M 处的法平面方程为

$$\begin{vmatrix} F_y & F_z \\ G_y & G_z \end{vmatrix}_0 (x-x_0)+\begin{vmatrix} F_z & F_x \\ G_z & G_x \end{vmatrix}_0 (y-y_0)+\begin{vmatrix} F_x & F_y \\ G_x & G_y \end{vmatrix}_0 (z-z_0)=0.$$

空间曲面的切平面与法线方程

法线 通过点 $M(x_0,y_0,z_0)$ 而垂直于切平面的直线称为曲面在该点的法线.

法向量 垂直于曲面上切平面的向量称为曲面的法向量(见图 9.4).

(1) 设空间曲面的方程为 $F(x,y,z)=0$,曲面在点 M 处的**切平面方程**为

$$F_x(x_0,y_0,z_0)(x-x_0)+F_y(x_0,y_0,z_0)\times(y-y_0)+F_z(x_0,y_0,z_0)(z-z_0)=0.$$

曲面在点 M 处的**法线方程**为

$$\frac{x-x_0}{F_x(x_0,y_0,z_0)}=\frac{y-y_0}{F_y(x_0,y_0,z_0)}=\frac{z-z_0}{F_z(x_0,y_0,z_0)}.$$

曲面在 M 处的法向量为

$$\boldsymbol{n}=\{F_x(x_0,y_0,z_0),F_y(x_0,y_0,z_0),F_z(x_0,y_0,z_0)\}.$$

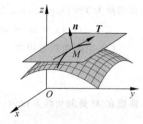

图 9.4

(2) 空间曲面的方程为 $z=f(x,y)$,曲面在点 M 处的切平面方程为

$$f_x(x_0,y_0)(x-x_0)+f_y(x_0,y_0)(y-y_0)=z-z_0.$$

曲面在 M 处的法线方程为

$$\frac{x-x_0}{f_x(x_0,y_0)}=\frac{y-y_0}{f_y(x_0,y_0)}=\frac{z-z_0}{-1}.$$

方向余弦 若 α,β,γ 表示曲面法向量的方向角,并假定法向量的方向是向上的,即使得它与 z 轴的正向所成的角 γ 是锐角,则法向量的方向余弦为

$$\cos\alpha=\frac{-f_x}{\sqrt{1+f_x^2+f_y^2}},\quad \cos\beta=\frac{-f_y}{\sqrt{1+f_x^2+f_y^2}},\quad \cos\gamma=\frac{1}{\sqrt{1+f_x^2+f_y^2}},$$

其中
$$f_x = f_x(x_0, y_0), \quad f_y = f_y(x_0, y_0).$$

方向导数 函数的增量 $f(x+\Delta x, y+\Delta y) - f(x,y)$ 与 PP' 两点间的距离 $\rho = \sqrt{(\Delta x)^2 + (\Delta y)^2}$ 之比值,当 P' 沿着 l 趋于 P 时,如果此比的极限存在(如图 9.5),则称这极限为函数**在点 P 沿方向 l 的方向导数**,记为

$$\frac{\partial f}{\partial l} = \lim_{\rho \to 0} \frac{f(x+\Delta x, y+\Delta y) - f(x,y)}{\rho}.$$

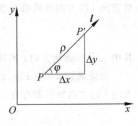

图 9.5

特别地,函数 $f(x,y)$ 在点 P 沿着 x 轴正向 $e_1 = \{1,0\}$、y 轴正向 $e_2 = \{0,1\}$ 的方向导数分别为 f_x,f_y;沿着 x 轴负向、y 轴负向的方向导数是 $-f_x$,$-f_y$.

对于三元函数 $u = f(x,y,z)$,它在空间一点 $P(x,y,z)$ 沿着方向 L 的方向导数,可定义为

$$\frac{\partial f}{\partial l} = \lim_{\rho \to 0} \frac{f(x+\Delta x, y+\Delta y, z+\Delta z) - f(x,y,z)}{\rho},$$

其中 $\rho = \sqrt{(\Delta x)^2 + (\Delta y)^2 + (\Delta z)^2}$.

定理 如果函数 $z = f(x, y)$ 在点 $P(x, y)$ 是可微分的,那么函数在该点沿任意方向 l 的方向导数都存在,且有

$$\frac{\partial f}{\partial l} = \frac{\partial f}{\partial x}\cos\varphi + \frac{\partial f}{\partial y}\sin\varphi,$$

其中 φ 为 x 轴到方向 l 的转角.

如果函数 $u = f(x, y, z)$ 在点 $P(x, y, z)$ 是可微分的,那么函数在该点沿任意方向 l 的方向导数都存在,且有

$$\frac{\partial f}{\partial l} = \frac{\partial f}{\partial x}\cos\alpha + \frac{\partial f}{\partial y}\cos\beta + \frac{\partial f}{\partial z}\cos\gamma,$$

其中方向 l 的方向角为 α, β, γ.

梯度 设函数 $z = f(x, y)$ 在平面区域 D 内具有一阶连续偏导数,则对于每一点 $P(x, y) \in D$,都可定出一个向量 $\frac{\partial f}{\partial x}\boldsymbol{i} + \frac{\partial f}{\partial y}\boldsymbol{j}$,这向量称为**函数 $z = f(x, y)$ 在点 $P(x, y)$ 的梯度**,记为

$$\mathbf{grad} f(x, y) = \frac{\partial f}{\partial x}\boldsymbol{i} + \frac{\partial f}{\partial y}\boldsymbol{j}$$

函数在某点的梯度的方向与取得最大方向导数的方向一致,它的模为方向导数的最大值,即

$$|\operatorname{\mathbf{grad}} f(x,y)| = \sqrt{\left(\frac{\partial f}{\partial x}\right)^2 + \left(\frac{\partial f}{\partial y}\right)^2}.$$

当 $\frac{\partial f}{\partial x}$ 不为零时,x 轴到梯度的转角的正切为

$$\tan\theta = \frac{\partial f}{\partial y} \bigg/ \frac{\partial f}{\partial x}.$$

设函数 $u = f(x,y,z)$ 在空间区域 G 内具有一阶连续偏导数,则对于每一点 $P(x,y,z) \in G$,梯度

$$\operatorname{\mathbf{grad}} f(x,y,z) = \frac{\partial f}{\partial x}\boldsymbol{i} + \frac{\partial f}{\partial y}\boldsymbol{j} + \frac{\partial f}{\partial z}\boldsymbol{k}.$$

等高线 曲线

$$\begin{cases} z = f(x,y), \\ z = c, \end{cases} \quad (c \text{ 为常数})$$

称为函数 $z = f(x,y)$ 的等高线.

梯度与等高线的关系 函数 $z = f(x,y)$ 在点 $P(x,y)$ 的梯度的方向与点 P 的等高线 $f(x,y) = c$ 在这点的法线的一个方向相同,且从数值较低的等高线指向数值较高的等高线,而梯度的模等于函数在这个法线方向的方向导数.

等量面 曲面 $f(x,y,z)=c$ (c 为常数)为函数 $u=f(x,y,z)$ 的等量面.

梯度与等量面的关系 函数 $u=f(x,y,z)$ 在点 $P(x,y,z)$ 的梯度的方向与过点 P 的等量面 $f(x,y,z)=c$ 在这点的法线的一个方向相同,且从数值较低的等量面指向数值较高的等量面,而梯度的模等于函数在这个法线方向的方向导数.

9.7 多元函数的极值和最大(小)值

二元函数的极值 设函数 $z=f(x,y)$ 在点 (x_0,y_0) 的某邻域内有定义,对于该邻域内异于 (x_0,y_0) 的点 (x,y),若满足不等式 $f(x,y)<f(x_0,y_0)$,则称 $f(x_0,y_0)$ 是该函数的**极大值**;若满足不等式 $f(x,y)>f(x_0,y_0)$,则称 $f(x_0,y_0)$ 是该函数的**极小值**.

极大值、极小值统称为**极值**.

使函数取得极值的点称为**极值点**.

多元函数极值的必要条件 设函数 $z=f(x,y)$ 在点 (x_0,y_0) 具有偏导数,且在点 (x_0,y_0) 处有极值,则它在该点的偏导数必然为零,即
$$f_x(x_0,y_0)=0, \quad f_y(x_0,y_0)=0.$$

如果三元函数 $u=f(x,y,z)$ 在点 $P(x_0,y_0,z_0)$ 具有偏导数,则它在 $P(x_0,y_0,$

z_0)有极值的必要条件为偏导数必然为零,即
$$f_x(x_0,y_0,z_0)=0, \quad f_y(x_0,y_0,z_0)=0, \quad f_z(x_0,y_0,z_0)=0.$$

驻点 使一阶偏导数同时为零的点,称为函数的驻点.

多元函数极值的充分条件 设函数 $z=f(x,y)$ 在点 (x_0,y_0) 的某邻域内连续,且有一阶及二阶连续偏导数,又
$$f_x(x_0,y_0)=0, \quad f_y(x_0,y_0)=0.$$
令
$$f_{xx}(x_0,y_0)=A, \quad f_{xy}(x_0,y_0)=B, \quad f_{yy}(x_0,y_0)=C,$$
则 $f(x,y)$ 在点 (x_0,y_0) 处是否取得极值的条件为:

(1) $AC-B^2>0$ 时具有极值,当 $A<0$ 时有极大值,当 $A>0$ 时有极小值;

(2) $AC-B^2<0$ 时没有极值;

(3) $AC-B^2=0$ 时可能有极值,也可能没有极值,还需另作讨论.

求具有二阶连续偏导数的函数 $z=f(x,y)$ 的极值的一般步骤

(1) 解方程组 $f_x(x,y)=0, f_y(x,y)=0$,求出实数解,得驻点;

(2) 在每一个驻点 (x_0,y_0) 处,求出二阶偏导数的值 A,B,C;

(3) 定出 $AC-B^2$ 的符号,再判定是否是极值.

求具有二阶连续偏导数的多元函数的最值的一般方法 将函数在 D 内的所有驻点处的函数值及在 D 的边界上的最大值和最小值相互比较,其中最大者即为最大值,最小者即为最小值.

在实际问题中,常运用下面的结论:

(1) 若 $f(p)$ 在某区间(包括各种区间)内连续且仅有一个可能极值点 p_0,则当 p_0 是极大(小)值点时,$f(p_0)$ 就是该函数在该区间的最大(小)值.

(2) 若由分析得知,确实存在最大(小)值,又在论及的区间内仅有一个可能极值点 p_0,则 $f(p_0)$ 就是该函数在该区间的最大(小)值.

条件极值 对自变量有附加条件的极值,称为条件极值.

拉格朗日乘数法

(1) 求解函数 $z=f(x,y)$ 在条件 $\varphi(x,y)=0$ 下的可能极值点,步骤如下:

先构造函数 $F(x,y)=f(x,y)+\lambda\varphi(x,y)$(称为目标函数),其中 λ 为某一常数,可由

$$\begin{cases} f_x(x,y)+\lambda\varphi_x(x,y)=0, \\ f_y(x,y)+\lambda\varphi_y(x,y)=0, \\ \varphi(x,y)=0, \end{cases}$$

解出 x, y, λ,其中 (x, y) 就是可能的极值点.

(2)(自变量多于两个的情况)求解函数 $u=f(x,y,z,t)$ 在条件 $\varphi(x,y,z,t)=0$, $\psi(x,y,z,t)=0$ 下的可能极值点,步骤如下:

先构造函数 $F(x,y,z,t)=f(x,y,z,t)+\lambda_1\varphi(x,y,z,t)+\lambda_2\psi(x,y,z,t)$(称为目标函数),其中 λ_1,λ_2 均为常数,可由

$$\begin{cases} f_x(x,y,z,t)+\lambda_1\varphi_x(x,y,z,t)+\lambda_2\psi_x(x,y,z,t)=0, \\ f_y(x,y,z,t)+\lambda_1\varphi_y(x,y,z,t)+\lambda_2\psi_y(x,y,z,t)=0, \\ f_z(x,y,z,t)+\lambda_1\varphi_z(x,y,z,t)+\lambda_2\psi_z(x,y,z,t)=0, \\ f_t(x,y,z,t)+\lambda_1\varphi_t(x,y,z,t)+\lambda_2\psi_t(x,y,z,t)=0, \\ \varphi(x,y,z,t)=0, \\ \psi(x,y,z,t)=0, \end{cases}$$

解出 $x,y,z,t,\lambda_1,\lambda_2$,其中 (x,y,z,t) 就是可能的极值点.

9.8 二元函数的泰勒公式

定理 设 $z=f(x,y)$ 在点 (x_0,y_0) 的某一邻域有直到 $n+1$ 阶的连续偏导数,(x_0+h,y_0+k) 为此邻域内任一点,则二元函数 $f(x,y)$ 在点 (x_0,y_0) 的 n 阶泰勒

公式为

$$f(x_0+h, y_0+k) = f(x_0, y_0) + \left(h\frac{\partial}{\partial x} + k\frac{\partial}{\partial y}\right)f(x_0, y_0) +$$

$$\frac{1}{2!}\left(h\frac{\partial}{\partial x} + k\frac{\partial}{\partial y}\right)^2 f(x_0, y_0) + \cdots +$$

$$\frac{1}{n!}\left(h\frac{\partial}{\partial x} + k\frac{\partial}{\partial y}\right)^n f(x_0, y_0) + R_n,$$

其中

$$R_n = \frac{1}{(n+1)!}\left(h\frac{\partial}{\partial x} + k\frac{\partial}{\partial y}\right)^{n+1} f(x_0+\theta h, y_0+\theta k) \quad (0<\theta<1)$$

称为**拉格朗日型余项**. 记号 $\left(h\dfrac{\partial}{\partial x} + k\dfrac{\partial}{\partial y}\right)f(x_0, y_0)$ 表示

$$hf_x(x_0, y_0) + kf_y(x_0, y_0),$$

$\left(h\dfrac{\partial}{\partial x} + k\dfrac{\partial}{\partial y}\right)^2 f(x_0, y_0)$ 表示

$$h^2 f_{xx}(x_0, y_0) + 2hk f_{xy}(x_0, y_0) + k^2 f_{yy}(x_0, y_0).$$

一般地,记号 $\left(h\dfrac{\partial}{\partial x} + k\dfrac{\partial}{\partial y}\right)^m f(x_0, y_0)$ 表示

$$\sum_{p=0}^{m} C_m^p h^p k^{m-p} \frac{\partial^m f}{\partial x^p \partial y^{m-p}} \bigg|_{(x_0, y_0)}.$$

误差估计式

$$|R_n| \leqslant \frac{M}{(n+1)!}(|h|+|k|)^{n+1}$$

$$= \frac{M}{(n+1)!}\rho^{n+1}(|\cos\alpha|+|\sin\alpha|)^{n+1}$$

$$= \frac{(\sqrt{2})^{n+1}}{(n+1)!}M\rho^{n+1},$$

其中 $\rho = \sqrt{h^2+k^2}$，M 为函数 $z=f(x,y)$ 在点 (x_0,y_0) 处的 $(n+1)$ 阶偏导数的界.

误差 $|R_n|$ 是当 $\rho \to 0$ 时比 ρ^n 高阶的无穷小.

当 $n=0$ 时，由二元函数 $f(x,y)$ 在点 (x_0,y_0) 的 n 阶泰勒公式就是二元函数的拉格朗日中值公式：

$$f(x_0+h, y_0+k) = f(x_0, y_0) + hf_x(x_0+\theta h, y_0+\theta k) + kf_y(x_0+\theta h, y_0+\theta k).$$

推论 如果函数 $f(x,y)$ 的偏导数 $f_x(x,y), f_y(x,y)$ 在某一邻域内都恒等于零,那么函数 $f(x,y)$ 在该区域内为一常数.

二元函数 n 阶麦克劳林公式 在二元函数 $f(x,y)$ 在点 (x_0,y_0) 的 n 阶泰勒公式中,若取 $x_0=0, y_0=0$,则得 n 阶麦克劳林公式:

$$f(x,y) = f(0,0) + \left(x\frac{\partial}{\partial x} + y\frac{\partial}{\partial y}\right)f(0,0) +$$

$$\frac{1}{2!}\left(x\frac{\partial}{\partial x} + y\frac{\partial}{\partial y}\right)^2 f(0,0) + \cdots +$$

$$\frac{1}{n!}\left(x\frac{\partial}{\partial x} + y\frac{\partial}{\partial y}\right)^n f(0,0) +$$

$$\frac{1}{(n+1)!}\left(x\frac{\partial}{\partial x} + y\frac{\partial}{\partial y}\right)^{n+1} f(\theta x, \theta y), \quad (0 < \theta < 1).$$

第10章 重积分

10.1 二重积分的概念与计算

二重积分的概念 设 $f(x,y)$ 是有界闭区域 D 上的有界函数. 将 D 任意分成 n 个小闭区域 $\Delta\sigma_i(i=1,2,\cdots,n)$. 它也表示了第 i 小闭区域的面积, 在 $\Delta\sigma_i(i=1, 2,\cdots,n)$ 上任取一点 (ξ_i,η_i) 做乘积 $f(\xi_i,\eta_i)\Delta\sigma_i(i=1,2,\cdots,n)$, 并做和

$$\sum_{i=1}^{n} f(\xi_i,\eta_i)\Delta\sigma_i.$$

如果当各小闭区域的直径中的最大值 λ 趋向于零时, 和的极限总存在, 则称此极限为函数 $f(x,y)$ 在 D 上的二重积分, 也叫 $f(x,y)$ 在 D 上可积, 记作 $\iint\limits_{D} f(x,y)\cdot d\sigma$, 即

$$\iint\limits_{D} f(x,y)d\sigma = \lim_{\lambda\to 0}\sum_{i=1}^{n} f(\xi_i,\eta_i)\Delta\sigma_i,$$

其中 $f(x,y)$ 称被积函数,$f(x,y)\mathrm{d}\sigma$ 称为**被积表达式**,$\mathrm{d}\sigma$ 叫做**面积元素**,x,y 称为**积分变量**,D 称为**积分区域**.

二重积分的性质 以下各被积函数在积分区间内均可积.

(1) $\iint\limits_{D} kf(x,y)\mathrm{d}\sigma = k\iint\limits_{D} f(x,y)\mathrm{d}\sigma$ （k 为常数）.

(2) $\iint\limits_{D} [f(x,y) \pm g(x,y)]\mathrm{d}\sigma = \iint\limits_{D} f(x,y)\mathrm{d}\sigma \pm \iint\limits_{D} g(x,y)\mathrm{d}\sigma$.

此性质可推广到有限个函数的代数和.

(3) 如果闭区域 D 可分为 D_1 与 D_2,记作 $D=D_1+D_2$,则

$$\iint\limits_{D} f(x,y)\mathrm{d}\sigma = \iint\limits_{D_1} f(x,y)\mathrm{d}\sigma + \iint\limits_{D_2} f(x,y)\mathrm{d}\sigma.$$

此性质可推广到 D 可以分为有限个闭域之和.

(4) 如果在闭区域 D 上有 $f(x,y) \leqslant g(x,y)$,则

$$\iint\limits_{D} f(x,y)\mathrm{d}\sigma \leqslant \iint\limits_{D} g(x,y)\mathrm{d}\sigma.$$

(5) 设 $f(x,y)$ 在闭区域 D 上连续,则在 D 上至少存在一点 (ξ,η),使下式成立.

$$\iint\limits_{D} f(x,y)\mathrm{d}\sigma = f(\xi,\eta)\sigma,$$

其中 σ 为 D 的面积.

10.2 二重积分的计算方法

二重积分在直角坐标系中的计算方法 对积分域作如下的假定：与坐标轴平行的直线除与闭区域的边界外，相交不超过两点.

面积元素：$\mathrm{d}\sigma = \mathrm{d}x\mathrm{d}y$.

二重积分：$\iint\limits_{D} f(x,y)\mathrm{d}\sigma = \iint\limits_{D} f(x,y)\mathrm{d}x\mathrm{d}y$.

将 D 投影到 x 轴上，得投影区间 $[a,b]$（如图 10.1 所示）. 在 $[a,b]$ 上任作一条与 y 轴平行的直线，交边界两点 A,B. 它们的纵坐标分别为 $\varphi_1(x), \varphi_2(x)$，且 $\varphi_1(x) \leqslant \varphi_2(x)$，则

$$\iint\limits_{D} f(x,y)\mathrm{d}x\mathrm{d}y = \int_a^b \left(\int_{\varphi_1(x)}^{\varphi_2(x)} f(x,y)\mathrm{d}y\right)\mathrm{d}x.$$

$\int_{\varphi_1(x)}^{\varphi_2(x)} f(x,y)\mathrm{d}y$ 称为**内积分**. 积分时，x 视作常数，$\int_a^b (\cdot)\mathrm{d}x$ 称为**外积分**，上式也可表示为

$$\iint_D f(x,y)\mathrm{d}x\mathrm{d}y = \int_a^b \mathrm{d}x \int_{\varphi_1(x)}^{\varphi_2(x)} f(x,y)\mathrm{d}y.$$

如果内积分对 x,外积分对 y,则需将 D 投影到 y 轴上,得投影区间 $[c,d]$(如图 10.2 所示). 在 $[c,d]$ 上任取一点作与 x 轴平行的直线,与边界交 C,D 两点,

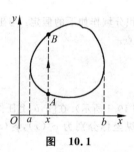

图 10.1

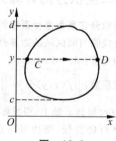

图 10.2

其横坐标为 $\varphi_1(y),\varphi_2(y)$,且 $\varphi_2(y) \geqslant \varphi_1(y)$,则

$$\iint_D f(x,y)\mathrm{d}\sigma = \int_c^d \left[\int_{\varphi_1(y)}^{\varphi_2(y)} f(x,y)\mathrm{d}x \right] \mathrm{d}y.$$

$$= \int_c^d dy \int_{\varphi_1(y)}^{\varphi_2(y)} f(x,y)dx.$$

例 计算 $\iint\limits_D f(x,y)d\sigma$,其中 D 是由 x 轴,$x=1$,$y=x$ 所围成.

解 内积分对 y,外积分对 x,原积分化为(如图 10.3)

$$\iint\limits_D f(x,y)d\sigma = \int_0^1 dx \int_0^x f(x,y)dy.$$

内积分对 x,外积分对 y,则原积分化为

$$\iint\limits_D f(x,y)d\sigma = \int_0^1 dy \int_y^1 f(x,y)dx.$$

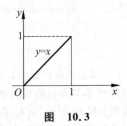

图 10.3

二重积分在极坐标系中的计算方法 对积分域作如下假定:与过极点的半射线除边界外,与积分域相交不超过两点.

面积元素 $d\sigma = rdrd\theta$ (r,θ 为极坐标).

二重积分

$$\iint\limits_D f(x,y)d\sigma = \iint\limits_D f(r\cos\theta, r\sin\theta)rdrd\theta.$$

计算分两种情况：极点在积分域内与极点不在积分域内.

(1) 极点在积分域内，且假设积分域的边界曲线在极坐标中的方程为 $r=r(\theta)$，则

$$\iint_D f(r\cos\theta, r\sin\theta) r dr d\theta = \int_0^{2\pi} \left[\int_0^{r(\theta)} f(r\cos\theta, r\sin\theta) r dr \right] d\theta$$

$$= \int_0^{2\pi} d\theta \int_0^{r(\theta)} f(r\cos\theta, r\sin\theta) r dr.$$

(2) 极点不在积分域 D 内，且假设过极点的半射线除边界外与积分域相交不超过两点. 作两条过极点的半射线 $\theta = \alpha, \theta = \beta$ 夹紧积分域 D（如图 10.4）. 在区间 $[\alpha, \beta]$ 内任作一条过极点的半射线交边界曲线于两点 C, D. 它们的极半径分别为 $r_1(\theta), r_2(\theta)$，则

$$\iint_D f(r\cos\theta, r\sin\theta) r dr d\theta$$

$$= \int_\alpha^\beta \left[\int_{r_1(\theta)}^{r_2(\theta)} f(r\cos\theta, r\sin\theta) r dr \right] d\theta$$

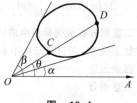

图 10.4

$$= \int_a^\beta d\theta \int_{r_1(\theta)}^{r_2(\theta)} f(r\cos\theta, r\sin\theta) r dr.$$

例 $\iint\limits_D f(x,y) dxdy$,其中 $D: x^2 + y^2 \leqslant n^2$.

解 因为极点在域 D 内,又边界的方程为 $r=R$,则

$$\iint\limits_D f(x,y) dxdy = \iint\limits_D f(r\cos\theta, r\sin\theta) r dr d\theta = \int_0^{2\pi} d\theta \int_0^R f(r\cos\theta, r\sin\theta) r dr.$$

例 $\iint\limits_D f(x,y) d\sigma$,其中 $D: x^2 + y^2 \leqslant 2Rx \quad (y \geqslant 0)$.

解 因极点在边界上,不在域内(如图 10.5),则

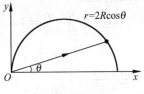

图 10.5

$$\iint_D f(x,y)\mathrm{d}\sigma = \iint_D f(r\cos\theta, r\sin\theta)r\mathrm{d}r\mathrm{d}\theta = \int_0^{\frac{\pi}{2}}\mathrm{d}\theta\int_0^{2R\cos\theta} f(r\cos\theta, r\sin\theta)r\mathrm{d}r.$$

10.3 二重积分的换元法

二重积分的换元法 设 $f(x,y)$ 在 Oxy 平面上的闭区域 D 上连续. 变换

$$T: \begin{cases} x = x(u,v) \\ y = y(u,v) \end{cases}$$

将 Ouv 平面上的闭区域 D' 变为 Oxy 平面上的 D,且满足

(1) $x(u,v), y(u,v)$ 在 D' 具有一阶连续偏导数,

(2) 在 D' 上雅可比 (Jacobi) 行列式

$$J(u,v) = \frac{\partial(x,y)}{\partial(u,v)} \neq 0,$$

其中

$$\frac{\partial(x,y)}{\partial(u,v)} = \begin{vmatrix} \dfrac{\partial x}{\partial u} & \dfrac{\partial x}{\partial v} \\ \dfrac{\partial y}{\partial u} & \dfrac{\partial y}{\partial v} \end{vmatrix},$$

(3) 变换 $T: D' \to D$ 是一对一的,则有
$$\iint_D f(x,y)\mathrm{d}x\mathrm{d}y = \iint_{D'} f(x(u,v),y(u,v)) \mid J(u,v) \mid \mathrm{d}u\mathrm{d}v$$
上式称为二重积分的换元公式.

注 雅可比式 $J(u,v)$ 只在 D' 上个别点或一条曲线上为零,公式仍成立.

例 $\iint_D f(x,y)\mathrm{d}x\mathrm{d}y$,其中 D 是 $x \geqslant 0, y \geqslant 0$ 及 $x^2+y^2=R_1^2, x^2+y^2=R_2^2$ ($R_1 < R_2$) 如图 10.6 所示的闭区域.

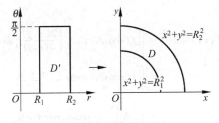

图 10.6

解 做变换 T

$$\begin{cases} x = r\cos\theta, \\ y = r\sin\theta, \end{cases}$$

将 D'：$r=R_1, r=R_2, \theta=0$ 及 $\theta=\dfrac{\pi}{2}$ 变换为 D，而雅可比式为

$$\frac{\partial(x,y)}{\partial(r,\theta)} = \begin{vmatrix} \dfrac{\partial x}{\partial r} & \dfrac{\partial x}{\partial \theta} \\ \dfrac{\partial y}{\partial r} & \dfrac{\partial y}{\partial \theta} \end{vmatrix} = \begin{vmatrix} \cos\theta & -r\sin\theta \\ \sin\theta & r\cos\theta \end{vmatrix} = r,$$

则

$$\begin{aligned} \iint\limits_{D} f(x,y)\,\mathrm{d}x\mathrm{d}y &= \iint\limits_{D'} f(r\cos\theta, r\sin\theta) \left| \frac{\partial(x,y)}{\partial(r,\theta)} \right| \mathrm{d}r\mathrm{d}\theta \\ &= \iint\limits_{D'} f(r\cos\theta, r\sin\theta) \mid r \mid \mathrm{d}r\mathrm{d}\theta \\ &= \int_0^{\frac{\pi}{2}} \mathrm{d}\theta \int_{R_1}^{R_2} f(r\cos\theta, r\sin\theta) r \mathrm{d}r. \end{aligned}$$

10.4 二重积分的应用

曲面面积公式 设曲面 S 的方程为 $z=f(x,y)$,D 为曲面 S 在 Oxy 平面上的投影区域,$f(x,y)$ 在 D 上有一阶连续偏导数,则曲面 S 的面积

$$A = \iint_D \sqrt{1+f_x'^2(x,y)+f_y'^2(x,y)}\,\mathrm{d}\sigma.$$

平面薄片质量的计算公式 设平面薄片占 Oxy 平面上闭区域 D,其上面密度(单位面积上的质量)为 (x,y) 的连续函数,即面密度为

$$\rho = \rho(x,y),$$

则该薄片的质量 m 为

$$m = \iint_D \rho(x,y)\,\mathrm{d}\sigma.$$

平面薄片重心的计算公式 设平面薄片占 Oxy 平面上闭区域 D,其上面密度 $\rho=\rho(x,y)$ 为连续函数,重心坐标为 $(\bar{x},\bar{y})$,则

$$\bar{x} = \frac{\iint\limits_{D} x\rho(x,y)\,d\sigma}{\iint\limits_{D} \rho(x,y)\,d\sigma}, \quad \bar{y} = \frac{\iint\limits_{D} y\rho(x,y)\,d\sigma}{\iint\limits_{D} \rho(x,y)\,d\sigma}.$$

平面薄片转动惯量的计算公式 平面薄片对 x 轴与 y 轴的转动惯量分别为

$$I_x = \iint\limits_{D} y^2 \rho(x,y)\,d\sigma, \quad I_y = \iint\limits_{D} x^2 \rho(x,y)\,d\sigma,$$

其中 D 为薄片所占的在 Oxy 平面上的闭区域,$\rho(x,y)$ 为其密度.

平面薄片对质点引力的计算公式 平面薄片对其位于 $(0,0,a)$ 处单位质点的引力在 x 轴,y 轴及 z 轴上的分力分别为

$$F_x = \nu\iint\limits_{D} \frac{x\rho(x,y)\,d\sigma}{r^3}, \quad F_y = \nu\iint\limits_{D} \frac{y\rho(x,y)\,d\sigma}{r^3}, \quad F_z = \nu a\iint\limits_{D} \frac{\rho(x,y)\,d\sigma}{r^3}.$$

其中 ν 为引力系数,$r = (x^2 + y^2 + z^2)^{\frac{1}{2}}$,$\rho(x,y)$ 为薄片的面密度.D 为薄片在 Oxy 平面上所占的闭区域.

10.5 三重积分的概念及其计算法

三重积分的定义 设 $f(x,y,z)$ 在空间有界闭区域 Ω 上有界,将 Ω 任分为 n 个小闭区域 Δv_i(它也表示其体积)$(i=1,2,\cdots,n)$ 在 $\Delta v_i(i=1,2,\cdots,n)$ 上任取一点 (ξ_i,η_i,ζ_i) 做和式

$$\sum_{i=1}^{n}f(\xi_i,\eta_i,\zeta_i)\Delta v_i.$$

如果当各闭区域直径中的最大值 λ 趋于零时,这和式的极限存在,则称此极限为函数 $f(x,y,z)$ 的三重积分,记作 $\iiint\limits_{\Omega}f(x,y,z)\mathrm{d}v$,即

$$\iiint\limits_{\Omega}f(x,y,z)\mathrm{d}v=\lim_{\lambda\to 0}\sum_{i=1}^{n}f(\xi_i,\eta_i,\zeta_i)\Delta v_i,$$

此时也称 $f(x,y,z)$ 在 Ω 上可积. 其中 $f(x,y,z)$ 称为**被积函数**,x,y,z 称为**积分变量**,$\mathrm{d}v$ 称为**体积元素**,Ω 称为**积分域**.

三重积分的性质 与二重积分的性质类似.

例如：$\iiint\limits_{\Omega} kf(x,y,z)\mathrm{d}v = k\iiint\limits_{\Omega} f(x,y,z)\mathrm{d}v$，其中 k 为常数；

$\iiint\limits_{\Omega} f(x,y,z)\mathrm{d}v = \iiint\limits_{\Omega_1} f(x,y,z)\mathrm{d}v + \iiint\limits_{\Omega_2} f(x,y,z)\mathrm{d}v$，其中 Ω 由 Ω_1 和 Ω_2 组成.

三重积分在直角坐标系中的计算方法

体积元素：$\mathrm{d}v = \mathrm{d}x\mathrm{d}y\mathrm{d}z$.

三重积分：$\iiint\limits_{\Omega} f(x,y,z)\mathrm{d}v = \iiint\limits_{\Omega} f(x,y,z)\mathrm{d}x\mathrm{d}y\mathrm{d}z$.

积分域作如下假定：作与 z 轴平行的直线除边界外，与闭区域 Ω 的边界曲面的交点不超过两点 A,B. 它们的 z 坐标分别为 $z_1(x,y), z_2(x,y)\,(z_1(x,y) \leqslant z_2(x,y))$，$\Omega$ 在 Oxy 平面上的投影闭区间为 D，则

$$\iiint\limits_{\Omega} f(x,y,z)\mathrm{d}x\mathrm{d}y\mathrm{d}z = \iint\limits_{D}\left[\int_{z_1(x,y)}^{z_2(x,y)} f(x,y,z)\mathrm{d}z\right]\mathrm{d}x\mathrm{d}y$$

$$\xlongequal{\text{记为}} \iint\limits_{D}\mathrm{d}x\mathrm{d}y\int_{z_1(x,y)}^{z_2(x,y)} f(x,y)\mathrm{d}z.$$

内积分对 z 积分时，x,y 视作常数. 外积分为在闭区域 D 上二重积分，按二重积

分在直角坐标系中的方法计算.

三重积分在柱坐标系中的计算方法

体积元素：$dv = rdrd\theta dz$.

三重积分：

$$\iiint\limits_{\Omega} f(x,y,z)dxdydz = \iiint\limits_{\Omega} f(r\cos\theta, r\sin\theta, z)rdrd\theta dz.$$

Ω 在平面 Oxy 上的投影域为 D，则

$$\iiint\limits_{\Omega} f(r\cos\theta, r\sin\theta, z)rdrd\theta dz = \iint\limits_{D} \left[\int_{z_1(r\cos\theta, r\sin\theta)}^{z_2(r\cos\theta, r\sin\theta)} f(r\cos\theta, r\sin\theta, z)dz \right] rdrd\theta,$$

其中 $z_1(r\cos\theta, r\sin\theta), z_2(r\cos\theta, r\sin\theta)$ 是与平行 z 轴的直线交 Ω 边界曲面的两个 z 坐标 $(z_1 \leqslant z_2)$.

上式也可写为

$$\iiint\limits_{\Omega} f(x,y,z)dxdydz = \iint\limits_{D} rdrd\theta \int_{z_1(r\cos\theta, r\sin\theta)}^{z_2(r\cos\theta, r\sin\theta)} f(r\cos\theta, r\sin\theta, z)dz.$$

三重积分在球坐标系中的计算方法 体积元素：$dv = r^2 \sin\theta drd\theta d\varphi, r, \theta, \varphi$ 为球坐标，如图 10.7 所示.

三重积分为

$$\iiint_\Omega f(x,y,z)\mathrm{d}x\mathrm{d}y\mathrm{d}z$$
$$=\iiint_\Omega f(r\cos\theta\cos\varphi,r\cos\theta\sin\varphi,r\cos\theta)r^2\sin\theta\mathrm{d}r\mathrm{d}\theta\mathrm{d}\varphi,$$

其中 $0\leqslant r<+\infty, 0\leqslant\theta\leqslant\pi, 0\leqslant\varphi\leqslant 2\pi$.

下面分两种情况介绍.

(1) 如果原点在 Ω 内,而 Ω 的边界曲面在球坐标系中的方程为 $r=r(\theta,\varphi)$,则

$$\iiint_\Omega f(x,y,z)\mathrm{d}x\mathrm{d}y\mathrm{d}z$$
$$=\int_0^{2\pi}\mathrm{d}\varphi\int_0^\pi \sin\theta\mathrm{d}\theta\int_0^{r(\theta,\varphi)} f(r\cos\theta\cos\varphi,r\cos\theta\sin\varphi,r\cos\theta)r^2\mathrm{d}r.$$

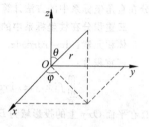

图 10.7

(2) 如果原点不在 Ω 内,且积分域 Ω 可表示为 $\alpha\leqslant\varphi\leqslant\beta$($\alpha,\beta$ 为常数),$\theta_1(r)\leqslant\theta\leqslant\theta_2(\varphi)$,$r_1(\theta,\varphi)\leqslant r\leqslant r_2(\theta,\varphi)$,则

$$\iiint\limits_{\Omega} f(x,y,z)\mathrm{d}x\mathrm{d}y\mathrm{d}z$$
$$= \int_{\alpha}^{\beta}\mathrm{d}\varphi \int_{\theta_1(\varphi)}^{\theta_2(\varphi)} \sin\theta\mathrm{d}\theta \int_{r_1(\theta,\varphi)}^{r_2(\theta,\varphi)} f(r\cos\theta\cos\varphi, r\cos\theta\sin\varphi, r\cos\theta) r^2 \mathrm{d}r.$$

例如：积分域 $\Omega: x^2+y^2+z^2 \leqslant 2Rz$ 可以表示为

$$\begin{cases} 0 \leqslant \varphi \leqslant 2\pi, \\ 0 \leqslant \theta \leqslant \pi, \\ 0 \leqslant r \leqslant 2R\cos\theta. \end{cases}$$

则

$$\iiint\limits_{\Omega} f(x,y,z)\mathrm{d}x\mathrm{d}y\mathrm{d}z = \int_0^{2\pi}\mathrm{d}\varphi \int_0^{\pi}\sin\theta\mathrm{d}\theta \int_0^{2R\cos\theta} f(r\cos\theta\cos\varphi, r\cos\theta\sin\varphi, r\cos\theta) r^2 \mathrm{d}r.$$

10.6 含参变量的积分

连续性定理 令 $\varphi(x) = \int_{\alpha}^{\beta} f(x,y)\mathrm{d}y$，其中 α,β 为常数. 如果 $f(x,y)$ 在矩形域 $R(a \leqslant x \leqslant b, \alpha \leqslant y \leqslant \beta)$ 上连续，则 $\varphi(x) = \int_{\alpha}^{\beta} f(x,y)\mathrm{d}y$ 在 $[a,b]$ 上也连续.

两次积分可交换定理 如果 $f(x,y)$ 在矩形域 $R(a \leqslant x \leqslant b, \alpha \leqslant y \leqslant \beta)$ 上连续，则

$$\int_a^b \left[\int_\alpha^\beta f(x,y) \mathrm{d}y \right] \mathrm{d}x = \int_\alpha^\beta \left[\int_a^b f(x,y) \mathrm{d}x \right] \mathrm{d}y.$$

可导性定理 如果 $f(x,y)$ 及其偏导数 $\dfrac{\partial f}{\partial x}$ 均在矩形域 $(a \leqslant x \leqslant b, \alpha \leqslant y \leqslant \beta)$ 上连续，则

$$\varphi(x) = \int_\alpha^\beta f(x,y) \mathrm{d}y$$

在 $[a,b]$ 上可导，且

$$\varphi'(x) = \frac{\mathrm{d}}{\mathrm{d}x} \int_\alpha^\beta f(x,y) \mathrm{d}y = \int_\alpha^\beta \frac{\partial f}{\partial x} \mathrm{d}y.$$

变限的含参量积分的连续性定理 如果 $f(x,y)$ 在矩形域 $(a \leqslant x \leqslant b, \alpha \leqslant y \leqslant \beta)$ 上连续，函数 $\alpha(x)$ 与 $\beta(x)$ 在 $[a,b]$ 上连续，且 $\alpha \leqslant \alpha(x) \leqslant \beta$，$\alpha \leqslant \beta(x) \leqslant \beta$（$a \leqslant x \leqslant b$，$\alpha$ 与 β 为常数），则

$$\varphi(x) = \int_{\alpha(x)}^{\beta(x)} f(x,y) \mathrm{d}y$$

在 $[a,b]$ 上也连续．

变限的含参量的积分的可微性定理　如果 $f(x,y)$ 及 $\dfrac{\partial f(x,y)}{\partial x}$ 均在矩形域 $R(a \leqslant x \leqslant b, \alpha \leqslant y \leqslant \beta)$ 上连续，$\alpha(x), \beta(x)$ 在 $[a,b]$ 上可微，且 $\alpha \leqslant \alpha(x) \leqslant \beta$，$\alpha \leqslant \beta(x) \leqslant \beta$ $(a \leqslant x \leqslant b)$，则

$$\varphi(x) = \int_{\alpha(x)}^{\beta(x)} f(x,y) \, \mathrm{d}y$$

在 $[a,b]$ 上可微，且

$$\begin{aligned}
\varphi'(x) &= \frac{\mathrm{d}}{\mathrm{d}x} \int_{\alpha(x)}^{\beta(x)} f(x,y) \, \mathrm{d}y \\
&= \int_{\alpha(x)}^{\beta(x)} \frac{\partial f(x,y)}{\partial x} \, \mathrm{d}y + f(x, \beta(x)) \beta'(x) - f(x, \alpha(x)) \alpha'(x).
\end{aligned}$$

第 11 章 曲线积分与曲面积分

11.1 曲线积分的定义、性质和计算

对弧长曲线积分(或称第一型曲线积分)的定义 设 L 为 Oxy 平面内的一条光滑曲线(逐段光滑曲线),函数 $f(x,y)$ 在 L 上有界,将 L 上任意插入 $n-1$ 个分点,把 L 分成 n 个小段,记第 i 个小段的长度为 Δs_i,在第 i 个小段上任取一点 (ξ_i, η_i),作乘积 $f(\xi_i, \eta_i)\Delta s_i (i=1,2,\cdots,n)$,并作和式 $\sum_{i=1}^{n} f(\xi_i, \eta_i)\Delta s_i$. 如果当各小段的长度的最大值 $\lambda \to 0$ 时,该和式的极限存在,则称此极限为函数 $f(x,y)$ 在曲线弧 L 上对弧长(或第一型)的曲线积分,记作 $\int_L f(x,y)\mathrm{d}s$,即

$$\int_L f(x,y)\mathrm{d}s = \lim_{\lambda \to 0} \sum_{i=1}^{n} f(\xi_i, \eta_i),$$

其中 $f(x,y)$ 称为**被积函数**,L 称**积分路径**,$f(x,y)\mathrm{d}s$ 称**被积分式**,$\mathrm{d}s$ 称为**弧微分**.

上述定义可推广到空间曲线 L 的情形,即
$$\int_L f(x,y,z)\mathrm{d}s = \lim_{\lambda \to 0} \sum_{i=1}^n f(\xi_i,\eta_i,\zeta_i)\Delta s_i$$

弧长曲线积分的性质 (1) $\int_L = \int_{L_1} + \int_{L_2}$; (2) $\int_{AB} f\mathrm{d}s = \int_{BA} f\mathrm{d}s$.

弧长曲线积分的计算公式

(1) 设 $f(x,y)$ 在 L 上连续,函数 $x=\varphi(t), y=\psi(t)$ 在 $t\in[\alpha,\beta]$ 上有一阶连续导数,且 $\varphi'^2(t)+\psi'^2(t)\neq 0$,则

$$\int_L f(x,y)\mathrm{d}s = \int_\alpha^\beta f(\varphi(t),\psi(t))\sqrt{\varphi'^2(t)+\psi'^2(t)}\mathrm{d}t$$

($\alpha\leqslant\beta$) 且当 t 由 α 变到 β 时对应在 L 上的点,恰好画出曲线 L.

(2) 如果曲线 L 以 $y=y(x)$ 或 $x=x(y)$ 给出,则

$$\int_L f(x,y)\mathrm{d}s = \int_a^b f(x,y(x))\sqrt{1+y'^2(x)}\mathrm{d}x \quad (a\leqslant b)$$

或 $$\int_L f(x,y)\mathrm{d}s = \int_a^b f(x(y),y)\sqrt{1+x'^2(y)}\mathrm{d}y \quad (a\leqslant b)$$

其中 a,b 对应着曲线 L 的两个端点的横坐标或纵坐标.

(3) 如果曲线 L 以极坐标形式给出,则

$$\int_L f(x,y)\mathrm{d}s = \int_\alpha^\beta f(r\cos\theta, r\sin\theta)\sqrt{r'^2+r^2}\mathrm{d}\theta (\alpha \leqslant \beta),$$

其中 α,β 对应着曲线 L 两个端点的幅角.

(4) 如果空间曲线 L 的方程为
$$\begin{cases} x = x(t), \\ y = y(t), \\ z = z(t), \end{cases}$$
则
$$\int_L f(x,y,z)\mathrm{d}s = \int_\alpha^\beta f(x(t),y(t),z(t))\sqrt{x'^2+y'^2+z'^2}\mathrm{d}t,$$

其中 α,β 对应着空间曲线 L 的两个端点 $(\alpha \leqslant \beta)$.

对坐标(或第二型)曲线积分的定义 设 L 为 Oxy 平面内从点 A 到点 B 的一条有向光滑曲线. 函数 $P(x,y), Q(x,y)$ 在 L 上有界. 在沿 L 的方向上任意插入 $n-1$ 个点 $M_1(x_1,y_2), M_2(x_2,y_2), \cdots, M_{n-1}(x_{n-1},y_{n-1}), M_0=A, M_n=B$, 令 $\Delta x_i = x_i - x_{i-1}, \Delta y_i = y_i - y_{i-1}$, 在 $\widehat{M_{i-1}M_i}$ 上任取一点 $(\xi_i, \eta_i)(i=1,2,\cdots,n)$, 作和式 $\sum_{i=1}^n P(x_i,y_i)\Delta x_i \left(与 \sum_{i=1}^n Q(x_i,y_i)\Delta y_i \right)$, 如果

$$\lim_{\lambda \to 0} \sum_{i=1}^{n} P(x_i, y_i) \Delta x_i \left(\text{和} \lim_{\lambda \to 0} \sum_{i=1}^{n} Q(x_i, y_i) \Delta y_i \right)$$

存在,则称此极限为函数 $P(x,y)$(或 $Q(x,y)$)在有向曲线上的**对坐标 x(或对坐标 y)的曲线积分**,记作

$$\int_L P(x,y) \mathrm{d}x \quad \left(\text{或} \int_L Q(x,y) \mathrm{d}y \right),$$

即

$$\int_L P(x,y) \mathrm{d}x = \lim_{\lambda \to 0} \sum_{i=1}^{n} P(x_i, y_i) \Delta x_i \quad \left(\text{或} \int_L Q(x,y) \mathrm{d}y = \lim_{\lambda \to 0} \sum_{i=1}^{n} Q(x_i, y_i) \Delta y_i \right).$$

类似地,可定义空间曲线 L 上的对坐标的曲线积分,即

$$\int_L P(x,y,z) \mathrm{d}x = \lim_{\lambda \to 0} \sum_{i=1}^{n} P(x_i, y_i, z_i) \Delta x_i,$$

$$\int_L Q(x,y,z) \mathrm{d}y = \lim_{\lambda \to 0} \sum_{i=1}^{n} Q(x_i, y_i, z_i) \Delta y_i,$$

$$\int_L R(x,y,z) \mathrm{d}z = \lim_{\lambda \to 0} \sum_{i=1}^{n} R(x_i, y_i, z_i) \Delta z_i.$$

对坐标曲线积分的性质

(1) $\int_{AB} P\mathrm{d}x + Q\mathrm{d}y = -\int_{BA} P\mathrm{d}x + Q\mathrm{d}y$；

(2) 若 $\widehat{AB} = \widehat{AC} + \widehat{CB}$，则 $\int_{AB} P\mathrm{d}x + Q\mathrm{d}y = \int_{AC} P\mathrm{d}x + Q\mathrm{d}y + \int_{CB} P\mathrm{d}x + Q\mathrm{d}y$.

组合曲线积分的定义

$$\int_L P(x,y)\mathrm{d}x + Q(x,y)\mathrm{d}y = \int_L P(x,y)\mathrm{d}x + \int_L Q(x,y)\mathrm{d}y.$$

$$\int_L P\mathrm{d}x + Q\mathrm{d}y + R\mathrm{d}z = \int_L P\mathrm{d}x + \int_L Q\mathrm{d}y + \int_L R\mathrm{d}z.$$

闭路积分记为 $\oint_L P\mathrm{d}x + Q\mathrm{d}y$，$\oint_L P\mathrm{d}x + Q\mathrm{d}y + R\mathrm{d}z$.

对坐标曲线积分的计算方法

(1) 设 $P(x,y), Q(x,y)$ 在有向曲线 L 上连续. L 的参数方程为 $x = \varphi(t), y = \psi(t)$，当参数 t 单调地由 α 变到 β 时，其对应在 L 上的点从起点 A 沿 L 运动到终点 B. 且 $\varphi(t), \psi(t)$ 有一阶连续导数，$\varphi'^2(t) + \psi'^2(t) \neq 0$，则

$$\int_L P(x,y)\mathrm{d}x + Q(x,y)\mathrm{d}y$$
$$= \int_\alpha^\beta [P(\varphi(t),\psi(t))\varphi'(t) + Q(\varphi(t),\varphi(t))\psi'(t)]\mathrm{d}t,$$

其中 α 不一定小于 β.

(2) 如果有向曲线 L 以 $y=y(x)$ 形式给出,则

$$\int_L P(x,y)\mathrm{d}x + Q(x,y)\mathrm{d}y = \int_a^b [P(x,y(x)) + Q(x,y(x))y'(x)]\mathrm{d}x,$$

$x=a$ 对应着有向曲线 L 的起点,$x=b$ 对应着 L 的终点,a 不一定小于 b. 当 x 由 a 变到 b 时,对应点恰好画出曲线 L.

(3) 如果有向曲线 L 以 $x=x(y)$ 给出,则

$$\int_L P(x,y)\mathrm{d}x + Q(x,y)\mathrm{d}y = \int_a^b [P(x(y),y)x'(y) + Q(x(y),y)]\mathrm{d}y,$$

$y=a$ 对应着有向曲线 L 的起点,$y=b$ 对应着曲线的终点,a 不一定小于 b. 当 y 由 a 变到 b 时,对应着的点恰好画出曲线 L.

(4) 如果有向曲线 L 以极坐标形式 $r=r(\theta)$ 给出,则

$$\int_L P(x,y)\mathrm{d}x + Q(x,y)\mathrm{d}y = \int_\alpha^\beta [P(r\cos\theta, r\sin\theta)(r'\cos\theta - r\sin\theta) +$$

$$Q(r\cos\theta, r\sin\theta)(r'\sin\theta + r\cos\theta)]d\theta.$$

$\theta=\alpha$ 对应着有向曲线 L 的起点,$\theta=\beta$ 对应 L 的终点,α 不一定小于 β. θ 由 α 变到 β 时,对应着的点恰好画出曲线 L.

(5) 如果空间有向曲线 L 的方程为 $x=x(t), y=y(t), z=z(t)$,则

$$\int_L P(x,y,z)dx + Q(x,y,z)dy + R(x,y,z)dz$$
$$= \int_\alpha^\beta [P(x(t),y(t),z(t))x'(t) + Q(x(t),y(t),z(t))y'(t) + R(x(t),y(t),z(t))]dt.$$

$t=\alpha$ 对应着有向曲线 L 的起点,$t=\beta$ 对应 L 的终点. $t=\alpha$ 变到 $t=\beta$ 时,对应着的点恰好画出曲线 L.

两类曲线积分之间的关系

(1) 平面曲线

$$\int_L Pdx + Qdy = \int_L (P\cos\alpha + Q\cos\beta)ds,$$

其中 α, β 为有向曲线 L 上点 (x,y) 处的切线向量的方向角(见图 11.1).

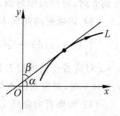

图 11.1

(2) 空间曲线

$$\int_L P\mathrm{d}x + Q\mathrm{d}y + R\mathrm{d}z = \int_L (P\cos\alpha + Q\cos\beta + R\cos\gamma)\mathrm{d}s,$$

其中 α,β,γ 为有向曲线 L 上点 (x,y,z) 处的切线向量的方向角.

11.2　格林公式　平面上曲线积分与路径无关的条件

格林(Green)公式　设闭区域 D 由光滑或分段光滑曲线 L 所围成,函数 $P(x,y)$ 及 $Q(x,y)$ 在 D 上具有一阶连续偏导数,则

$$\oint_L P\mathrm{d}x + Q\mathrm{d}y = \iint_D \left(\frac{\partial Q}{\partial x} - \frac{\partial P}{\partial y}\right)\mathrm{d}\sigma,$$

其中 L 是 D 的取正向的边界闭曲线. 此公式称为**格林公式**.

L 的正向是指:当人沿着 L 的这个方向行走时,D 始终在此人的左侧. 例如图 11.2 所指方向为 L 的正向.图 11.2 左边的情形也称逆时针方向.

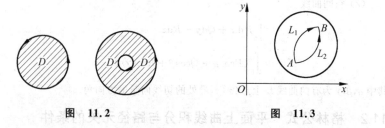

图 11.2　　　　　　　　图 11.3

平面曲线积分与路径无关条件

(1) 与路径无关的定义

设 G 是一个开域. 如果在 G 内任意指定两点 A, B, 以及从点 A 到点 B 在 G 内任意两条路径 L_1, L_2 (见图 11.3), 有

$$\int_{L_1} P\mathrm{d}x + Q\mathrm{d}y = \int_{L_2} P\mathrm{d}x + Q\mathrm{d}y,$$

则称曲线积分 $\int_L P\mathrm{d}x + Q\mathrm{d}y$ 在 G 内与路径无关. 否则就是与路径有关.

11.2 格林公式 平面上曲线积分与路径无关的条件

(2) 单连通域的定义

设 G 为平面区域. 如果 G 内任一闭曲线所围的区域都属 D, 则称 D 为**平面单连通域**, 见图 11.4 左, 否则称**复连通域**(见图 11.4 中及右).

(3) 格林公式对复连通域(除点洞)也成立, 即

$$\iint_D \left(\frac{\partial Q}{\partial x} - \frac{\partial P}{\partial y}\right) d\sigma = \int_L P dx + Q dy,$$

其中 L 由 L_1 与 L_2 组成, 记作 $L = L_1 + L_2$, 其方向如图 11.5.

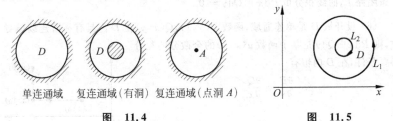

单连通域　复连通域(有洞)　复连通域(点洞 A)

图 11.4　　　　　　　　　　　**图 11.5**

(4) 设开域 D 是一个单连通域. 函数 $P(x,y), Q(x,y)$ 在 D 内具有一阶连续偏导数, 则曲线积分

$$\int_L P\,dx + Q\,dy.$$

在 D 内与路径无关的充分必要条件是在 D 内恒有

$$\frac{\partial P}{\partial y} = \frac{\partial Q}{\partial x}.$$

(5) 曲线积分 $\int_L P\,dx + Q\,dy$ 在 D 内与路径无关的充分必要条件是在 D 内任一条闭路 L, 曲线积分 $\oint_L P\,dx + Q\,dy = 0$.

(6) 设开域 D 是单连通域, 函数 $P(x,y), Q(x,y)$ 在 D 内具有一阶连续偏导数, 则 $P\,dx + Q\,dy$ 是某个函数 $u(x,y)$ 的全微分的充分必要条件, 在 D 内恒有

$$\frac{\partial P}{\partial y} = \frac{\partial Q}{\partial x},$$

且

$$u(x,y) = \int_{x_0}^{x} P(s, y_0)\,ds + \int_{y_0}^{y} Q(x, t)\,dt \quad (见图\ 11.6).$$

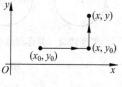

图 11.6

11.3 曲面积分的定义、性质和计算

对面积(或第一型)的曲面积分定义 设曲面 Σ 是光滑*的,函数 $f(x,y,z)$ 在 Σ 上有界. 将 Σ 任分为几小块 ΔS_i. 同时也代表第 i 块曲面的面积,在 Σ 上任取一点 (ξ_i, η_i, ζ_i) $(i=1,2,\cdots,n)$ 作和式 $\sum_{i=1}^{n} f(\xi_i, \eta_i, \zeta_i)\Delta S_i$. 如果当小块曲面的直径最大值 $\lambda \to 0$ 时,和式的极限存在,则称此极限为函数 $f(x,y,z)$ 在曲面 S 上的对面积(或第一型)的曲面积分. 记作 $\iint\limits_{\Sigma} f(x,y,z)\mathrm{d}S$,即

$$\iint\limits_{\Sigma} f(x,y,z)\mathrm{d}S = \lim_{\lambda \to 0} \sum_{i=1}^{n} f(\xi_i, \eta_i, \zeta_i)\Delta S_i,$$

其中 $f(x,y,z)$ 称为被积函数,$f(x,y,z)\mathrm{d}S$ 称为被积分式,Σ 称为积分曲面.

对面积的曲面积分的性质(见图 11.7)

---

* 光滑的曲面是指曲面上各点均有切平面,且当点在曲面连续移动时,切平面也连续转动.

$$\iint_\Sigma f(x,y,z)\mathrm{d}S$$
$$=\iint_{S_1} f(x,y,z)\mathrm{d}S+\iint_{S_2} f(x,y,z)\mathrm{d}S.$$

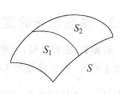

图 11.7

对面积的曲面积分的计算公式 设曲面 Σ 由 $z=z(x,y)$ 给出,Σ 在 Oxy 平面上的投影区域为 D.$z=z(x,y)$ 在 D 上具有连续偏导数,$f(x,y,z)$ 在 Σ 上连续,则

$$\iint_\Sigma f(x,y,z)\mathrm{d}S=\iint_D f(x,y,z(x,y))\ \sqrt{1+z_x'^2(x,y)+z_y'^2(x,y)}\mathrm{d}\sigma.$$

类似可得,曲面 Σ 由 $x=x(y,z)$ 给出,Σ 在 Oyz 平面的投影区域为 D,则

$$\iint_\Sigma f(x,y,z)\mathrm{d}S=\iint_D f(x(y,z),y,z)\ \sqrt{1+x_y'^2+x_z'^2}\mathrm{d}\sigma.$$

曲面 Σ 在 Ozx 平面的投影区域为 D,Σ 由 $y=y(x,z)$ 给出,则

$$\iint_\Sigma f(x,y,z)\mathrm{d}S=\iint_D f(x,y(x,z),z)\ \sqrt{1+y_x'^2+y_z'^2}\mathrm{d}\sigma.$$

对坐标曲面积分的定义 设 Σ 为光滑有向曲面,函数 $R(x,y,z)$ 在 Σ 上有界. 将 Σ 任意分成 n 个小有向曲面 ΔS_i(也表示第 i 块小曲面的面积). ΔS_i 在 Oxy 面上的投影为 $(\Delta S_i)_{xy}$,(ξ_i,η_i,ζ_i) 是 ΔS_i 任取的一点. 如果当各小块曲面的直径的最大值 $\lambda \to 0$ 时,

$$\lim_{\lambda \to 0} \sum_{i=1}^{n} R(\xi_i,\eta_i,\zeta_i)(\Delta S_i)_{xy}$$

存在,则称此极限为函数 $R(x,y,z)$ 在有向曲面 Σ 上对坐标 x,y(第二型)的曲面积分,记作 $\iint\limits_{\Sigma} R(x,y,z)\mathrm{d}x\mathrm{d}y$,即

$$\iint\limits_{\Sigma} R(x,y,z)\mathrm{d}x\mathrm{d}y = \lim_{\lambda \to 0} \sum_{i=1}^{n} R(\xi_i,\eta_i,\zeta_i)(\Delta S_i)_{xy},$$

其中 $R(x,y,z)$ 称为**被积函数**,Σ 称为**积分曲面**.

类似地,可定义函数 $P(x,y,z)$ 在有向曲面 Σ 上对坐标 y,z(第一型)的曲面积分 $\iint\limits_{\Sigma} P(x,y,z)\mathrm{d}y\mathrm{d}z = \lim\limits_{\lambda \to 0} \sum\limits_{i=1}^{n} P(\xi_i,\eta_i,\zeta_i)(\Delta S_i)_{yz}$ 及 $\iint\limits_{\Sigma} Q(x,y,z)\mathrm{d}z\mathrm{d}x =$

$$\lim_{\lambda \to 0} \sum_{i=1}^{n} Q(\xi_i, \eta_i, \zeta_i)(\Delta S_i)_{zx}.$$

组合曲面积分

$$\iint_{\Sigma} P(x,y,z)\mathrm{d}y\mathrm{d}z + Q(x,y,z)\mathrm{d}z\mathrm{d}x + R(x,y,z)\mathrm{d}x\mathrm{d}y$$

$$= \iint_{\Sigma} P(x,y,z)\mathrm{d}y\mathrm{d}z + \iint_{\Sigma} Q(x,y,z)\mathrm{d}z\mathrm{d}x + \iint_{\Sigma} R(x,y,z)\mathrm{d}x\mathrm{d}y.$$

对坐标的曲面积分的性质

(1) $\iint_{\Sigma} P(x,y,z)\mathrm{d}y\mathrm{d}z + Q(x,y,z)\mathrm{d}z\mathrm{d}x + R(x,y,z)\mathrm{d}x\mathrm{d}y$

$$= -\iint_{-\Sigma} P(x,y,z)\mathrm{d}y\mathrm{d}z + Q(x,y,z)\mathrm{d}z\mathrm{d}x + R(x,y,z)\mathrm{d}x\mathrm{d}y,$$

其中 $-\Sigma$ 表示与 Σ 方向相反的有向曲面.

(2) $\iint_{S_1+S_2} P\mathrm{d}y\mathrm{d}z \neq Q\mathrm{d}z\mathrm{d}y + R\mathrm{d}x\mathrm{d}y$

$$= \iint\limits_{S_1} P\mathrm{d}y\mathrm{d}z + Q\mathrm{d}z\mathrm{d}x + R\mathrm{d}x\mathrm{d}y + \iint\limits_{S_2} P(x,y,z)\mathrm{d}y\mathrm{d}z +$$

$$Q(x,y,z)\mathrm{d}z\mathrm{d}x + R(x,y,z)\mathrm{d}x\mathrm{d}y.$$

对坐标的曲面积分的计算方法

(1) 当曲面方程以 $z=z(x,y)$ 给出时,

$$\iint\limits_{\Sigma} R(x,y,z)\mathrm{d}x\mathrm{d}y = \pm \iint\limits_{D_{xy}} R(x,y,z(x,y))\mathrm{d}x\mathrm{d}y,$$

其中 $z(x,y)$ 具有一阶连续偏导数,Σ 在 Oxy 面上的投影为 D_{xy}.当有向曲面 Σ 取上侧时,则公式中取正号,取下侧时,则公式中取负号.

(2) 若曲面 Σ 的方程以 $y=y(x,z)$ 给出,且有一阶连续偏导数,Σ 在 Oxz 面上的投影为 D_{xz},则

$$\iint\limits_{\Sigma} Q(x,y,z)\mathrm{d}z\mathrm{d}x = \pm \iint\limits_{D_{xz}} Q(x,y(x,z),z)\mathrm{d}z\mathrm{d}x.$$

当有向曲面 Σ 取右侧时,公式中取正号;Σ 取左侧时,公式取负号.

(3) 若曲面方程以 $x=x(y,z)$ 给出,且具有一阶连续偏导数,Σ 在 Oyz 平面

上的投影为 D_{yz},则
$$\iint_\Sigma P(x,y,z)\mathrm{d}y\mathrm{d}z = \pm\iint_{D_{yz}} P(x(y,z),y,z)\mathrm{d}y\mathrm{d}z.$$
当有向曲面 Σ 取前侧时,公式中取正号;Σ 取后侧时,公式中取负号.

两类曲面积分之间的关系
$$\iint_\Sigma P\mathrm{d}y\mathrm{d}z + Q\mathrm{d}z\mathrm{d}x + R\mathrm{d}x\mathrm{d}y = \iint_\Sigma (P\cos\alpha + Q\cos\beta + R\cos\gamma)\mathrm{d}S,$$
其中 $\cos\alpha,\cos\beta,\cos\gamma$ 是有向曲面 S 上点 (x,y,z) 处的法向量的方向余弦.

11.4 高斯公式 通量与散度

高斯(Guass)公式 设空间闭区域 Ω 是由分片光滑的闭曲面围成,函数 $P(x,y,z),Q(x,y,z),R(x,y,z)$ 在 Ω 上具有一阶连续偏导数,则
$$\oiint_\Sigma P\mathrm{d}y\mathrm{d}z + Q\mathrm{d}z\mathrm{d}x + R\mathrm{d}x\mathrm{d}y = \iiint_\Omega \left(\frac{\partial P}{\partial x} + \frac{\partial Q}{\partial y} + \frac{\partial R}{\partial z}\right)\mathrm{d}v,$$
或
$$\oiint_\Sigma (P\cos\alpha + Q\cos\beta + R\cos\gamma)\mathrm{d}S = \iiint_\Omega \left(\frac{\partial P}{\partial x} + \frac{\partial Q}{\partial y} + \frac{\partial R}{\partial z}\right)\mathrm{d}v,$$

其中 Σ 是 Ω 的整个边界曲面的外侧，$\cos\alpha,\cos\beta,\cos\gamma$ 是 Σ 与点 (x,y,z) 处法向量的方向余弦.

格林第一公式 设函数 $P(x,y,z),Q(x,y,z),R(x,y,z)$ 在闭区域 Ω 上有一阶及二阶连续偏导数，则

$$\iiint\limits_{\Omega} u\Delta v \,dx dy dz = \oiint\limits_{\Sigma} u \frac{\partial u}{\partial n} dS - \iiint\limits_{\Omega}\left(\frac{\partial u}{\partial x}\frac{\partial v}{\partial x}+\frac{\partial u}{\partial y}\frac{\partial v}{\partial y}+\frac{\partial u}{\partial z}\frac{\partial v}{\partial z}\right)dx dy dz,$$

其中 Σ 是 Ω 的边界曲面，$\dfrac{\partial v}{\partial n}$ 是函数 $v(x,y,z)$ 沿 Σ 的外向法线方向的方向导数，符号 $\Delta = \dfrac{\partial^2}{\partial x^2}+\dfrac{\partial^2}{\partial y^2}+\dfrac{\partial^2}{\partial z^2}$ 称为拉普拉斯(Laplace)算子.

任意闭曲面的曲面积分为零的条件 设 G 是空间二维单连通域*. $P(x,y,z),Q(x,y,z),R(x,y,z)$ 在 G 内有一阶连续偏导数，则

$$\iint\limits_{\Sigma} P dy dz + Q dz dx + R dx dy,$$

在 G 内与所取曲面 Σ 无关而且取决于 Σ 的边界（或 G 内任一闭曲面的上述曲面

---

* 如果 G 内任一闭曲面所围成的区域全属于 G，则称 G 是空间二维单连通域.

积分为零)的充分必要条件是 G 内恒有

$$\frac{\partial P}{\partial x} + \frac{\partial Q}{\partial y} + \frac{\partial R}{\partial z} = 0.$$

通量与散度

(1)
$$\iint_{\Sigma} P\,\mathrm{d}y\mathrm{d}z + Q\,\mathrm{d}z\mathrm{d}x + R\,\mathrm{d}x\mathrm{d}y,$$

或

$$\iint_{\Sigma} (P\cos\alpha + Q\cos\beta + R\cos\gamma)\,\mathrm{d}S,$$

其中 $\cos\alpha, \cos\beta, \cos\gamma$ 是有向曲面 Σ 的法向量的方向余弦. 或

$$\iint_{\Sigma} \boldsymbol{A} \cdot \boldsymbol{n}\,\mathrm{d}S$$

其中 $\boldsymbol{A} = P\boldsymbol{i} + Q\boldsymbol{j} + R\boldsymbol{k}$, $\boldsymbol{n} = \cos\alpha\boldsymbol{i} + \cos\beta\boldsymbol{j} + \cos\gamma\boldsymbol{k}$ 称为向量场 $\boldsymbol{A}$ 通过曲面 Σ 的指定侧的通量(或流量).

(2) 向量场 $\boldsymbol{A}$ 的散度记为

$$\mathrm{div}\boldsymbol{A} = \frac{\partial P}{\partial x} + \frac{\partial Q}{\partial y} + \frac{\partial R}{\partial z}.$$

11.5 斯托克斯公式　环流量与旋度

斯托克斯(Stokes)公式　设 $\varGamma$ 为分段光滑的空间有向闭曲线，$\varSigma$ 是以 $\varGamma$ 为边界的分片光滑的有向曲面. $\varGamma$ 的正方向与 $\varSigma$ 的侧符合右手规则*. 函数 $P(x,y,z)$，$Q(x,y,z)$，$R(x,y,z)$ 在包含曲面 $\varSigma$ 在内的一个空间闭区域内具有一阶连续偏导数，则

$$\oint_{\varGamma} P\,\mathrm{d}x + Q\,\mathrm{d}y + R\,\mathrm{d}z$$
$$= \iint_{\varSigma} \left(\frac{\partial R}{\partial y} - \frac{\partial Q}{\partial z}\right)\mathrm{d}y\mathrm{d}z + \left(\frac{\partial P}{\partial z} - \frac{\partial R}{\partial x}\right)\mathrm{d}z\mathrm{d}x + \left(\frac{\partial Q}{\partial x} - \frac{\partial P}{\partial y}\right)\mathrm{d}x\mathrm{d}y,$$

或

$$\oint_{\varGamma} P\,\mathrm{d}x + Q\,\mathrm{d}y + R\,\mathrm{d}z = \iint_{\varSigma} \begin{vmatrix} \cos\alpha & \cos\beta & \cos\gamma \\ \dfrac{\partial}{\partial x} & \dfrac{\partial}{\partial y} & \dfrac{\partial}{\partial z} \\ P & Q & R \end{vmatrix} \mathrm{d}S,$$

---

* 是指：当右手的四指(除拇指外)依 $\varGamma$ 的绕行方向时，拇指的方向与 $\varSigma$ 上法向量的指向相同，这时称 $\varGamma$ 是有向曲面 $\varSigma$ 的正向边界.

其中 $\boldsymbol{n}=\{\cos\alpha,\cos\beta,\cos\gamma\}$ 为有向曲面 Σ 的单位法向量.

空间曲线积分与路径无关的条件 设空间开区域 G 是一维单连通域*,函数 $P(x,y,z),Q(x,y,z),R(x,y,z)$ 在 G 内有一阶连续偏导数,则空间曲线积分 $\int_\Gamma P\,\mathrm{d}x+Q\,\mathrm{d}y+R\,\mathrm{d}z$ 在 G 内与路径无关(或说沿 G 内任意闭曲线的曲线积分 $\int_\Gamma P\,\mathrm{d}x+Q\,\mathrm{d}y+R\,\mathrm{d}z=0$)的充分必要条件是在 G 内恒有

$$\frac{\partial P}{\partial y}=\frac{\partial Q}{\partial x},\quad \frac{\partial Q}{\partial z}=\frac{\partial R}{\partial y},\quad \frac{\partial R}{\partial x}=\frac{\partial P}{\partial z}.$$

环流量与旋度

(1) 设向量场 $\boldsymbol{A}=P\boldsymbol{i}+Q\boldsymbol{j}+R\boldsymbol{k}$,则

$$\left(\frac{\partial R}{\partial y}-\frac{\partial Q}{\partial z}\right)\boldsymbol{i}+\left(\frac{\partial P}{\partial z}-\frac{\partial R}{\partial x}\right)\boldsymbol{j}+\left(\frac{\partial Q}{\partial x}-\frac{\partial P}{\partial y}\right)\boldsymbol{k}$$

称为向量场 $\boldsymbol{A}$ 的旋度.记为 **rotA**,即

$$\mathbf{rotA}=\left(\frac{\partial R}{\partial y}-\frac{\partial Q}{\partial z}\right)\boldsymbol{i}+\left(\frac{\partial P}{\partial z}-\frac{\partial R}{\partial x}\right)\boldsymbol{j}+\left(\frac{\partial Q}{\partial x}-\frac{\partial P}{\partial y}\right)\boldsymbol{k}.$$

---

* 如果 G 内任一闭曲线总可以张一片完全属于 G 的曲面,则称 G 为空间一维单连通域.

(2) 设向量场 $\boldsymbol{A} = P\boldsymbol{i} + Q\boldsymbol{j} + R\boldsymbol{k}$,则

$$\oint_\Gamma P\mathrm{d}x + Q\mathrm{d}y + R\mathrm{d}z$$

称为向量场 $\boldsymbol{A}$ 沿有向曲线 Γ 的环流量. 上式也可写为

$$\oint_\Gamma \boldsymbol{A}_t \mathrm{d}S = \oint_\Gamma \boldsymbol{A} \cdot \boldsymbol{t} \mathrm{d}s,$$

其中 $\boldsymbol{A}_t$ 是向量 $\boldsymbol{A}$ 在有向曲线 Γ 的切线向量 $\boldsymbol{t}$ 上的投影. $\boldsymbol{t} = \cos\lambda \boldsymbol{i} + \cos\mu \boldsymbol{j} + \cos\gamma \boldsymbol{k}$. $\cos\lambda, \cos\mu, \cos\gamma$ 是 $\boldsymbol{t}$ 的方向余弦.

斯托克斯公式可表示为向量形式:

$$\iint_\Sigma (\mathbf{rot}\boldsymbol{A}) \cdot \boldsymbol{n} \mathrm{d}S = \oint_\Gamma \boldsymbol{A} \cdot \boldsymbol{t} \mathrm{d}s (\text{或} \oint_\Gamma \boldsymbol{A} \cdot \boldsymbol{t} \mathrm{d}l)$$

(右边的 $\mathrm{d}s$ 是曲线 Γ 的弧微分,左边的 $\mathrm{d}S$ 是曲面 Σ 的面积微分)

11.6 向量微分算子

向量微分算子的定义

$$\boldsymbol{\nabla} = \frac{\partial}{\partial x}\boldsymbol{i} + \frac{\partial}{\partial y}\boldsymbol{j} + \frac{\partial}{\partial z}\boldsymbol{k}.$$

运用向量微分算子有下列表示:

(1) 设 $u=u(x,y,z)$,则

$$\nabla u = \frac{\partial u}{\partial x}\boldsymbol{i} + \frac{\partial u}{\partial y}\boldsymbol{j} + \frac{\partial u}{\partial z}\boldsymbol{k} = \mathbf{grad}\, u,$$

$$\nabla^2 u = \nabla \cdot (\nabla u) = \nabla \mathbf{grad}\, u = \frac{\partial^2 u}{\partial x^2} + \frac{\partial^2 u}{\partial y^2} + \frac{\partial^2 u}{\partial z^2} = \Delta u.$$

(2) 设 $\boldsymbol{A} = P(x,y,z)\boldsymbol{i} + Q(x,y,z)\boldsymbol{j} + R(x,y,z)\boldsymbol{k}$,则

$$\nabla \cdot \boldsymbol{A} = \left(\frac{\partial}{\partial x}\boldsymbol{i} + \frac{\partial}{\partial y}\boldsymbol{j} + \frac{\partial}{\partial z}\boldsymbol{k}\right) \cdot (P\boldsymbol{i} + Q\boldsymbol{j} + R\boldsymbol{k})$$

$$= \frac{\partial P}{\partial x} + \frac{\partial Q}{\partial y} + \frac{\partial R}{\partial z} = \mathrm{div}\,\boldsymbol{A}.$$

$$\nabla \times \boldsymbol{A} = \begin{vmatrix} \boldsymbol{i} & \boldsymbol{j} & \boldsymbol{k} \\ \dfrac{\partial}{\partial x} & \dfrac{\partial}{\partial y} & \dfrac{\partial}{\partial z} \\ P & Q & R \end{vmatrix} = \mathbf{rot}\,\boldsymbol{A}.$$

(3) 高斯公式和斯托克斯公式可表示为

$$\oiint_\Sigma \boldsymbol{A}_n \,\mathrm{d}S = \iiint_\Omega \nabla \cdot \boldsymbol{A} \,\mathrm{d}\sigma, \qquad \oint_\Gamma \boldsymbol{A}_t \,\mathrm{d}l = \iint_\Sigma (\nabla \times \boldsymbol{A})_n \,\mathrm{d}S.$$

第12章 无穷级数

12.1 常数项级数的概念和性质

级数及其收敛性概念

（1）给定一个数列 $u_1, u_2, \cdots, u_n, \cdots$，则表达式

$$u_1 + u_2 + \cdots + u_n + \cdots$$

叫做**无穷级数**简称**级数**. 记作 $\sum_{n=1}^{\infty} u_n$，即

$$\sum_{n=1}^{\infty} u_n = u_1 + u_2 + \cdots + u_n + \cdots.$$

u_n 叫做级数的一般项.

（2）收敛、发散的定义

$$S_n = u_1 + u_2 + \cdots + u_n$$

叫做级数的部分和.

如果 $\lim\limits_{n\to\infty} S_n$ 存在，则称级数 $\sum\limits_{n=1}^{\infty} u_n$ **收敛**且其极限叫做级数 $\sum\limits_{n=1}^{\infty} u_n$ **的和**，并记为

$$S = u_1 + u_2 + \cdots + u_n + \cdots = \sum_{n=1}^{\infty} u_n.$$

否则称级数发散.

收敛级数的基本性质

(1) 如果级数 $\sum\limits_{n=1}^{\infty} u_n$ 收敛于和 S，则它的每项同乘以一个与项 n 无关的常数 k 所得的级数 $\sum\limits_{n=1}^{\infty} k u_n$ 也收敛，且其和为 kS，即

$$\sum_{n=1}^{\infty} k u_n = k \sum_{n=1}^{\infty} u_n.$$

(2) 设级数 $\sum\limits_{n=1}^{\infty} u_n$ 及 $\sum\limits_{n=1}^{\infty} v_n$ 分别收敛于和 S 及 σ，则级数 $\sum\limits_{n=1}^{\infty} (u_n \pm v_n)$ 也收

敛,且其和为 $S \pm \sigma$,即
$$\sum_{n=1}^{\infty}(u_n \pm v_n) = \sum_{n=1}^{\infty} u_n + \sum_{n=1}^{\infty} v_n.$$

(3) 若级数中去掉、加上或改变有限项的值,则不改变级数的收敛性.

(4) 如果级数 $\sum_{n=1}^{\infty} u_n$ 收敛,则对该级数的项任意加括号后所成的级数
$$(u_1 + \cdots + u_{n_1}) + (u_{n_1+1} + \cdots + u_{n_2}) + \cdots + (u_{n_{k-1}} + \cdots + u_{n_k}) + \cdots$$
仍收敛,且其和不变.

(5) 若级数 $\sum_{n=1}^{\infty} u_n$ 收敛,则 $\lim_{n \to \infty} u_n = 0$. 其逆不真.

柯西审敛原理 级数 $\sum_{n=1}^{\infty} u_n$ 收敛的充分必要条件为:对于任意给定的正数 ε,总存在相应的正整数 N,当 $n > N$ 时,对于任意自然数 p,恒有
$$|u_{n+1} + u_{n+2} + \cdots + u_{n+p}| < \varepsilon.$$

12.2 正项级数的审敛法

正项级数的定义 若级数 $\sum_{n=1}^{\infty} u_n$ 中 $u_n \geqslant 0 (n=1,2,\cdots)$,则称级数 $\sum_{n=1}^{\infty} u_n$ 为正项级数.

正项级数收敛的充分必要条件 正项级数 $\sum_{n=1}^{\infty} u_n$ 收敛的充分必要条件是:它的部分和数列 $\{S_n\}$ 有界,即存在正数 M. 对任意 n,恒有

$$|S_n| = |u_1 + u_2 + \cdots + u_n| \leqslant M.$$

比较审敛法 设 $\sum_{n=1}^{\infty} u_n$ 和 $\sum_{n=1}^{\infty} v_n$ 都是正项级数且 $u_n \leqslant v_n (n=1,2,\cdots)$. 若级数 $\sum_{n=1}^{\infty} v_n$ 收敛,则级数 $\sum_{n=1}^{\infty} u_n$ 也收敛;若级数 $\sum_{n=1}^{\infty} u_n$ 发散,则 $\sum_{n=1}^{\infty} v_n$ 也发散. 用简略的语言叙述即"若大的级数收敛则小的级数也收敛;若小的级数发散则大的级数也发散".

比较审敛法的极限形式 设 $\sum_{n=1}^{\infty} u_n$ 及 $\sum_{n=1}^{\infty} v_n$ 都是正项级数,如果

$$\lim_{n\to\infty}\frac{u_n}{v_n}=l \quad (0<l<+\infty),$$

那么级数 $\sum_{n=1}^{\infty}u_n$ 和级数 $\sum_{n=1}^{\infty}v_n$ 同时收敛或同时发散.

当 $l=0$ 时,由 $\sum_{n=1}^{\infty}v_n$ 收敛,可知 $\sum_{n=1}^{\infty}u_n$ 也收敛;

当 $l=+\infty$ 时,由 $\sum_{n=1}^{\infty}v_n$ 发散,可知 $\sum_{n=1}^{\infty}u_n$ 也发散.

p-级数 级数 $\sum_{n=1}^{\infty}\frac{1}{n^p}$ 称为 p-级数. 当 $p>1$ 时,级数 $\sum_{n=1}^{\infty}\frac{1}{n^p}$ 收敛;当 $p\leqslant 1$ 时,级数 $\sum_{n=1}^{\infty}\frac{1}{n^p}$ 发散.

设正项级数 $\sum_{n=1}^{\infty}u_n$,如果有 $p>1$,使 $u_n\leqslant\frac{1}{n^p}(n=1,2,\cdots)$,则级数 $\sum_{n=1}^{\infty}u_n$ 收敛;如果有 $u_n\geqslant\frac{1}{n}(n=1,2,\cdots)$,则级数 $\sum_{n=1}^{\infty}u_n$ 发散.

比值审敛法(或达朗贝尔(D'Alembert)审敛法) 若正项级数 $\sum_{n=1}^{\infty} u_n$ 的后项与前项之比值的极限等于 ρ,即

$$\lim_{n \to \infty} \frac{u_{n+1}}{u_n} = \rho,$$

则当 $\rho < 1$ 时,级数 $\sum_{n=1}^{\infty} u_n$ 收敛;当 $\rho > 1$ 时,级数 $\sum_{n=1}^{\infty} u_n$ 发散;当 $\rho = 1$ 时,级数 $\sum_{n=1}^{\infty} u_n$ 可能收敛也可能发散.

积分审敛法(柯西积分准则) 设 $\sum_{n=1}^{\infty} u_n$ 为正项级数,若连续函数 $f(x)$ 在区间 $[1, +\infty)$ 上单调递减,且 $u_n = f(n)(n = 1, 2, \cdots)$,则级数 $\sum_{n=1}^{\infty} u_n$ 与广义积分 $\int_1^{+\infty} f(x) \mathrm{d}x$ 有相同的收敛性.

拉阿伯审敛法 设 $\sum_{n=1}^{\infty} u_n$ 为正项级数,如果

$$\lim_{n\to\infty} n\left(\frac{u_n}{u_{n+1}} - 1\right) = R,$$

则当 $R > 1$ 时,级数 $\sum_{n=1}^{\infty} u_n$ 收敛;当 $R < 1$ 时,级数 $\sum_{n=1}^{\infty} u_n$ 发散;当 $R = 1$ 时,级数 $\sum_{n=1}^{\infty} u_n$ 可能收敛也可能发散.

12.3 交错级数及其审敛法

交错级数的定义 设 $u_n > 0 (n = 1, 2, \cdots)$,则级数 $\sum_{n=1}^{\infty} (-1)^n u_n$ 和 $\sum_{n=1}^{\infty} (-1)^{n+1} u_n$ 称为交错级数.

交错级数的莱布尼茨判别法 如果交错级数 $\sum_{n=1}^{\infty} (-1)^{n+1} u_n$ 满足条件:

(1) $u_n \geqslant u_{n+1} (n = 1, 2, \cdots)$;

(2) $\lim_{n\to\infty} u_n = 0$,

则级数收敛,且其和 $S \leqslant u_1$,其余项 $r_n = \sum_{i=1}^{\infty} u_{n+i}$ 的绝对值不超过 u_{n+1},即 $|r_n| \leqslant u_{n+1}$. 此法叫莱布尼茨判别法.

12.4 绝对收敛与条件收敛

(1) 若级数 $\sum_{n=1}^{\infty} |u_n|$ 收敛,则称级数 $\sum_{n=1}^{\infty} u_n$ 绝对收敛. 如果级数 $\sum_{n=1}^{\infty} u_n$ 收敛,而 $\sum_{n=1}^{\infty} |u_n|$ 发散,则称级数 $\sum_{n=1}^{\infty} u_n$ 条件收敛.

(2) 如果级数 $\sum_{n=1}^{\infty} u_n$ 绝对收敛,则级数 $\sum_{n=1}^{\infty} u_n$ 必收敛. 其逆不真.

(3) 绝对收敛级数经改变项的位置后构成的级数也收敛,且与原级数有相同的和(即绝对收敛级数具有可交换性).

柯西乘积 设两个级数 $\sum_{n=1}^{\infty} u_n$ 和 $\sum_{n=1}^{\infty} v_n$,将它们排列成下面形状的数列

12.4 绝对收敛与条件收敛

对角线法

$$\begin{array}{llll} u_1v_1 & u_1v_2 & u_1v_3 & \cdots \\ u_2v_1 & u_2v_2 & u_2v_3 & \cdots \\ u_3v_1 & u_3v_2 & u_3v_3 & \cdots \\ u_4v_1 & u_4v_2 & u_4v_3 & \cdots \\ \vdots & \vdots & \vdots & \end{array}$$

正方形法

$$\begin{array}{llll} u_1v_1 & u_1v_2 & u_1v_3 & \cdots \\ u_2v_1 & u_2v_2 & u_2v_3 & \cdots \\ u_3v_1 & u_3v_2 & u_3v_3 & \cdots \\ \vdots & \vdots & \vdots & \end{array}$$

用对角线法形成数列是

$$u_1v_1, u_1v_2, u_2v_1, u_1v_3, u_2v_2, u_3v_1, \cdots.$$

用正方形法形成数列是

$$u_1v_1, u_1v_2, u_2v_1, u_2v_2, u_1v_3, u_2v_3, u_3v_3, u_3v_2, u_3v_1, \cdots.$$

称按对角线法形成排列组成的级数

$$u_1v_1 + (u_1v_2 + u_2v_1) + (u_1v_3 + u_2v_2 + u_3v_1) + \cdots$$

为两级数 $\sum\limits_{n=1}^{\infty} u_n$ 和 $\sum\limits_{n=1}^{\infty} v_n$ 的柯西乘积.

设级数 $\sum_{n=1}^{\infty} u_n$ 和 $\sum_{n=1}^{\infty} v_n$ 都绝对收敛,其和分别为 s 和 σ. 则它们的柯西乘积也是绝对收敛,且为 $s \cdot \sigma$.

12.5 函数项级数 一致收敛性

函数项级数的一般概念

(1) 设函数列 $u_1(x), u_2(x), \cdots, u_n(x), \cdots$ 中每一个函数都在区域 I 内有定义,则

$$\sum_{n=1}^{\infty} u_n(x) = u_1(x) + u_2(x) + \cdots + u_n(x) + \cdots$$

称为定义在 I 内的函数项级数,简称函数项级数.

(2) 若 $x_0 \in I$ 使数项级数 $\sum_{n=1}^{\infty} u_n(x_0)$ 收敛,则称 x_0 为函数项级数的**收敛点**.

收敛点的全体叫做函数项级数 $\sum_{n=1}^{\infty} u_n(x)$ 的**收敛域**.

(3) 和函数定义

设函数项级数 $\sum_{n=1}^{\infty} u_n(x)$ 的收敛域为 G. 则 G 上就有一个函数 $S(x)$, 使

$$S(x) = \sum_{n=1}^{\infty} u_n(x).$$

此函数称为函数项级数的和函数.

函数项级数的一致收敛(或称均匀收敛)定义 设函数项级数的和函数为 $S(x)$, (x 属于收敛域内). 如果对于任意给定正数 ε, 存在相应的正整数 N, 当 $n > N$ 时, 不等式

$$\left| \sum_{n=1}^{n} u_n(x) - S(x) \right| < \varepsilon$$

在某个区间 I 内对任何 x 均成立, 则称函数项级数 $\sum_{i=1}^{n} u_n(x)$ 在 I 内一致收敛.

魏尔斯特拉斯(Weierstrass)定理 设函数项级数 $\sum_{n=1}^{\infty} u_n(x)$ 在某区间 I 内恒有 $|u_n(x)| \leqslant M_n$ ($n=1,2,\cdots,x\in I$). 且正项级数 $\sum_{n=1}^{\infty} M_n$ 收敛, 则函数项级数在该区间内 I 一致收敛, 且绝对收敛.

正项级数 $\sum\limits_{n=1}^{\infty} M_n$ 称为函数项级数的**优势级数**.

一致收敛级数的基本性质

(1) 设函数项级数 $\sum\limits_{n=1}^{\infty} u_n(x)$ 中每一项函数 $u_n(x)(n=1,2,\cdots)$ 在区间 (a,b) 内连续,且 $\sum\limits_{n=1}^{\infty} u_n(x)$ 在 (a,b) 内一致收敛于和函数 $S(x)$,则 $S(x)$ 在 (a,b) 内连续.

(2) 设级数 $\sum\limits_{n=1}^{\infty} u_n(x)$ 中每一项函数 $u_n(x)(n=1,2,\cdots)$ 在 $[a,b]$ 上连续,且 $\sum\limits_{n=1}^{\infty} u_n(x)$ 在 $[a,b]$ 上一致收敛于 $S(x)$,则其和函数 $S(x)$ 在 $[a,b]$ 上可积,且有

$$\int_a^b S(x)\mathrm{d}x = \sum_{n=1}^{\infty} \left(\int_a^b u_n(x)\mathrm{d}x\right).$$

(3) 设级数 $\sum\limits_{n=1}^{\infty} u_n(x)$ 在区间 (a,b) 内收敛于和函数 $S(x)$,$u_n'(x)(n=1,2,\cdots)$ 在 (a,b) 连续且 $\sum\limits_{n=1}^{\infty} u_n'(x)$ 在 (a,b) 内一致收敛,则级数 $\sum\limits_{n=1}^{\infty} u_n(x)$ 在 (a,b) 内一致收敛,其和 $S(x)$ 在 (a,b) 内有连续的导数,且

$$S'(x) = \sum_{n=1}^{\infty} u'_n(x).$$

12.6 幂级数

幂级数定义 形如

$$\sum_{n=0}^{\infty} a_n x^n = a_0 + a_1 x + a_2 x^2 + \cdots + a_n x^n + \cdots$$

或

$$\sum_{n=1}^{\infty} a_n (x-x_0)^n = a_0 + a_1 (x-x_0) + a_2 (x-x_0)^2 + \cdots + a_n (x-x_0)^n + \cdots$$

的级数称为**幂级数**.

阿贝尔(Abel)第一定理 若幂级数 $\sum_{n=0}^{\infty} a_n x^n$ 在点 $x_0 \neq 0$ 处收敛,则它在区间 $(-|x_0|, |x_0|)$ 内收敛且绝对收敛;若在点 $x_0 \neq 0$ 处发散,则 $(-\infty, -|x_0|) \cup (|x_0|, +\infty)$ 发散.

幂级数 $\sum\limits_{n=0}^{\infty} a_n x^n$ 的收敛半径

(1) 对于幂级数 $\sum\limits_{n=1}^{\infty} a_n x^n$,总存在不小于 0 的数 R,使 $|x|<R$ 时收敛,$|x|>R$ 时发散,则 R 称为幂级数的收敛半径. 当 $R=0$ 时,$\sum\limits_{n=0}^{\infty} a_n x^n$ 仅在 $x=0$ 处收敛,在其他点均为发散;当 $R=+\infty$ 时,$\sum\limits_{n=0}^{\infty} a_n x^n$ 处处收敛.

(2) 设幂级数 $\sum\limits_{n=0}^{\infty} a_n x^n$,$a_n \neq 0$ $(n=1,2,\cdots)$(或称不缺项的幂级数),如果 $\lim\limits_{n\to\infty}\dfrac{|a_{n+1}|}{|a_n|}$ 存在且为 ρ 或无穷大,则其收敛半径为 $R=\dfrac{1}{\rho}$;当 $\rho=0$ 时,$R=+\infty$;当 $\rho=+\infty$ 时,$R=0$.

阿贝尔第二定理 幂级数 $\sum\limits_{n=0}^{\infty} a_n x^n$ 在收敛开区间 $(-R,R)$(R 为收敛半径)内任何一个闭区间上一致收敛.

12.7 幂级数的运算性质

幂级数的四则运算 设有两个幂级数 $\sum\limits_{n=0}^{\infty} u_n(x) = f(x)$ 和 $\sum\limits_{n=0}^{\infty} b_n x^n = g(x)$ 的收敛半径分别为 R_1 和 R_2,则

(1) $\sum\limits_{n=0}^{\infty} a_n x^n \pm \sum\limits_{n=0}^{\infty} b_n x^n = \sum\limits_{n=0}^{\infty} (a_n \pm b_n) x^n = f(x) \pm g(x)$,其收敛半径为 $R = \min(R_1, R_2)$.

(2) $\left(\sum\limits_{n=0}^{\infty} a_n x^n\right) \cdot \left(\sum\limits_{n=0}^{\infty} b_n x^n\right) = \sum\limits_{n=0}^{\infty} \left(\sum\limits_{i=0}^{n} a_i b_{n-i}\right) x^n = f(x) g(x)$,其收敛半径 $R = \min(R_1, R_2)$.

(3) $\dfrac{\sum\limits_{n=0}^{\infty} a_n x^n}{\sum\limits_{n=0}^{\infty} b_n x^n} = \sum\limits_{n=0}^{\infty} c_n x^n$,

其中
$$c_0 = \frac{a_0}{b_0}, c_1 = \frac{a_1 b_0 - a_0 b_1}{b_0^2},$$
$$c_2 = \frac{a_2 b_0^2 - a_1 b_0 b_1 - a_0 b_0 b_2 + a_0 b_1^2}{b_0^3},$$
$$\cdots.$$

其收敛半径 R 视具体的两个幂级数 $\sum\limits_{n=0}^{\infty} a_n x^n$ 和 $\sum\limits_{n=0}^{\infty} b_n x^n$ 而定,可能 R 比 R_1 和 R_2 要小得多.

幂级数的分析运算

(1) 幂级数 $\sum\limits_{n=0}^{\infty} a_n x^n$ 的和函数 $S(x)$ 在开区间 $(-R, R)$ 内(R 为收敛半径) 连续.

(2) 设幂级数在收敛区间 $(-R, R)$(R 为收敛半径)内收敛于 $S(x)$,则幂级数可以逐项积分,即

$$\int_0^x S(t) \, dt = \int_0^x \left(\sum_{n=0}^{\infty} a_n t^n \right) dt = \sum_{n=0}^{\infty} \left(\int_0^x a_n t^n \, dt \right) = \sum_{n=0}^{\infty} \frac{a_n}{n+1} x^{n+1}.$$

此性质称为**逐项积分法**.

(3) 设幂级数 $\sum_{n=0}^{\infty} a_n x^n$ 的和函数 $S(x)$ 在收敛区间 $(-R, R)$ (R 为收敛半径) 内可导, 其导数可从幂级数 $\sum_{n=0}^{\infty} a_n x^n$ 逐项求导得到, 即

$$S'(x) = \sum_{n=0}^{\infty} (a_n x^n)' = \sum_{n=1}^{\infty} n a_n x^{n-1},$$

其收敛半径仍为 R. 此性质称为**逐项微分法**.

(4) 性质 (3) 可以连续使用, 即

$$S^{(n)}(x) = \sum_{k=n}^{\infty} k(k-1) \cdots (k-n+1) a_k x^{k-n}$$
$$= n! a_n + \frac{(n+1)!}{1} a_{n+1} x + \frac{(n+2)!}{2!} a_{n+2} x^2 + \cdots.$$

12.8　泰勒级数

泰勒级数定义

$$\sum_{n=0}^{\infty} \frac{f^{(n)}(x_0)}{n!} (x - x_0)^n$$

称为 $f(x)$ 在 x_0 处的泰勒级数,其中 $f^{(0)}(x_0)=f(x_0),0!=1$.

当 $x_0=0$ 时,泰勒级数叫做麦克劳林(Maclaurin)级数

$$\sum_{n=0}^{\infty} \frac{f^{(n)}(0)}{n!} x^n.$$

$f(x)$ 在 x_0 处的泰勒级数收敛于 $f(x)$ 的充分必要条件 设 $f(x)$ 在 x_0 的一个邻域内具有任意阶导数,则在该邻域内 $f(x)$ 在 x_0 的泰勒级数收敛于 $f(x)$ 的充分必要条件是

$$\lim_{n \to \infty} R_n(x) = 0.$$

其中 $R_n(x)$ 是 $f(x)$ 的泰勒公式中的余项.

几个常用函数的麦克劳林级数

(1) $\dfrac{1}{1+x} = 1 - x + x^2 - \cdots + (-1)^n x^n + \cdots,\ x \in (-1,1)$.

(2) $\dfrac{1}{1-x} = 1 + x + x^2 + \cdots + x^n + \cdots,\ x \in (-1,1)$.

(3) $e^x = 1 + x + \dfrac{1}{2!} x^2 + \cdots + \dfrac{1}{n!} x^n + \cdots,\ x \in (-\infty, +\infty)$.

(4) $\ln(1+x) = x - \dfrac{1}{2}x^2 + \cdots + \dfrac{(-1)^{n-1}}{n}x^n + \cdots$, $x \in (-1, 1]$.

(5) $\sin x = x - \dfrac{1}{3!}x^3 + \dfrac{1}{5!}x^5 - \cdots + \dfrac{(-1)^n}{(2n+1)!}x^{2n+1} + \cdots$, $x \in (-\infty, +\infty)$.

(6) $\cos x = 1 - \dfrac{1}{2!}x^2 + \dfrac{1}{4!}x^4 - \cdots + \dfrac{(-1)^n}{(2n)!}x^{2n} + \cdots$, $x \in (-\infty, +\infty)$.

(7) $(1+x)^\alpha = 1 + \alpha x + \dfrac{\alpha(\alpha-1)}{2!}x^2 + \cdots + \dfrac{\alpha(\alpha-1)\cdots(\alpha-n+1)}{n!}x^n + \cdots$.

$x \in (-1, 1)$ 区间的端点是否收敛视 α 的值而定.

12.9 函数展开为幂级数的方法

直接法 首先求出 $f(x)$ 在 x_0 处的各阶导数,其次计算泰勒公式中的余项 $R_n(x) = \dfrac{f^{(n+1)}(\xi)}{(n+1)!}(x-x_0)^{n+1}$ (ξ 在 x_0 与 x 之间)在 x 的什么区域上趋向于 0(当 $n \to \infty$ 时).

间接法 利用一些已知函数的幂级数的展开式、幂级数的运算(如四则运算,逐项微分法,逐项积分法)以及变量代换法,将所给函数展开为幂级数.

例1 将 $f(x)=\dfrac{1}{(1-x)^2}$ 展开为麦克劳林级数.

解 $\displaystyle\int_0^x f(t)\mathrm{d}t = \int_0^x \dfrac{1}{(1-t)^2}\mathrm{d}t = \dfrac{1}{1-x} = 1+x+x^2+\cdots+x^n+\cdots,$

逐项求导, 得 $f(x)$ 的麦克劳林级数

$$\dfrac{1}{(1-x)^2} = x + \dfrac{1}{2}x^2 + \cdots + \dfrac{1}{n+1}x^{n+1} + \cdots,\ x\in[-1,1).$$

例2 将 e^{-x^2} 展开为麦克劳林级数.

解 因为

$$\mathrm{e}^x = 1 + x + \dfrac{1}{2!}x^2 + \cdots + \dfrac{1}{n!}x^n + \cdots,$$

将 x 用 $-x^2$ 代入, 得 e^{-x^2} 的麦克劳林级数, 为

$$\mathrm{e}^{-x^2} = 1 - x^2 + \dfrac{1}{2!}x^4 - \cdots + \dfrac{(-1)^n}{n!}x^{2n} + \cdots,\ x\in(-\infty,+\infty).$$

欧拉公式

$$\mathrm{e}^{\mathrm{i}x} = \cos x + \mathrm{i}\sin x,$$

由此可得

$$\cos x = \frac{e^{ix} + e^{-ix}}{2}, \qquad \sin x = \frac{e^{ix} - e^{-ix}}{2}.$$

12.10 傅里叶级数

傅里叶(Fourier)级数的定义

$$\frac{a_0}{2} + \sum_{n=1}^{\infty}(a_n \cos nx + b_n \sin nx),$$

其中

$$a_n = \frac{1}{\pi}\int_{-\pi}^{\pi} f(x)\cos nx \, dx, \quad n = 0, 1, 2, \cdots,$$

$$b_n = \frac{1}{\pi}\int_{-\pi}^{\pi} f(x)\sin nx \, dx, \quad n = 1, 2, \cdots.$$

称为 $f(x)$ 的**傅里叶级数**. 上式中 a_n, b_n 称为**傅里叶系数**.

收敛定理(狄利克雷(Dirichlet)) 设 $f(x)$ 是周期为 2π 的周期函数, 如果它满足:

(1) 在一个周期内连续, 或只有有限个第 I 类间断点.

(2) 在一个周期内至多只有有限个极值点, 则 $f(x)$ 的傅里叶级数收敛于

$$\frac{a_0}{2} + \sum_{n=1}^{\infty}(a_n\cos nx + b_n\sin nx) = \begin{cases} f(x), & x \text{ 为连续点}, \\ \dfrac{f(x-0)+f(x+0)}{2}, & x \text{ 为间断点}, \\ \dfrac{f(\pi-0)+f(-\pi+0)}{2}, & x = \pm\pi, \end{cases}$$

其中 a_n, b_n 为 $f(x)$ 的傅里叶系数.

正弦级数与余弦级数

$$\sum_{n=1}^{\infty} b_n \sin nx$$

称为正弦级数,其中

$$b_n = \frac{2}{\pi}\int_0^{\pi} f(x)\sin nx\,\mathrm{d}x, \quad n=1,2,\cdots;$$

$$\frac{a_0}{2} + \sum_{n=1}^{\infty} a_n \cos nx$$

称为余弦级数,其中

$$a_n = \frac{2}{\pi}\int_0^{\pi} f(x)\cos nx\,\mathrm{d}x, \quad n=0,1,2,\cdots.$$

周期为 $2l$ 的周期函数的傅里叶级数

(1) $\dfrac{a_0}{2} + \sum\limits_{n=1}^{\infty} \left(a_n \cos \dfrac{n\pi}{l}x + b_n \sin \dfrac{n\pi}{l}x \right)$ 称为以 $2l$ 为周期的 $f(x)$ 的傅里叶级数,其中

$$a_n = \frac{1}{l}\int_{-l}^{l} f(x) \cos \frac{n\pi}{l}x \, dx, \quad n = 0, 1, 2, \cdots,$$

$$b_n = \frac{1}{l}\int_{-l}^{l} f(x) \sin \frac{n\pi}{l}x \, dx, \quad n = 1, 2, \cdots.$$

(2) 正弦级数与余弦级数

$$\sum_{n=1}^{\infty} b_n \sin \frac{n\pi}{l}x,$$

其中

$$b_n = \frac{2}{l}\int_{0}^{l} f(x) \sin \frac{n\pi}{l}x \, dx, \quad n = 1, 2, \cdots.$$

称为正弦级数.

$$\frac{a_0}{2} + \sum_{n=1}^{\infty} a_n \cos \frac{n\pi}{l}x,$$

其中
$$a_n = \frac{2}{l}\int_0^l f(x)\cos\frac{n\pi}{l}x\,\mathrm{d}x, \quad n=0,1,2,\cdots$$

称为余弦级数.

12.11 傅里叶级数的复数形式

傅里叶级数的复数形式 设 $f(x)$ 是以 $2l$ 为周期的周期函数,则

$$f(x) = \sum_{n=-\infty}^{+\infty} c_n \mathrm{e}^{\mathrm{i}\frac{n\pi x}{l}},$$

其中

$$c_n = \frac{1}{2l}\int_{-l}^{l} f(x)\mathrm{e}^{-\mathrm{i}\frac{n\pi x}{l}}\,\mathrm{d}x, \quad n=0,\pm 1,\pm 2,\cdots,$$

称为 $f(x)$ 的傅里叶级数的复数形式.

第13章 微分方程

13.1 微分方程的基本概念

微分方程的定义 凡含有自变量、未知函数以及未知函数的导数或微分的方程称为**微分方程**. 未知函数为一元的叫常微分方程. 未知函数为二元或以上的叫偏微分方程.

微分方程的阶、解

(1) 微分方程中未知函数的最高阶导数的阶数, 叫**微分方程的阶**. n 阶微分方程的一般形式为

$$F(x, y, y', \cdots, y^{(n)}) = 0.$$

(2) 代入微分方程中使之恒等的函数, 叫做**微分方程的解**.

如果微分方程的解中含有任意常数, 且任意常数的个数与微分方程的阶数相

同,这样的解称为**微分方程的通解**(这里的任意常数是相互独立的).不含有任意常数的解称为**特解**.

微分方程的初始条件 用来确定通解中的任意常数的特定条件,叫初始条件.

一阶微分方程的初始条件是 $y(x_0)=y_0$.

二阶微分方程的初始条件是 $y(x_0)=y_0, y'(x_0)=y'_0$.

n 阶微分方程的初始条件是

$$y(x_0) = y_0, y'(x_0) = y'_0, \cdots, y^{(n-1)}(x_0) = y_0^{(n-1)}.$$

初值问题的提法 一阶微分方程的初值问题是指

$$\begin{cases} F(x,y,y') = 0, \\ y(x_0) = y_0. \end{cases}$$

二阶微分方程的初值问题是指

$$\begin{cases} F(x,y,y',y'') = 0, \\ y(x_0) = y_0, y'(x_0) = y'_0. \end{cases}$$

n 阶微分方程的初值问题是指

$$\begin{cases} F(x,y,y',\cdots,y^{(n)}) = 0, \\ y(x_0) = y_0, y'(x_0) = y'(x_0), \cdots, y^{(n-1)}(x_0) = y_0^{(n-1)}. \end{cases}$$

积分曲线 特解 $y=\varphi(x)$ 的几何图形是一条平面曲线,叫积分曲线.

通解表示一族曲线,叫做积分曲线族.

13.2 一阶微分方程的可积类型

可分离变量的微分方程 形如
$$M_1(x)M_2(y)\mathrm{d}x + N_1(x)N_2(y)\mathrm{d}y = 0$$
的方程称为**可分离变量的微分方程**,其中 $M_1(x), M_2(y), N_1(x), N_2(y)$ 均为已知表达式.

求解方法:把变量 x, y 分离到两边后再积分,即
$$\int \frac{M_1(x)}{N_1(x)}\mathrm{d}x = -\int \frac{N_2(y)}{M_2(y)}\mathrm{d}y.$$

齐次方程(或齐次型方程) 形如
$$y' = f\left(\frac{y}{x}\right)$$
的方程叫做齐次方程,f 为已知.

求解方法：

令 $u=\dfrac{y}{x}$，则 $y=xu, y'=u+xu'$，代入原方程得

$$u + xu' = f(u)$$

分离变量后即可积分.

一般的齐次方程 形如

$$y' = f\left(\dfrac{a_1 x + b_1 y + c_1}{a_2 x + b_2 y + c_2}\right)$$

的方程称为**齐次方程**.

求解方法：

(1) 当 $\begin{vmatrix} a_1 & b_1 \\ a_2 & b_2 \end{vmatrix} \neq 0$ 时，将坐标平移到新原点 $O'(a,b)$. 令

$$x = X + a, \quad y = Y + b,$$

原微分方程即可化为齐次方程，其中 a, b 是

$$\begin{cases} a_1 x + b_1 y + c_1 = 0 \\ a_2 x + b_2 y + c_2 = 0 \end{cases}$$

的解.

(2) 当 $\begin{vmatrix} a_1 & b_1 \\ a_2 & b_2 \end{vmatrix} = 0$ 时,即 $\dfrac{a_1}{a_2} = \dfrac{b_1}{b_2} = \lambda$. 令

$$v = a_1 x + b_1 y$$

即可解得.

例 解微分方程 $(2x+y-4)dx+(x+y-1)dy=0$ 的通解.

解 由

$$\begin{cases} 2x+y-4 = 0, \\ x+y-1 = 0, \end{cases}$$

解得 $O'(3,-2)$. 令 $x=X+3, y=Y-2$. 原方程成为

$$(2X+Y)dX + (X+Y)dY = 0.$$

解得

$$\ln C_1 - \frac{1}{2}\ln(u^2+2u+2) = \ln |X|.$$

再换回原变量,得通解

$$2x^2 + 2xy + y^2 - 8x - 2y = C \quad (C = C_1^2 - 10).$$

一阶线性微分方程

形如

$$\frac{dy}{dx} + P(x)y = Q(x)$$

的方程叫做一阶线性微分方程，$P(x), Q(x)$ 为已知函数.

当 $Q(x)$ 恒为 0 时，

$$\frac{dy}{dx} + P(x)y = 0$$

叫做一阶齐次线性微分方程.

当 $Q(x)$ 不恒为 0 时，

$$\frac{dy}{dx} + P(x)y = Q(x)$$

叫做一阶非齐次线性微分方程.

求解方法

(1) 齐次线性微分方程

$$\frac{dy}{dx} + P(x)y = 0,$$

分离变量得到

$$\frac{dy}{y} = -P(x)dx.$$

从而得

$$\int y dy = -\int P(x)dx,$$

或

$$y = Ce^{-\int P(x)dx}.$$

(2) 非齐次线性微分方程

$$\frac{dy}{dx} + P(x)y = Q(x),$$

通解为

$$y = e^{-\int P(x)dx}\left(\int Q(x)e^{\int P(x)dx}dx + C\right).$$

(3) 一阶非齐次线性微分方程的**常数变易法**

设一阶非齐次线性微分方程的解为

$$y = ue^{-\int P(x)dx}.$$

其中 $u=u(x)$ 是待定函数,代入一阶非齐次线性微分方程,解得

$$u = Q(x)\mathrm{e}^{\int P(x)\mathrm{d}x} + C,$$

即得原方程的通解.

伯努利(Bernoulli)方程 形如

$$\frac{\mathrm{d}y}{\mathrm{d}x} + P(x)y = Q(x)y^n \quad (n \neq 0,1)$$

的方程称为**伯努利方程**.

求解方法:令 $z = y^{1-n}$,则

$$\frac{\mathrm{d}z}{\mathrm{d}x} = (1-n)y^{-n}\frac{\mathrm{d}y}{\mathrm{d}x},$$

代入原方程得线性方程

$$\frac{\mathrm{d}z}{\mathrm{d}x} + (1-n)P(x)z = (1-n)Q(x).$$

全微分方程 将一阶微分方程写成

$$P(x,y)\mathrm{d}x + Q(x,y)\mathrm{d}y = 0.$$

如果它的左端恰好是某一个函数 $u=u(x,y)$ 的全微分,则该方程叫做**全微分方程**,其通解为 $u(x,y)=C$.

求解方法：

方法 1 $\dfrac{\partial u}{\partial x}=P(x,y),\dfrac{\partial u}{\partial y}=Q(x,y)$，这里 $\dfrac{\partial P}{\partial y}=\dfrac{\partial Q}{\partial x}$. 解之即得.

例 求解 $e^y dx+(xe^y-2y)dy=0$.

解 因 $P(x,y)=e^y, Q(x,y)=xe^y-2y$. 则

$$\frac{\partial P}{\partial y}=e^y=\frac{\partial Q}{\partial x}.$$

所以该方程为全微分方程，由

$$\frac{\partial u}{\partial x}=e^y$$

两边积分得

$$u(x,y)=xe^y+C(y),$$

$$\frac{\partial u}{\partial y}=xe^y+C'(y). \qquad (1)$$

又已知 $$\frac{\partial u}{\partial y}=xe^y-2y, \qquad (2)$$

由(1),(2)得

$$C'(y) = -2y,$$

因此
$$C(y) = -y^2 + C_1,$$

所以
$$u(x, y) = xe^y - y^2 + C_1.$$

通解为

$$xe^y - y^2 = C \quad (C = -C_1).$$

方法 2

$$u(x, y) = \int_{x_0}^{x} P(t, y_0) \mathrm{d}t + \int_{y_0}^{y} Q(x, t) \mathrm{d}t,$$

后一个积分中将 x 视作常数. 方程通解为

$$u(x, y) = C,$$

即

$$\int_{x_0}^{x} P(t, y_0) \mathrm{d}t + \int_{y_0}^{y} Q(t, y) \mathrm{d}t = C.$$

积分因子 若在方程

$$P(x, y)\mathrm{d}x + Q(x, y)\mathrm{d}y = 0$$

中,$\dfrac{\partial P}{\partial y} \neq \dfrac{\partial Q}{\partial x}$. 如果方程两边乘以因子 $\mu(x, y)$ 后成为全微分方程,即

$$\mu(x,y)P(x,y)\mathrm{d}x + \mu(x,y)Q(x,y)\mathrm{d}y = 0$$

为全微分方程,则称 $\mu(x,y)$ 为**积分因子**.

通常可考虑作为积分因子用的有 $\dfrac{1}{y^2}, \dfrac{1}{x^2}, \dfrac{1}{xy}, \dfrac{1}{x^2+y^2}$ 等.

如方程 $y\mathrm{d}x - x\mathrm{d}y = 0$ 不是全微分方程,两边乘上 $\dfrac{1}{y^2}$ 后,

$$\frac{y\mathrm{d}x - x\mathrm{d}y}{y^2} = 0$$

就是全微分方程.

一阶微分方程解的存在与惟一性定理 如果 $f(x,y)$ 在点 (x_0, y_0) 处的一个邻域内连续,则微分方程 $y' = f(x,y)$ 总存在满足初始条件 $y|_{x=x_0} = y_0$ 的解. 如果 $\dfrac{\partial f}{\partial y}$ 在这个邻域内也是连续的,则解是惟一的.

正交轨线

(1) 一阶微分方程的通解含有一个任意常数,它是一个**单参数曲线族**;反过来,单参数曲线族一般也可以看成一个一阶微分方程的通解.

(2) 求单参数曲线族的微分方程的方法

设单参数曲线族的方程为
$$Q(x,y,C)=0,$$
其中 C 为任意常数. 两边对 x 求导,得
$$\varphi'_x + \varphi'_y y' = 0.$$
如果上式不含有任意常数 C,则上式就是该单参数曲线族所满足的微分方程;如果含有任意常数 C,则需从下列方程组中消去 C,才能得到该单参数曲线族的微分方程
$$\begin{cases}\varphi'_x + \varphi'_y y' = 0, \\ \varphi(x,y,C) = 0.\end{cases}$$

例 求曲线族 $(x-c)^2 + y^2 = 1$ 的微分方程.

解 两边对 x 求导,得
$$2(x-c) + 2yy' = 0.$$
与原方程联立,消去 c,得
$$(yy')^2 + y^2 = 1,$$
即为所求的微分方程.

(3) 正交轨线

设两族曲线在每一个交点 (x,y) 上两条切线垂直,则微分方程 $F(x,y,y')=0$ 的正交轨线必满足 $F\left(x,y,-\dfrac{1}{y'}\right)=0$. 解此微分方程就得原方程的曲线族的正交轨线方程.

例 求曲线族 $x^2+y^2=C$ 的正交轨线族方程.

解 $x^2+y^2=C$ 的微分方程为 $y'=-\dfrac{x}{y}$. 它的正交轨线族的微分方程为 $-\dfrac{1}{y'}=-\dfrac{x}{y}$,解得正交轨线族方程为 $y=kx$.

13.3 高阶微分方程的特殊类型

$y^{(n)}=f(x)$ 类型的积分法

解法:通过 n 次积分,就可得其通解.

$y''=f(x,y')$ 类型的积分法

方程右端不显含 y 时,可令 $u=y'$,则 $u'=y''$,代入,得一阶微分方程
$$u'=f(x,u).$$
解之,将 $u=y'$ 代入,再解之,即得原方程的通解.

$y'' = f(y, y')$ 类型的积分法

方程右端不显含 x. 可令 $u(y) = y'(y)$, 则

$$y'' = \frac{du}{dy} \cdot \frac{dy}{dx} = u'(y) y'(y) = u(y) u'(y),$$

代入原方程得一阶微分方程(以 y 为自变量)

$$uu' = f(y, u),$$

解之,将 $u = y'$ 代入再解之,即得原方程的通解.

13.4 高阶线性微分方程

二阶齐次线性微分方程的通解定理 形如

$$y^{(n)} + a_1(x) y^{(n-1)} + a_2(x) y^{(n-2)} + \cdots + a_{n-1}^{(x)} y' + a_n^{(x)} y = f(x)$$

的方程称为 **n 阶非齐次线性微分方程**, $a_i(x)(i=1,\cdots,n)$ 为已知函数. 当 $f(x)$ 恒为 0 时,即

$$y^{(n)} + a_1(x) y^{(n-1)} + a_2(x) y^{(n-2)} + \cdots + a_{n-1}(x) y' + a_n(x) y = 0$$

称为 **n 阶齐次线性微分方程**, 当 $n=2$ 时,为

$$y'' + a_1(x) y' + a_2(x) y = 0.$$

二阶齐次线性微分方程的一些结论.适用于 n 阶齐次线性微分方程.

同样,二阶非齐次线性微分方程的一些结论也适用于 n 阶非齐次线性微分方程.

如果 $y_1(x)$ 与 $y_2(x)$ 是方程
$$y'' + a_1(x)y' + a_2(x)y = 0$$
的解,则 $y = c_1 y_1(x) + c_2 y_2(x)$ 也是方程的解,其中 c_1, c_2 是任意常数. 当 $y_1(x)$ 与 $y_2(x)$ 线性无关时,则 $y = c_1 y_1(x) + c_2 y_2(x)$ 是 $y'' + a_1(x)y' + a_2(x)y = 0$ 的通解.

$y_1(x)$ 与 $y_2(x)$ 线性无关是指:在区间 I 上,如果存在不同时为零的常数 λ, μ,使 $\lambda y_1(x) + \mu y_2(x) = 0$,则称 $y_1(x), y_2(x)$ 在 I 上**线性相关**;否则,称 $y_1(x)$, $y_2(x)$ 在 I 上**线性无关**.

二阶齐次线性微分方程解的求法 设 $y_1(x)$ 是二阶齐次线性微分方程的解,则另一个与之线性无关的特解为
$$y_2(x) = y_1(x) \int \frac{e^{-\int a_1(x) dx}}{y_1^2(x)} dx,$$
由此可得该二阶齐次线性微分方程的通解 $y = c_1 y_1(x) + c_2 y_2(x)$.

二阶非齐次线性微分方程通解的结构定理 如果 $Y(x)$ 是二阶非齐次线性微

分方程
$$y'' + a_1(x)y' + a_2(x)y = f(x)$$
的一个解,且 $c_1 y_1(x) + c_2 y_2(x)$ 是其对应的齐次方程
$$y'' + a_1(x)y' + a_2(x)y = 0$$
的通解,则二阶非齐次线性微分方程的通解是
$$y = Y(x) + c_1 y_1(x) + c_2 y_2(x).$$

二阶非齐次线性微分方程一个特解的求法 设 y_1, y_2 是二阶齐次线性微分方程的两个线性无关的解,那么二阶非齐次线性微分方程的特解为
$$y = c_1(x)y_1 + c_2(x)y_2,$$
其中 $c_1(x), c_2(x)$ 是下列方程组的解:
$$\begin{cases} y_1' c_1'(x) + y_2' c_2'(x) = f(x). \\ y_1 c_1'(x) + y_2 c_2'(x) = 0. \end{cases}$$

例 求解方程 $y'' + y = \sec x$ 的通解.

解 显然 $\sin x, \cos x$ 是二阶齐次方程 $y'' + y = 0$ 的两个线性无关的解,设其特解为 $Y = c_1(x)\sin x + c_2(x)\cos x$,其中 $c_1(x), c_2(x)$ 是下列方程组的解:
$$\begin{cases} \sin x \, c_1'(x) + \cos x \, c_2'(x) = 0, \\ \cos x \, c_1'(x) - \sin x \, c_2'(x) = \sec x, \end{cases}$$

解得 $c_1'(x)=1, c_2'(x)=-\tan x$. 各取一个原函数 $c_1(x)=x, c_2(x)=\ln|\cos x|$，所以原方程的通解为

$$y = c_1 \sin x + c_2 \cos x + \cos x \ln|\cos x|.$$

二阶常系数齐次线性微分方程的通解 设二阶常系数齐次线性微分方程是

$$y'' + a_1 y' + a_2 y = 0,$$

其中 a_1, a_2 为常数. 其通解为

(1) 当特征方程 $r^2 + a_1 r + a_2 = 0$ 有两个不相等的实根 m_1, m_2 时，方程通解为

$$y = c_1 \mathrm{e}^{m_1 x} + c_2 \mathrm{e}^{m_2 x}.$$

(2) 当特征方程 $r^2 + a_1 r + a_2 = 0$ 有重根 $m_1 = m_2 = m$ 时，其通解为

$$y = (c_1 + c_2 x) \mathrm{e}^{mx}.$$

(3) 当特征方程 $r^2 + a_1 r + a_2 = 0$ 有复根 $m_1 = \alpha + \mathrm{i}\beta, m_1 = \alpha - \mathrm{i}\beta$ 时，其通解为

$$y = (c_1 \cos \beta x + c_2 \sin \beta x) \mathrm{e}^{\alpha x}.$$

n 阶常系数齐次线性微分方程的通解 设 n 阶常系数齐次线性微分方程为

$$y^{(n)} + a_1 y^{(n-1)} + a_2 y^{(n-2)} + \cdots + a_{n-1} y' + a_n y = 0.$$

其特征方程为

$$r^n + a_{n-1}r^{n-1} + \cdots + a_{n-1}r + a_n = 0,$$

其中 $a_i(i=1,\cdots,n)$ 为常数.

其通解的构成如下:

(1) 特征方程每一个实单根 m 对应着一个特解 e^{mx}.

(2) 特征方程每一个单共轭复根 $\alpha \pm i\beta$,对应着两个特解:
$$e^{\alpha x}\cos\beta x, e^{\alpha x}\sin\beta x.$$

(3) 特征方程每一个 r 重实根 m 对应着 r 个特解:
$$e^{mx}, xe^{mx}, x^2 e^{mx}, \cdots, x^{r-1}e^{mx}.$$

(4) 特征方程每一个 r 重共轭复根 $\alpha \pm i\beta$,对应着 $2r$ 个特解:
$$e^{\alpha x}\cos\beta x, e^{\alpha x}\sin\beta x, xe^{\alpha x}\cos\beta x, xe^{\alpha x}\sin\beta x, \cdots$$
$$x^{r-1}e^{\alpha x}\cos\beta x, x^{r-1}e^{\alpha x}\cos\beta x.$$

例 求方程 $y^{(5)} + y^{(4)} + 2y''' + 2y'' + y' + y = 0$ 的通解.

解 特征方程为
$$r^5 + r^4 + 2r^3 + 2r^2 + r + 1 = 0,$$
即
$$(r+1)(r^2+1)^2 = 0.$$

特征方程有 5 个根：-1 是实单根，$\pm i$ 是二重复根，所以通解为
$$y = c_1 e^{-x} + (c_2 + c_3 x)\cos x + (c_4 + c_5 x)\sin x.$$

二阶常系数非齐次线性微分方程的一个特解求法

(1) 当 $f(x) = e^{\lambda x} P_m(x)$ 时，λ 为常数，$P_m(x)$ 为 x 的 m 次多项式. 则其特解为
$$y = x^k e^{\lambda x} Q_m(x), \tag{1}$$
其中 $Q_m(x)$ 为 x 的 m 次待定多项式，如果 λ 不是其特征方程的根取 $k=0$；λ 是特征根时，k 等于特征根的重数.

将(1)式代入原方程，使之恒等定出 $Q_m(x)$，从而得到原方程的特解.

(2) 当 $f(x) = e^{\lambda x}(P_l(x)\cos\omega x + P_n(x)\sin\omega x)$ 时，λ 为常数，$P_l(x), P_n(x)$ 分别为 x 的 l 次和 n 次的多项式，其特解为
$$y = x^R e^{\lambda x}(R_t^{(1)}(x)\cos\omega x + R_t^{(2)}(x)\sin\omega x),$$
其中 $R_t^{(1)}(x), R_t^{(2)}(x)$ 均为 x 的 t 次多项式，且 $t = \max(l, n)$，如果 $\lambda + i\omega$ 不是其特征方程根时，取 $k=0$，否则取 k 等于特征根 $\lambda + i\omega$ 的重数.

欧拉方程 形如
$$x^n y^{(n)} + a_1 x^{n-1} y^{(n-1)} + \cdots + a_{n-1} x y' + a_n y = f(x)$$
的方程称为 n 阶欧拉方程，其中 $a_i (i=1,2,\cdots,n)$ 为常数.

二阶欧拉方程为
$$x^2 y'' + a_1 x y' + a_2 y = f(x).$$
设 $x = e^t$,则 $t = \ln x$,有 $\dfrac{dy}{dx} = \dfrac{1}{x} \dfrac{dy}{dt}$,$\dfrac{d^2 y}{dx^2} = \dfrac{1}{x^2}\left(\dfrac{d^2 y}{dt^2} - \dfrac{dy}{dt}\right)$,代入方程即可化常系数线性方程.

微分算子法 令 $D = \dfrac{d}{dx}, D^2 = \dfrac{d^2}{dx^2}, \cdots, D^n = \dfrac{d^n}{dx^n}$,称 $D, D^2, \cdots, D^n$ 为微分算子,则
$$y^{(n)} + a_1 y^{(n-1)} + \cdots + a_{n-1} y' + a_n y = f(x) \tag{1}$$
可写为
$$D^n y + a_1 D^{n-1} y + a_2 D^{n-2} y + \cdots + a_{n-1} D y + a_n y = f(x),$$
记作
$$(D^n + a_1 D^{n-1} + a_2 D^{n-2} + \cdots + a_{n-1} D + a_n) y = f(x).$$
记 $P_n(D) = D^n + a_1 D^{n-1} + \cdots + a_{n-1} D + a_n$,则 n 阶常系数非齐次微分方程可记为
$$P_n(D) y = f(x).$$
$P_n(D)$ 称为算子 D 的 n 次多项式. 算子 D 有下列规律:

(1) $P_n(D)\mathrm{e}^{\lambda x} = \mathrm{e}^{\lambda x} P_n(\lambda)$;

(2) $P_n(D)Q(x)\mathrm{e}^{\lambda x} = \mathrm{e}^{\lambda x} P_n(D+\lambda)Q(x)$;

(3) $\dfrac{1}{D}f(x)$ 是积分符号,$\dfrac{1}{D^2}f(x)$ 是连续两次积分等,其中 $f(x)$ 为 x 的多项式.

(4) $\dfrac{f(x)}{P_n(D)}$ 要化为 D 的升幂级数,其中 $f(x)$ 为 x 的多项式.

微分算子法是求常系数非齐次线性微分方程的一个特解的方法.

例 1 求 $y^{(4)} + 4y'' = 48x^2$ 的特解.

解 将方程写为算子形式:

$$(D^4 + 4D^2)y = 48x^2,$$

做形式运算得

$$y = \frac{1}{D^4 + 4D^2} 48x^2.$$

利用算子规则有特解

$$y = \frac{1}{(D^2+4)D^2} \cdot 48x^2 \xrightarrow{\text{积分两次}} \frac{1}{D^2+4} \cdot 4x^4$$

$$= \frac{1}{D^2+4} \cdot 4x^4 = \frac{1}{1+\frac{D^2}{4}} \cdot x^4$$

$$= \left(1 - \frac{D^2}{4} + \frac{D^4}{16} - \cdots\right)x^4$$

$$= x^4 - \frac{1}{4}D^2 x^4 + \frac{1}{16}D^4 x^4 = x^4 - 3x^2 + \frac{3}{2}.$$

例 2 求 $y''' - 3y' - 2y = x^3 e^{-x}$ 的特解.

解 写为算子形式,有
$$(D-3D-2)y = x^3 e^{-x}$$
因 $\lambda = -1$ 是特征方程 $r^3 - 3r - 2 = 0$ 的二重根,故设其特解为 $y = Q(x)e^{-x}$,其中 $Q(x)$ 为 x 的五次多项式,则
$$(D^3 - 3D - 2)Q(x)e^{-x}$$
$$= e^{-x}[(D-1)^3 - 3(D-1) - 2]Q(x)$$
$$= e^{-x}(D-3)D^2 Q(x).$$
原方程为
$$e^{-x}(D-3)D^2 Q(x) = x^3 e^{-x},$$
即
$$Q(x) = \frac{1}{(D-3)D^2} \cdot x^3$$

$$= -\frac{1}{3} \cdot \frac{1}{D^2} \cdot \frac{1}{1-\dfrac{D}{3}} \cdot x^3$$

$$= -\frac{1}{3D^2}\left(1 + \frac{D}{3} + \frac{D^2}{9} + \frac{D^3}{27} + \cdots\right)x^3$$

$$= -\frac{1}{3D^2}\left(x^3 + x^2 + \frac{2}{3}x + \frac{2}{9}\right)$$

$$= -\frac{1}{540}(9x^5 + 15x^4 + 20x^3 + 20x^2).$$

特解为 $$y = -\frac{1}{540}x^2 \mathrm{e}^{-x}(9x^3 + 15x^2 + 20x + 20).$$

常系数线性微分方程组的解法

(1) 齐次方程组

$$\begin{cases} a_1 \dfrac{\mathrm{d}y}{\mathrm{d}x} + b_1 \dfrac{\mathrm{d}z}{\mathrm{d}x} + c_1 y + D_1 z = 0, & (1) \\ a_2 \dfrac{\mathrm{d}y}{\mathrm{d}x} + b_2 \dfrac{\mathrm{d}z}{\mathrm{d}x} + c_2 y + D_2 z = 0, & (2) \end{cases}$$

其中 $a_i, b_i, c_i, D_i (i=1,2)$ 均为常数.

由(1),(2)解出 $\dfrac{\mathrm{d}y}{\mathrm{d}x},\dfrac{\mathrm{d}z}{\mathrm{d}x}$(它们均由 y,z 表示),记为

$$\begin{cases} \dfrac{\mathrm{d}y}{\mathrm{d}x}+l_1 z+m_1 y=0, & (3) \\ \dfrac{\mathrm{d}z}{\mathrm{d}x}+l_2 z+m_2 y=0. & (4) \end{cases}$$

由(3)解出 z 代入(4),得到关于 y 的二阶常系数齐次方程,从而解得 y,再代入(3)而得 z.

(2) 非齐次方程组

$$\begin{cases} a_1 \dfrac{\mathrm{d}y}{\mathrm{d}x}+b_1 \dfrac{\mathrm{d}z}{\mathrm{d}x}+c_1 y+D_1 z=f_1(x), \\ a_2 \dfrac{\mathrm{d}y}{\mathrm{d}x}+b_2 \dfrac{\mathrm{d}z}{\mathrm{d}x}+c_2 y+D_2 z=f_2(x). \end{cases}$$

仿齐次方程组的解法.

第 2 篇

线性代数

第2篇

线性代数

第 1 章 行列式

1.1 排列与逆序

排列 n 个不同的元素排成一列,叫做这 n 个元素的**全排列**(简称 n 元排列).

例如,由 n 个自然数 $1,2,\cdots,n$ 组成的一个有序数组称为一个 n 元排列.

n 个不同元素所有排列的种数为 $n!$ 种.

排列的逆序、逆序数 对于 n 个不同的元素,我们规定各元素之间有一个标准次序. 对这 n 个元素的任一排列中,当某两个元素的先后次序与标准次序不相同时,就称这两个元素构成一个**逆序**,一个排列中所有逆序的总数称为这个排列的**逆序数**.

例如,n 个不同的自然数 $1,2,\cdots,n$,可规定由小到大为标准次序,且排列 $1\ 2\ 3\ \cdots\ n$ 称为自然序排列. 在某个排列中,一对数若较大的数排在较小的数之前,就称这对数构成一个逆序.

奇排列、偶排列 逆序数是偶数的排列称为**偶排列**,逆序数是奇数的排列称为**奇排列**.

对换、相邻对换 在排列中,将任意两个元素对调,其余元素不动,得到另一个排列,这样一种变换称为**对换**,将两个相邻元素对换称为**相邻对换**.

对换改变排列的奇偶性 对换改变排列的奇偶性,即偶排列经一次对换变成奇排列,奇排列经一次对换变成偶排列.

全部 n 元排列(共 $n!$ 种)中,奇排列、偶排列各占一半,都有 $n!/2$ 种($n \geqslant 2$).

化标准排列所用对换次数 任一个 n 元排列都可以通过一系列的对换化成标准排列.其中奇排列化成标准排列的对换次数是奇数,偶排列化成标准排列的对换次数是偶数.

1.2 n 阶行列式

n 阶行列式的定义 n 阶行列式记成

$$\begin{vmatrix} a_{11} & a_{12} & \cdots & a_{1n} \\ a_{21} & a_{22} & \cdots & a_{2n} \\ \vdots & \vdots & & \vdots \\ a_{n1} & a_{n2} & \cdots & a_{nn} \end{vmatrix},$$

它是取自不同行、不同列的 n 个元素的乘积

$$a_{1j_1}a_{2j_2}\cdots a_{nj_n}$$

的代数和,其中行下标顺排(自然序排列),列下标 $j_1,j_2,\cdots,j_n$ 是一个 n 元排列. 当 $j_1j_2\cdots j_n$ 是偶排列时,该项前面带正号;$j_1j_2\cdots j_n$ 是奇排列时,该项前面带负号,即每项的正负号由 $(-1)^{\sigma(j_1j_2\cdots j_n)}$ 决定,即

$$\begin{vmatrix} a_{11} & a_{12} & \cdots & a_{1n} \\ a_{21} & a_{22} & \cdots & a_{2n} \\ \vdots & \vdots & & \vdots \\ a_{n1} & a_{n2} & \cdots & a_{nn} \end{vmatrix} = \sum_{j_1j_2\cdots j_n}(-1)^{\sigma(j_1j_2\cdots j_n)}a_{1j_1}a_{2j_2}\cdots a_{nj_n}, \tag{1}$$

其中 $\sum\limits_{j_1j_2\cdots j_n}$ 表示对所有 n 元排列求和. 由于 n 元排列共有 $n!$ 个,故形如

$$(-1)^{\sigma(j_1j_2\cdots j_n)}a_{1j_1}a_{2j_2}\cdots a_{nj_n} \tag{2}$$

的项共有 $n!$ 项,(1)式称为 n 阶行列式的完全展开式.

对角形行列式 行列式

$$\begin{vmatrix} a_{11} & & & \\ & a_{22} & & \\ & & \ddots & \\ & & & a_{nn} \end{vmatrix}$$

称为对角形行列式.

上三角形行列式 行列式

$$\begin{vmatrix} a_{11} & a_{12} & \cdots & a_{1n} \\ & a_{22} & \cdots & a_{2n} \\ & & \ddots & \vdots \\ & & & a_{nn} \end{vmatrix}$$

称为上三角形行列式.

下三角形行列式 行列式

$$\begin{vmatrix} a_{11} & & & \\ a_{21} & a_{22} & & \\ \vdots & & \ddots & \\ a_{n1} & a_{n2} & \cdots & a_{nn} \end{vmatrix}$$

称为下三角形行列式.

对角形行列式、上三角形、下三角形行列式的值等于主对角线上元素的乘积,即

$$\begin{vmatrix} a_{11} & & & \\ & a_{22} & & \\ & & \ddots & \\ & & & a_{nn} \end{vmatrix} = \begin{vmatrix} a_{11} & a_{12} & \cdots & a_{1n} \\ & a_{22} & \cdots & a_{2n} \\ & & \ddots & \vdots \\ & & & a_{nn} \end{vmatrix} = \begin{vmatrix} a_{11} & & & \\ a_{21} & a_{22} & & \\ \vdots & \vdots & \ddots & \\ a_{n1} & a_{n2} & \cdots & a_{nn} \end{vmatrix}$$
$$= a_{11} a_{12} \cdots a_{nn}.$$

副对角形行列式　行列式

$$\begin{vmatrix} & & & a_{1n} \\ & & a_{2n-1} & \\ & \ddots & & \\ a_{n1} & & & \end{vmatrix}$$

称为副对角形行列式.

左上三角形行列式　行列式

$$\begin{vmatrix} a_{11} & \cdots & a_{1n-1} & a_{1n} \\ a_{21} & \cdots & a_{2n-1} & \\ \vdots & \cdot^{\cdot^{\cdot}} & & \\ a_{n1} & & & \end{vmatrix}$$

称为左上三角形行列式.

右下三角形行列式 行列式

$$\begin{vmatrix} & & & a_{1n} \\ & & a_{2n-1} & a_{2n} \\ & \ddots & & \vdots \\ a_{n1} & a_{n2} & \cdots & a_{nn} \end{vmatrix}$$

称为右下三角形行列式.

n 阶副对角形行列式、左上三角形、右下三角形行列式的值等于副对角线上元素的积并乘以 $(-1)^{\frac{n(n-1)}{2}}$，即

$$\begin{vmatrix} & & & a_{1n} \\ & & a_{2n-1} & \\ & \ddots & & \\ a_{n1} & & & \end{vmatrix} = \begin{vmatrix} a_{11} & \cdots & a_{1n-1} & a_{1n} \\ a_{21} & \cdots & a_{2n-1} & \\ \vdots & \ddots & & \\ a_{n1} & & & \end{vmatrix} = \begin{vmatrix} & & & a_{1n} \\ & & a_{2n-1} & a_{2n} \\ & \ddots & & \vdots \\ a_{n1} & \cdots & a_{nn-1} & a_{nn} \end{vmatrix}$$

$$= (-1)^{\sigma(n,n-1,\cdots,2,1)} a_{1n} a_{2n-1} \cdots a_{n1}$$

$$= (-1)^{\frac{n(n-1)}{2}} a_{1n} a_{2n-1} \cdots a_{n1}.$$

行列式的等价定义 数的乘法有交换律,对换 n 阶行列式的完全展式中的任意两个元素,乘积的值不变,但行、列下标均作了一次对换,对换改变排

列的奇偶性,但行下标排列和列下标排列的总的奇偶数不变,元素对换若干次,使列下标为顺排(自然序排列)时,则该项的正负号由行下标排列的逆序数决定.

$$\begin{vmatrix} a_{11} & a_{12} & \cdots & a_{1n} \\ a_{21} & a_{22} & \cdots & a_{2n} \\ \vdots & \vdots & & \vdots \\ a_{n1} & a_{n2} & \cdots & a_{nn} \end{vmatrix} = \sum_{j_1 j_2 \cdots j_n} (-1)^{\sigma(j_1 j_2 \cdots j_n)} a_{1j_1} a_{2j_2} \cdots a_{nj_n}$$

$$= \sum_{j_1 j_2 \cdots j_n} (-1)^{\sigma(j_1 j_2 \cdots j_n)+\sigma(1\,2\,\cdots\,n)} a_{1j_1} a_{2j_2} \cdots a_{nj_n}$$

$$= \sum_{i_1 i_2 \cdots i_n} (-1)^{\sigma(1\,2\,\cdots\,n)+\sigma(i_1 i_2 \cdots i_n)} a_{i_1 1} a_{i_2 2} \cdots a_{i_n n}$$

$$= \sum_{i_1 i_2 \cdots i_n} (-1)^{\sigma(i_1 i_2 \cdots i_n)} a_{i_1 1} a_{i_2 2} \cdots a_{i_n n}.$$

1.3 行列式的性质

性质 1 行列互换,行列式的值不变,即

$$\begin{vmatrix} a_{11} & a_{12} & \cdots & a_{1n} \\ a_{21} & a_{22} & \cdots & a_{2n} \\ \vdots & \vdots & & \vdots \\ a_{n1} & a_{n2} & \cdots & a_{nn} \end{vmatrix} = \begin{vmatrix} a_{11} & a_{21} & \cdots & a_{n1} \\ a_{12} & a_{22} & \cdots & a_{n2} \\ \vdots & \vdots & & \vdots \\ a_{1n} & a_{2n} & \cdots & a_{nn} \end{vmatrix}.$$

对行成立的性质,对列也成立.

性质 2 若 n 阶行列式的某一行(或列)的 n 个数有公因数 k,则 k 可以提到行列式之外,例如

$$\begin{vmatrix} a_{11} & a_{12} & \cdots & a_{1n} \\ \vdots & \vdots & & \vdots \\ ka_{i1} & ka_{i2} & \cdots & ka_{in} \\ \vdots & \vdots & & \vdots \\ a_{n1} & a_{n2} & \cdots & a_{nn} \end{vmatrix} = k \begin{vmatrix} a_{11} & a_{12} & \cdots & a_{1n} \\ a_{21} & a_{22} & \cdots & a_{2n} \\ \vdots & \vdots & & \vdots \\ a_{n1} & a_{n2} & \cdots & a_{nn} \end{vmatrix}.$$

推论 1 若行列式中有一行元素全为零,则这个行列式的值为零.

推论 2 数 k 乘行列式等于数 k 乘行列式某行(或列)的所有元素.

性质 3 行列式中某一行(或列)的 n 个数都是两数之和,例如第 i 行的 n 个数分别是

1.3 行列式的性质

$$a_{i1} = b_{i1} + c_{i1}, \quad a_{i2} = b_{i2} + c_{i2}, \quad \cdots, \quad a_{in} = b_{in} + c_{in},$$

则行列式的值等于两个行列式的和,这两个行列式第 i 行分别是 $b_{i1}, b_{i2}, \cdots, b_{in}$ 和 $c_{i1}, c_{i2}, \cdots, c_{in}$. 而其余项与原行列式的相应行相同. 即

$$\begin{vmatrix} a_{11} & a_{12} & \cdots & a_{1n} \\ \vdots & \vdots & & \vdots \\ b_{i1}+c_{i1} & b_{i2}+c_{i2} & \cdots & b_{in}+c_{in} \\ \vdots & \vdots & & \vdots \\ a_{n1} & a_{n2} & \cdots & a_{nn} \end{vmatrix} = \begin{vmatrix} a_{11} & a_{12} & \cdots & a_{1n} \\ \vdots & \vdots & & \vdots \\ b_{i1} & b_{i2} & \cdots & b_{in} \\ \vdots & \vdots & & \vdots \\ a_{n1} & a_{n2} & \cdots & a_{nn} \end{vmatrix} + \begin{vmatrix} a_{11} & a_{12} & \cdots & a_{1n} \\ \vdots & \vdots & & \vdots \\ c_{i1} & c_{i2} & \cdots & c_{in} \\ \vdots & \vdots & & \vdots \\ a_{n1} & a_{n2} & \cdots & a_{nn} \end{vmatrix}.$$

推论 两个 n 阶行列式,其中有对应的 $n-1$ 行的对应完全相同,只有一行元素不同,例如第 i 行,一个元素是 $b_{i1}, b_{i2}, \cdots, b_{in}$. 一个元素为 $c_{i1}, c_{i2}, \cdots, c_{in}$,则两个行列式可以相加,其和行列式的第 i 行是 $b_{i1}+c_{i1}, b_{i2}+c_{i2}, \cdots, b_{in}+c_{in}$,其余 $n-1$ 行与原两行列式中的任一个完全相同,即

$$\begin{vmatrix} a_{11} & a_{12} & \cdots & a_{1n} \\ \vdots & \vdots & & \vdots \\ b_{i1} & b_{i2} & \cdots & b_{in} \\ \vdots & \vdots & & \vdots \\ a_{n1} & a_{n2} & \cdots & a_{nn} \end{vmatrix} + \begin{vmatrix} a_{11} & a_{12} & \cdots & a_{1n} \\ \vdots & \vdots & & \vdots \\ c_{i1} & c_{i2} & \cdots & c_{in} \\ \vdots & \vdots & & \vdots \\ a_{n1} & a_{n2} & \cdots & a_{nn} \end{vmatrix} = \begin{vmatrix} a_{11} & a_{12} & \cdots & a_{1n} \\ \vdots & \vdots & & \vdots \\ b_{i1}+c_{i1} & b_{i2}+c_{i2} & \cdots & b_{in}+c_{in} \\ \vdots & \vdots & & \vdots \\ a_{n1} & a_{n2} & \cdots & a_{nn} \end{vmatrix}$$

性质 4 行列式的任意两行(或列)互换,行列式变号.例如:第 1 行与第 3 行互换,则

$$\begin{vmatrix} a_{11} & a_{12} & \cdots & a_{1n} \\ a_{21} & a_{22} & \cdots & a_{2n} \\ a_{31} & a_{32} & \cdots & a_{3n} \\ \vdots & \vdots & & \vdots \\ a_{n1} & a_{n2} & \cdots & a_{nn} \end{vmatrix} = - \begin{vmatrix} a_{31} & a_{32} & \cdots & a_{3n} \\ a_{21} & a_{22} & \cdots & a_{2n} \\ a_{11} & a_{12} & \cdots & a_{1n} \\ \vdots & \vdots & & \vdots \\ a_{n1} & a_{n2} & \cdots & a_{nn} \end{vmatrix}.$$

推论 1 如果行列式有两行(或列)对应相等,则行列式为零.

推论 2 如果行列式中有一行(或列)是另一行的 k 倍,则行列式为零.

性质 5 将行列式的某一行(或列)的 k 倍(即该行的每个数乘以 k)加到另一行上,行列式的值不变,例如第 i 行的 k 倍加到第 j 列,有

$$\begin{vmatrix} a_{11} & a_{12} & \cdots & a_{1n} \\ \vdots & \vdots & & \vdots \\ a_{i1} & a_{i2} & \cdots & a_{in} \\ \vdots & \vdots & & \vdots \\ a_{j1} & a_{j2} & \cdots & a_{jn} \\ \vdots & \vdots & & \vdots \\ a_{n1} & a_{n2} & \cdots & a_{nn} \end{vmatrix} = \begin{vmatrix} a_{11} & a_{12} & \cdots & a_{1n} \\ \vdots & \vdots & & \vdots \\ a_{i1} & a_{i2} & \cdots & a_{in} \\ \vdots & \vdots & & \vdots \\ a_{j1}+ka_{i1} & a_{j2}+ka_{i2} & \cdots & a_{jn}+ka_{in} \\ \vdots & \vdots & & \vdots \\ a_{n1} & a_{n2} & \cdots & a_{nn} \end{vmatrix}.$$

1.4 行列式按一行(列)展开

余子式 n 阶行列式中,划去元素 a_{ij} 所在的第 i 行和第 j 列元素,剩余的元素按原来的次序组成的 $n-1$ 阶行列式称为元素 a_{ij} 的**余子式**(剩余的子行列式),记成 M_{ij}.

代数余子式 令 $A_{ij}=(-1)^{i+j}M_{ij}$,称 A_{ij} 是元素 a_{ij} 的代数余子式.

例 设 n 阶行列式为

$$\begin{vmatrix} a_{11} & a_{12} & \cdots & a_{1n} \\ a_{21} & a_{22} & \cdots & a_{2n} \\ \vdots & \vdots & & \vdots \\ a_{n1} & a_{n2} & \cdots & a_{nn} \end{vmatrix},$$

则

$$M_{ij} = \begin{vmatrix} a_{11} & \cdots & a_{1,j-1} & a_{1,j+1} & \cdots & a_{1n} \\ \vdots & & \vdots & \vdots & & \vdots \\ a_{i-1,1} & \cdots & a_{i-1,j-1} & a_{i-1,j+1} & \cdots & a_{i-1,n} \\ a_{i+1,1} & \cdots & a_{i+1,j-1} & a_{i+1,j+1} & \cdots & a_{i+1,n} \\ \vdots & & \vdots & \vdots & & \vdots \\ a_{n1} & \cdots & a_{n,j-1} & a_{n,j+1} & \cdots & a_{nn} \end{vmatrix},$$

$$A_{ij} = (-1)^{i+j} \begin{vmatrix} a_{11} & \cdots & a_{1,j-1} & a_{1,j+1} & \cdots & a_{1n} \\ \vdots & & \vdots & \vdots & & \vdots \\ a_{i-1,1} & \cdots & a_{i-1,j-1} & a_{i-1,j+1} & \cdots & a_{i-1,n} \\ a_{i+1,1} & \cdots & a_{i+1,j-1} & a_{i+1,j+1} & \cdots & a_{i+1,n} \\ \vdots & & \vdots & \vdots & & \vdots \\ a_{n1} & \cdots & a_{n,j-1} & a_{n,j+1} & \cdots & a_{nn} \end{vmatrix}.$$

行列式按行展开 n 阶行列式

$$D = \begin{vmatrix} a_{11} & a_{12} & \cdots & a_{1n} \\ a_{21} & a_{22} & \cdots & a_{2n} \\ \vdots & \vdots & & \vdots \\ a_{n1} & a_{n2} & \cdots & a_{nn} \end{vmatrix}$$

等于其任一行元素与对应的代数余子式两两乘积之和,即

$$D = a_{i1}A_{i1} + a_{i2}A_{i2} + \cdots + a_{in}A_{in} \quad (i = 1, 2, \cdots, n). \tag{1}$$

(1)式称为 D 按第 i 行的展开式.

行列式按列展开 n 阶行列式等于其任一列元素与对应的代数余子式两两乘积之和,即

$$D = a_{1j}A_{1j} + a_{2j}A_{2j} + \cdots + a_{nj}A_{nj} \quad (j = 1, 2, \cdots, n).$$

定理 n 阶行列式任意一行(列)元素与另一行(列)相应元素的代数余子式的两两乘积之和等于零,即当 $i \neq k$ 时,有

$$a_{k1}A_{i1} + a_{k2}A_{i2} + \cdots + a_{kn}A_{in} = 0;$$

当 $j \neq k$ 时,有

$$a_{1k}A_{1j} + a_{2k}A_{2j} + \cdots + a_{nk}A_{nj} = 0.$$

从而有
$$\sum_{j=1}^{n} a_{kj}A_{ij} = \begin{cases} D, & k = j, \\ 0, & k \neq j. \end{cases}$$

$$\sum_{i=1}^{n} a_{ik}A_{ij} = \begin{cases} D, & i = k, \\ 0, & i \neq k. \end{cases}$$

1.5 克拉默法则

克拉默(Cramer)法则 含有 n 个未知量 $x_1, x_2, \cdots, x_n$, n 个线性方程的方程组

$$\begin{cases} a_{11}x_1 + a_{12}x_2 + \cdots + a_{1n}x_n = b_1, \\ a_{21}x_1 + a_{22}x_2 + \cdots + a_{2n}x_n = b_2, \\ \quad\quad\quad\quad\quad\quad \vdots \\ a_{n1}x_1 + a_{n2}x_2 + \cdots + a_{nn}x_n = b_n. \end{cases} \tag{1}$$

当其系数行列式不等于零,即

$$D = \begin{vmatrix} a_{11} & a_{12} & \cdots & a_{1n} \\ a_{21} & a_{22} & \cdots & a_{2n} \\ \vdots & \vdots & & \vdots \\ a_{n1} & a_{n2} & \cdots & a_{nn} \end{vmatrix} \neq 0$$

时,则方程组(1)有惟一解,且其解为

$$x_1 = \frac{D_1}{D}, \quad x_2 = \frac{D_2}{D}, \quad \cdots, \quad x_n = \frac{D_n}{D},$$

其中 $D_j(j=1,2,\cdots,n)$ 是把系数行列式 D 中第 j 列的元素用方程组右端的自由项代替后所得到的 n 阶行列式,即

$$D_j = \begin{vmatrix} a_{11} & \cdots & a_{1,j-1} & b_1 & a_{1,j+1} & \cdots & a_{1n} \\ a_{21} & \cdots & a_{2,j-1} & b_2 & a_{2,j+1} & \cdots & a_{2n} \\ \vdots & & \vdots & \vdots & \vdots & & \vdots \\ a_{n1} & \cdots & a_{n,j-1} & b_n & a_{n,j+1} & \cdots & a_{nn} \end{vmatrix}.$$

定理 若线性方程组(1)无解或有两个以上不同的解,则它们的系数行列式必为零,即 $D=0$(克拉默法则的逆否定理).

1.5 克拉默法则

推论 1 方程组(1)对应的齐次线性方程组

$$\begin{cases} a_{11}x_1 + a_{12}x_2 + \cdots + a_{1n}x_n = 0, \\ a_{21}x_1 + a_{22}x_2 + \cdots + a_{2n}x_n = 0, \\ \quad\quad\quad\quad\quad\quad \vdots \\ a_{n1}x_1 + a_{n2}x_2 + \cdots + a_{nn}x_n = 0 \end{cases} \quad (2)$$

必有零解,即 $x_1 = x_2 = \cdots = x_n = 0$ 必是方程组(2)的解. 若其系数行列式 $D \neq 0$, 则齐次线性方程组没有非零解(只有零解).

推论 2 齐次线性方程组(2)有非零解,则它的系数行列式必等于零.

注 推论 1 和 2 说明行列式 $D \neq 0$ 是线性齐次方程组只有零解的充分条件, 其实也是必要条件. 行列式 $D = 0$ 是齐次方程组有非零解的必要条件, 其实这个条件也是充分的(见第 4 章).

第 2 章 矩 阵

2.1 矩阵及其基本运算

矩阵 由 $m \times n$ 个数 $a_{ij}(i=1,2,\cdots,m;j=1,2,\cdots,n)$ 排成的 m 行,n 列的数表

$$A = \begin{pmatrix} a_{11} & a_{12} & \cdots & a_{1n} \\ a_{21} & a_{22} & \cdots & a_{2n} \\ \vdots & \vdots & & \vdots \\ a_{m1} & a_{m2} & \cdots & a_{mn} \end{pmatrix}, \tag{1}$$

称为 m 行 n 列矩阵,简称 $m \times n$ 矩阵.这 $m \times n$ 个数称为矩阵 A 的元素,a_{ij} 是矩阵 A 的第 i 行第 j 列的元素.元素是实数时,矩阵称为**实矩阵**;元素是复数时称为**复矩阵**.

(1)式也简记作

$$\boldsymbol{A} = (a_{ij})_{m \times n}, \quad \boldsymbol{A} = (a_{ij}) \quad 或 \quad \boldsymbol{A}_{m \times n}.$$

n 阶方阵 当 $m=n$ 时,$\boldsymbol{A}$ 称为 n 阶方阵.

行矩阵 只有一行的矩阵

$$\boldsymbol{A} = (a_1, a_2, \cdots, a_n)$$

称为行矩阵.

列矩阵 只有一列的矩阵

$$\boldsymbol{A} = \begin{pmatrix} b_1 \\ b_2 \\ \vdots \\ b_m \end{pmatrix}$$

称为列矩阵.

零矩阵 元素全部为 0 的矩阵称为零矩阵. 记作 $\boldsymbol{0}$.

负矩阵 设 $\boldsymbol{A} = (a_{ij})_{m \times n}$,则 $\boldsymbol{A} = (-a_{ij})$ 称为 $\boldsymbol{A}$ 的负矩阵,记作 $-\boldsymbol{A}$.

同型矩阵 两个矩阵的行数、列数对应相等时,称为同型矩阵.

两个矩阵相等 矩阵 $\boldsymbol{A}, \boldsymbol{B}$ 相等要求 $\boldsymbol{A}$ 和 $\boldsymbol{B}$ 是同型矩阵,且对应元素相等,即

$$\boldsymbol{A} = \boldsymbol{B} \Leftrightarrow \boldsymbol{A} = (a_{ij})_{m \times n}, \quad \boldsymbol{B} = (b_{ij})_{m \times n}, \quad 且 \quad a_{ij} = b_{ij},$$
$$i = 1, 2, \cdots, m; \quad j = 1, 2, \cdots, n.$$

矩阵的线性运算

1. 加法

设 $A=(a_{ij})_{m\times n}, B=(b_{ij})_{m\times n}$,矩阵 A 与 B 的和记作 $A+B$,定义为对应元素之和,即

$$A+B=\begin{pmatrix} a_{11}+b_{11} & a_{12}+b_{12} & \cdots & a_{1n}+b_{1n} \\ a_{21}+b_{21} & a_{22}+b_{22} & \cdots & a_{2n}+b_{2n} \\ \vdots & \vdots & & \vdots \\ a_{m1}+b_{m1} & a_{m2}+b_{m2} & \cdots & a_{mn}+b_{mn} \end{pmatrix}.$$

注 只有两个同型矩阵才能相加.

2. 数与矩阵的乘法

设 k 是一个数,A 是一个 $m\times n$ 矩阵,则数 k 和矩阵 A 的乘积 kA 或 Ak 定义为数 k 乘矩阵的每个元素,即

$$kA=Ak=\begin{pmatrix} ka_{11} & ka_{12} & \cdots & ka_{1n} \\ ka_{21} & ka_{22} & \cdots & ka_{2n} \\ \vdots & \vdots & & \vdots \\ ka_{m1} & ka_{m2} & \cdots & ka_{mn} \end{pmatrix}.$$

线性运算的性质 矩阵的加法和数乘,称为矩阵的线性运算,且满足

(1) 加法交换律:$A+B=B+A$.

(2) 加法结合律:$(A+B)+C=A+(B+C)$.

(3) 存在零矩阵 $\mathbf{0}$,使得 $A+\mathbf{0}=A$.

(4) 存在负矩阵 $-A$,使得 $A+(-A)=\mathbf{0}$.

(5) $1A=A$.

(6) 分配律:$k(A+B)=kA+kB$.

(7) 分配律:$(k+l)A=kA+lA$.

(8) 数与矩阵乘法的结合律:$k(lA)=(kl)A=l(kA)$.

3. 矩阵的乘法

设 $A=(a_{ij})$ 是 $m\times s$ 矩阵,$B=(b_{ij})$ 是 $s\times n$ 矩阵,则定义矩阵 A 和 B 可以相乘,且乘积是一个 $m\times n$ 矩阵 $C=(c_{ij})$,其中

$$c_{ij} = a_{i1}b_{1j} + a_{i2}b_{2j} + \cdots + a_{is}b_{sj} = \sum_{k=1}^{s} a_{ik}b_{kj}, \quad i=1,2,\cdots,m;\ j=1,2,\cdots,n.$$

且记作

$$A_{m\times s}B_{s\times n} = C_{m\times n}.$$

注 只有左边矩阵的列数等于右边矩阵的行数时,两个矩阵才能相乘.

矩阵乘法的运算性质:

(1) 结合律:$(AB)C = A(BC)$.

(2) 分配律:$A(B+C) = AB+AC$,$(B+C)A = BA+CA$.

(3) 数与矩阵乘积的结合律:$(kA)B = A(kB) = k(AB)$.

注 矩阵乘法不满足交换律,即在一般情况下,

$$AB \neq BA,$$

故应区分左乘与右乘.从而在一般情况下,也没有消去律,即若

$$AB = AC,$$

一般不能得出 $B = C$ 的结论.

4. 方阵的幂

A 是 n 阶方阵,m 个 A 连乘,称为 A 的 m 次幂,记作 A^m,即

$$A^m = \underbrace{A \cdot A \cdot \cdots \cdot A}_{m\text{个}}, \quad \text{其中 } m \text{ 是正整数}.$$

规定 $A^0 = E$(单位阵).

方阵的幂的运算性质:

(1) $A^k \cdot A^l = A^{k+l}$;

(2) $(A^k)^l = A^{kl}$.

其中 k, l 是非负整数.

注 矩阵乘法没有交换律,故

$$(AB)^k = \underbrace{(AB) \cdot (AB) \cdot \cdots \cdot (AB)}_{k\text{个}} \neq A^k B^k.$$

$$(A+B)^2 = A^2 + AB + BA + B^2 \neq A^2 + 2AB + B^2.$$

$$(A-B)^2 = A^2 - BA - AB + B^2 \neq A^2 - 2AB + B^2.$$

$$(A-B)(A+B) = A^2 - BA + AB - B^2 \neq A^2 - B^2.$$

5. 矩阵的转置

将矩阵 $A_{m \times n}$ 的行列互换得到一个 $n \times m$ 矩阵,称为 A 的转置阵,记作 A^T,即设

$$\boldsymbol{A} = \begin{pmatrix} a_{11} & a_{12} & \cdots & a_{1n} \\ a_{21} & a_{22} & \cdots & a_{2n} \\ \vdots & \vdots & & \vdots \\ a_{m1} & a_{m2} & \cdots & a_{mn} \end{pmatrix},$$

则

$$\boldsymbol{A}^{\mathrm{T}} = \begin{pmatrix} a_{11} & a_{21} & \cdots & a_{m1} \\ a_{12} & a_{22} & \cdots & a_{m2} \\ \vdots & \vdots & & \vdots \\ a_{1n} & a_{2n} & \cdots & a_{mn} \end{pmatrix}.$$

矩阵转置的运算性质:

(1) $(\boldsymbol{A}^{\mathrm{T}})^{\mathrm{T}} = \boldsymbol{A}$.

(2) $(k\boldsymbol{A})^{\mathrm{T}} = k\boldsymbol{A}^{\mathrm{T}}$.

(3) $(\boldsymbol{A}+\boldsymbol{B})^{\mathrm{T}} = \boldsymbol{A}^{\mathrm{T}} + \boldsymbol{B}^{\mathrm{T}}$.

(4) $(\boldsymbol{A}\boldsymbol{B})^{\mathrm{T}} = \boldsymbol{B}^{\mathrm{T}}\boldsymbol{A}^{\mathrm{T}}$.

2.2 特殊矩阵

单位矩阵 主对角元为 1,其余元素为零的矩阵,称为单位矩阵,一般记作 $\boldsymbol{E}$ 或 $\boldsymbol{I}$,即

2.2 特殊矩阵

$$E = \begin{pmatrix} 1 & & & \\ & 1 & & \\ & & \ddots & \\ & & & 1 \end{pmatrix}.$$

数量矩阵 主对角元为 k,其余元素为零的矩阵,称为数量矩阵,即 kE.

对角矩阵 主对角元素为 $a_{11}, a_{22}, \cdots, a_{mm}$,其余元素为零的矩阵,称为对角矩阵,记作 Λ,即

$$\Lambda = \begin{pmatrix} a_{11} & & & \\ & a_{22} & & \\ & & \ddots & \\ & & & a_{mm} \end{pmatrix}.$$

上三角矩阵 当 $i > j$ 时,均有 $a_{ij} = 0$ 的矩阵,称为上三角矩阵,即

$$A = \begin{pmatrix} a_{11} & a_{12} & \cdots & a_{1n} \\ & a_{22} & \cdots & a_{2n} \\ & & \ddots & \vdots \\ & & & a_{mn} \end{pmatrix}$$

是上三角矩阵.

下三角矩阵 当 $i<j$ 时,均有 $a_{ij}=0$ 的矩阵,称为下三角矩阵,即

$$A=\begin{pmatrix} a_{11} & & & \\ a_{21} & a_{22} & & \\ \vdots & \vdots & \ddots & \\ a_{n1} & a_{n2} & \cdots & a_{nn} \end{pmatrix}.$$

对称矩阵 A 是 n 阶矩阵,满足条件 $A^{\mathrm{T}}=A$,则称 A 是对称矩阵.

对称矩阵的充要条件 A 是对称矩阵 $\Leftrightarrow a_{ij}=a_{ji}$ $(i=1,2,\cdots,n;\ j=1,2,\cdots,n)$.

反对称矩阵 A 是 n 阶矩阵,满足条件 $A^{\mathrm{T}}=-A$,则称 A 是反对称矩阵.

反对称矩阵的充要条件

A 是反对称矩阵 $\Leftrightarrow \begin{cases} a_{ii}=0 & (i=1,2,\cdots,n), \\ a_{ij}=-a_{ji} & (i=1,2,\cdots,n;\ j=1,2,\cdots,n, i\neq j). \end{cases}$

由 n 阶方阵 A 的元素构成的行列式称为方阵 A 的行列式,记为 $|A|$ 或 $\det A$.

注 方阵和方阵的行列式是两个不同的概念,n 阶方阵是 n^2 个数按一定方

式排成的数表. 而方阵的行列式是由这 n^2 个数按一定的运算法所确定的一个数.

方阵的行列式的运算性质

(1) $|A^{\mathrm{T}}| = |A|$.

(2) $|kA| = k^n |A|$.

(3) $|AB| = |A||B|$.

注 $|A+B| \neq |A|+|B|$.

2.3 逆矩阵

伴随矩阵 设 $A = (a_{ij})_{n \times n}$,则矩阵

$$\begin{pmatrix} A_{11} & A_{21} & \cdots & A_{n1} \\ A_{12} & A_{22} & \cdots & A_{n2} \\ \vdots & \vdots & & \vdots \\ A_{1n} & A_{2n} & \cdots & A_{nn} \end{pmatrix}$$

(其中 A_{ij} 是 A 的元素 a_{ij} 的代数余子式)称为 A 的**伴随矩阵**,并记作 A^*.

可逆矩阵 对 n 阶方阵 A,如果存在 n 阶方阵 B,使得

$$AB = BA = E,$$

其中 E 是单位矩阵. 则称 A 是可逆矩阵, B 是 A 的一个逆矩阵.

可逆矩阵的惟一性 若 A 是可逆矩阵,则其逆矩阵惟一并记为 A^{-1}.

克拉默法则的矩阵表示 克拉默法则的矩阵表达形式为:对线性非齐次方程组 $A_{n\times n}x=b$. 若 A 可逆,则 $A_{n\times n}x=b$ 有惟一解,且 $x=A^{-1}b$.

简单矩阵方程

(1) 若 A 是 n 阶可逆矩阵, B 是任一个 $n\times m$ 矩阵, 则矩阵方程

$$AX = B$$

有惟一解 $X=A^{-1}B$.

(2) 若 A 是 n 阶可逆矩阵 C 是任意的 $m\times n$ 矩阵, 则矩阵方程

$$YA = C$$

有惟一解 $Y=CA^{-1}$.

矩阵可逆的充要条件 n 阶矩阵 A 可逆 $\Leftrightarrow |A|\neq 0$.

求逆公式 当 A 可逆,即若 $|A|\neq 0$ 时,有 $A^{-1}=\dfrac{1}{|A|}A^*$,其中 A^* 是 A 的伴随

矩阵.

奇异矩阵 当 $|A|=0$ 时，A 称为**奇异方阵**，$|A|\neq 0$，则 A 称为**非奇异方阵**.

推论 A 是 n 阶矩阵，若存在 n 阶矩阵 B，使得 $AB=E$，则 A 必可逆，且 $A^{-1}=B$.

可逆方阵的运算性质

(1) A 可逆，则 A^{-1} 可逆，且 $(A^{-1})^{-1}=A$.

(2) A 可逆，$k\neq 0$，则 $(kA)^{-1}=\dfrac{1}{k}A^{-1}$.

(3) A,B 是同阶可逆方阵，则积 AB 亦可逆，且 $(AB)^{-1}=B^{-1}A^{-1}$.

(4) A 可逆，则 A^{T} 亦可逆，且 $(A^{\mathrm{T}})^{-1}=(A^{-1})^{\mathrm{T}}$.

(5) A 可逆，则 $|A^{-1}|=\dfrac{1}{|A|}=|A|^{-1}$.

注 A 可逆，B 可逆，$A+B$ 不一定可逆，且
$$(A+B)^{-1} \neq A^{-1}+B^{-1}.$$

求逆矩阵的主要方法

(1) 利用公式

若 $|A|\neq 0$，则 A 可逆，且

$$A^{-1} = \frac{1}{|A|}A^*.$$

(2) 利用初等变换

$$(A \mid E) \xrightarrow{\text{初等行变换}} (E \mid A^{-1}),$$

即将 $(A|E)$ 进行初等行变换,将 A 化成单位矩阵,则在同样的初等行变换下,右边的单位矩阵化成了 A^{-1}. 或利用

$$\begin{pmatrix} A \\ E \end{pmatrix} \xrightarrow{\text{初等列变换}} \begin{pmatrix} E \\ A^{-1} \end{pmatrix}.$$

(3) 利用定义

对于 A,若存在 B,使得 $AB = E$,则 A 可逆,B 即是 A 的逆矩阵,即 $B = A^{-1}$.

(4) 利用可逆矩阵的运算性质

若 n 阶矩阵 A,B 可逆,则其乘积 AB 可逆,且 $(AB)^{-1} = B^{-1}A^{-1}$.

2.4 初等变换与初等矩阵

初等变换 下面三种变换

(1) 以非零常数 k 乘矩阵的某一行;

(2) 将矩阵的某两行对换位置;

(3) 将矩阵的某一行乘以常数 c 并加到另一行.

称为矩阵的**初等行变换**. 分别称为(1)**倍乘变换**;(2)**对换变换**;(3)**倍加变换**.

同样也可对矩阵的列做上述三种变换,称为矩阵的**初等列变换**.

矩阵的初等行、列变换统称为**初等变换**.

初等矩阵 将单位矩阵做一次初等变换得到的矩阵称为**初等矩阵**.

(1) 单位矩阵的第 i 行(第 i 列)乘 k 倍得到的初等矩阵记作 $E_i(k)$,称为初等**倍乘矩阵**,即

$$E_i(k) = \begin{pmatrix} 1 & & & & & & \\ & \ddots & & & & & \\ & & 1 & & & & \\ & & & k & & & \\ & & & & 1 & & \\ & & & & & \ddots & \\ & & & & & & 1 \end{pmatrix} \begin{matrix} \\ \\ \\ i\text{行} \\ \\ \\ \\ \end{matrix}.$$

i 列

(2) 单位矩阵的第 i 行和第 j 行(也是 i 列与 j 列)互换得到的矩阵记为 $\boldsymbol{E}_{ij}$，称为**对换初等矩阵**，即

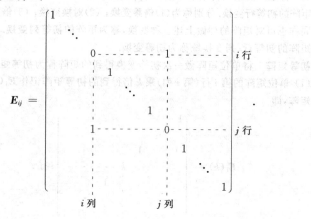

(3) 单位矩阵的第 i 行的 c 倍加到第 j 行(也是第 j 列的 c 倍加到第 i 列)得到的矩阵记为 $\boldsymbol{E}_{ij}(c)$，称为**倍加初等矩阵**，即

$$\boldsymbol{E}_{ij}(c) = \begin{pmatrix} 1 & & & & & & & \\ & \ddots & & & & & & \\ & & 1 & \cdots & \cdots & \cdots & \cdots & i \\ & & & \ddots & & & & \\ & & c & \cdots & 1 & & & j \\ & & & & & \ddots & & \\ & & & & & & 1 \end{pmatrix}.$$

$$\phantom{E_{ij}(c)=} \quad\quad\quad\quad\quad\quad\; i \quad\quad\; j$$

初等矩阵都是可逆矩阵,且

$$\boldsymbol{E}_i(k)^{-1} = \boldsymbol{E}_i\left(\frac{1}{k}\right), \quad \boldsymbol{E}_{ij}^{-1} = \boldsymbol{E}_{ij}, \quad \boldsymbol{E}_{ij}(c)^{-1} = \boldsymbol{E}_{ij}(-c).$$

初等矩阵的作用

(1) 矩阵 $\boldsymbol{A}_{m \times n}$ 的左边乘一个 m 阶初等矩阵相当于对 $\boldsymbol{A}$ 施行一次相应的初等行变换.

(2) 矩阵 $\boldsymbol{A}_{m \times n}$ 的右边乘一个 n 阶初等矩阵相当于对 $\boldsymbol{A}$ 施行一次相应的初等列变换.

(3) 可逆矩阵经过若干次初等行变换后必可化为单位矩阵,即 $A \xrightarrow{\text{初等行变换}} E$.

(4) n 阶矩阵 A 可逆的充分必要条件是 A 可表示成一系列初等矩阵的乘积,即

$$A = P_1 P_2 \cdots P_N \quad \text{其中 } P_i (i=1,2,\cdots,N) \text{ 是初等矩阵}.$$

(5) A 是 $m \times n$ 阶非零阵(假设第 1 列非零),则经过有限次的初等行变换化成如下的**阶梯形矩阵**:

$$\begin{pmatrix} a_{11} & a_{12} & \cdots & a_{1s} & \cdots & a_{1n} \\ 0 & a_{22} & \cdots & a_{2s} & \cdots & a_{2n} \\ \vdots & \vdots & & \vdots & & \vdots \\ 0 & 0 & \cdots & a_{rs} & \cdots & a_{ns} \\ 0 & 0 & \cdots & 0 & \cdots & 0 \\ \vdots & \vdots & & \vdots & & \vdots \\ 0 & 0 & \cdots & 0 & \cdots & 0 \end{pmatrix} = U,$$

即存在初等矩阵 $P_1, P_2, \cdots, P_N$. 使得

$$P_N \cdots P_2 P_1 A = U.$$

2.4 初等变换与初等矩阵

r 阶子式　设 A 是 $m \times n$ 矩阵,在 A 中任取 r 行,任取 r 列,它们的交点元素按原来的位置次序组成的 r 阶行列式称为 A 的一个 r 阶子式.

矩阵的秩　矩阵 A 的不等于零的子式的最高阶数称为 **A 的秩**,记作 $\mathrm{r}(A)$.

初等变换与秩的关系

(1) 初等变换不改变行列式的非零性.

(2) 初等变换不改变矩阵的秩,即 $\mathrm{r}(A_{m \times n}) = \mathrm{r}(P_1 A) = \mathrm{r}(A Q_1) = \mathrm{r}(P_1 A Q_1) = \mathrm{r}(PA) = \mathrm{r}(AQ) = \mathrm{r}(PAQ)$,其中 P_1 为 m 阶初等矩阵,Q_1 为 n 阶初等矩阵,P 是 m 阶可逆矩阵,Q 是 n 阶可逆矩阵.

阶梯形矩阵的秩　阶梯形矩阵的秩等于阶梯的个数.

求秩的方法

(1) 用定义

由小到大,逐个检查各阶子式是否为 0,若 A 的全体元素为零,则 $\mathrm{r}(A) = 0$. 若有非零元素,则 $\mathrm{r}(A) \geqslant 1$. 检查全体二阶子式,若存在一个二阶子式不等于 0,则 $\mathrm{r}(A) \geqslant 2$. 若全体二阶子式全为 0,则 $\mathrm{r}(A) = 1$,…. 若存在一个 r 阶子式不等于零,所有 $r+1$ 子式全为零,则 $\mathrm{r}(A) = r$.

(2) 用初等变换

利用初等变换(行、列变换均可,行、列混合变换也行)化成阶梯形矩阵,阶梯形矩阵中台阶的个数即是矩阵的秩.

等价矩阵 若矩阵 A 经过初等变换化成为 B(即若存在可逆矩阵 P,Q,使得 $PAQ=B$),则称 A 等价于 B(或 A 相抵于 B),记作 $A \cong B$.

矩阵等价的性质

(1) 反身性:$A \cong A$.

(2) 对称性:若 $A \cong B$,则 $B \cong A$.

(3) 传递性:若 $A \cong B, B \cong C$,则 $A \cong C$.

等价标准形

若 A 是 $m \times n$ 矩阵,$r(A)=r$,则

$$A \cong \begin{pmatrix} E_r & 0 \\ 0 & 0 \end{pmatrix} = U,$$

其中 E_r 为 r 阶单位矩阵,即存在 m 阶可逆矩阵 P,n 阶可逆矩阵 Q,使得

$$PAQ = \begin{pmatrix} E_r & 0 \\ 0 & 0 \end{pmatrix} = U.$$

右端矩阵 U 称为 A 的等价标准形(与 A 等价的最简矩阵).

矩阵等价的充要条件

同型矩阵 A,B 等价,即 $A \cong B \Leftrightarrow r(A) = r(B)$.

2.5 分块矩阵

分块矩阵

设 A 是 $m \times n$ 矩阵,在行的方向分成 s 块,列的方向分成 t 块,则称 A 为 $s \times t$ **分块矩阵**,记作 $A_{m \times n} = (A_{kl})_{s \times t}$,其中 A_{kl} $(k=1,2,\cdots,s;\ l=1,2,\cdots,t)$ 称为 A 的子块.

常用分块法

1. 按行分块

$$A_{m \times n} = \begin{pmatrix} a_{11} & a_{12} & \cdots & a_{1n} \\ a_{21} & a_{22} & \cdots & a_{2n} \\ \vdots & \vdots & & \vdots \\ a_{m1} & a_{m2} & \cdots & a_{mn} \end{pmatrix} = \begin{pmatrix} \boldsymbol{\alpha}_1 \\ \boldsymbol{\alpha}_2 \\ \vdots \\ \boldsymbol{\alpha}_m \end{pmatrix},$$

其中 $\boldsymbol{\alpha}_i = (a_{i1}, a_{i2}, \cdots, a_{in})\ (i=1,2,\cdots,m)$.

2. 按列分块

$$A = \begin{pmatrix} a_{11} & a_{12} & \cdots & a_{1n} \\ a_{21} & a_{22} & \cdots & a_{2n} \\ \vdots & \vdots & & \vdots \\ a_{m1} & a_{m2} & \cdots & a_{mn} \end{pmatrix} = (\boldsymbol{\beta}_1, \boldsymbol{\beta}_2, \cdots, \boldsymbol{\beta}_n).$$

其中 $\boldsymbol{\beta}_j = (a_{1j}, a_{2j}, \cdots, a_{mj})^T (j=1,2,\cdots,n)$.

3. 准对角矩阵(对角块矩阵)

$$B = \begin{pmatrix} B_1 & & & \\ & B_2 & & \\ & & \ddots & \\ & & & B_s \end{pmatrix}, \quad C = \begin{pmatrix} & & & C_1 \\ & & C_2 & \\ & \cdots & & \\ C_t & & & \end{pmatrix}.$$

4. 2×2 矩阵

$$A_{m \times n} = \begin{pmatrix} A_1 & A_2 \\ A_3 & A_4 \end{pmatrix}.$$

2.5 分块矩阵

分块矩阵的运算

1. 分块矩阵的加法

设 A, B 是同型矩阵,且分块方法一致,有

$$A = \begin{pmatrix} A_{11} & \cdots & A_{1s} \\ \vdots & & \vdots \\ A_{t1} & \cdots & A_{ts} \end{pmatrix}, \quad B = \begin{pmatrix} B_{11} & \cdots & B_{1s} \\ \vdots & & \vdots \\ B_{t1} & \cdots & B_{ts} \end{pmatrix},$$

则

$$A + B = \begin{pmatrix} A_{11} + B_{11} & \cdots & A_{1s} + B_{1s} \\ \vdots & & \vdots \\ A_{t1} + B_{t1} & \cdots & A_{ts} + B_{ts} \end{pmatrix}.$$

2. 数与分块矩阵的乘法

设 $A = \begin{pmatrix} A_{11} & \cdots & A_{1s} \\ \vdots & & \vdots \\ A_{t1} & \cdots & A_{ts} \end{pmatrix}$, k 是数,则

$$kA = \begin{pmatrix} kA_{11} & \cdots & kA_{1s} \\ \vdots & & \vdots \\ kA_{t1} & \cdots & kA_{ts} \end{pmatrix}.$$

3. 分块阵的乘法

设 A 是 $m \times s$ 矩阵，B 是 $s \times n$ 矩阵，且 A 的列的分法与 B 的行的分法一致，即

$$A = \begin{pmatrix} A_{11} & \cdots & A_{1l} \\ \vdots & & \vdots \\ A_{t1} & \cdots & A_{tl} \end{pmatrix}_{m \times s}, \quad B = \begin{pmatrix} B_{11} & \cdots & B_{1r} \\ \vdots & & \vdots \\ B_{l1} & \cdots & B_{lr} \end{pmatrix}_{s \times n}$$

其中 $A_{i1}, A_{i2}, \cdots, A_{il}$ 的列数分别与 $B_{1j}, B_{2j}, \cdots, B_{lj}$ 的行数相等，则

$$AB = C = \begin{pmatrix} C_{11} & \cdots & C_{1r} \\ \vdots & & \vdots \\ C_{t1} & \cdots & C_{tr} \end{pmatrix},$$

其中 $C_{ij} = \sum_{k=1}^{l} A_{ik} B_{kj} \ (i=1,2,\cdots,t; j=1,2,\cdots,r)$.

4. 分块矩阵的转置

设 $A = \begin{pmatrix} A_{11} & \cdots & A_{1s} \\ \vdots & & \vdots \\ A_{t1} & \cdots & A_{ts} \end{pmatrix}$，则 $A^{\mathrm{T}} = \begin{pmatrix} A_{11}^{\mathrm{T}} & \cdots & A_{t1}^{\mathrm{T}} \\ \vdots & & \vdots \\ A_{1s}^{\mathrm{T}} & \cdots & A_{ts}^{\mathrm{T}} \end{pmatrix}$.

5. 分块矩阵的逆

$A = \begin{pmatrix} A_1 & & & \\ & A_2 & & \\ & & \ddots & \\ & & & A_s \end{pmatrix}$,其中$|A_i| \neq 0, i=1,2,\cdots,s$,则$A$可逆,且

$$A^{-1} = \begin{pmatrix} A_1^{-1} & & & \\ & A_2^{-1} & & \\ & & \ddots & \\ & & & A^{\mathrm{T}} \end{pmatrix}.$$

$B = \begin{pmatrix} & & & B_1 \\ & & B_2 & \\ & \cdots & & \\ B_s & & & \end{pmatrix}$,其中$|B_i| \neq 0, i=1,2,\cdots,s$,则$B$可逆,且

$$B^{-1} = \begin{pmatrix} & & & B_s^{-1} \\ & & B_{s-1}^{-1} & \\ & \cdots & & \\ B_1^{-1} & & & \end{pmatrix}.$$

$A=\begin{pmatrix} B & 0 \\ C & D \end{pmatrix}$，其中 B,D 可逆，则 A 可逆，且 $A^{-1}=\begin{pmatrix} B^{-1} & 0 \\ -D^{-1}CB^{-1} & D^{-1} \end{pmatrix}$. ($A^{-1}=\begin{pmatrix} X & Y \\ Z & W \end{pmatrix}$，利用定义，可求得 X,Y,Z,W，从而求得 A^{-1}.)

6. 分块矩阵的行列式

设 A 是 n 阶矩阵，B 是 m 阶矩阵，则

$$\begin{vmatrix} A & 0 \\ 0 & B \end{vmatrix} = \begin{vmatrix} A & 0 \\ C & B \end{vmatrix} = \begin{vmatrix} A & C \\ 0 & B \end{vmatrix} = |A||B|,$$

$$\begin{vmatrix} 0 & A \\ B & 0 \end{vmatrix} = \begin{vmatrix} A & C \\ 0 & B \end{vmatrix} = \begin{vmatrix} A & 0 \\ C & B \end{vmatrix} = (-1)^{m \times n}|A||B|.$$

当 $m=n$ 时，因 n^2 和 n 有相同的奇偶性，故

$$\begin{vmatrix} 0 & A \\ B & 0 \end{vmatrix} = \begin{vmatrix} A & C \\ 0 & B \end{vmatrix} = \begin{vmatrix} A & 0 \\ C & B \end{vmatrix} = (-1)^{n^2}|A||B| = (-1)^n|A||B|.$$

第 3 章　n 维向量空间

3.1　向量及其线性运算

向量的定义　由数域 P 上的 n 个数组成的一个有序数组 $(a_1, a_2, \cdots, a_n)$ 称为数域 P 上的 n 维向量.其中第 i 个数 a_i 称为该向量的第 i 个分量.一般用希腊字母 $\boldsymbol{\alpha}, \boldsymbol{\beta}, \boldsymbol{\gamma}$ 等表示向量.

$\boldsymbol{\alpha} = (a_1, a_2, \cdots, a_n)$ 称为行向量.

$\boldsymbol{\beta} = (b_1, b_2, \cdots, b_n)^{\mathrm{T}}$ 称为列向量.

$\boldsymbol{0} = (0, 0, \cdots, 0)$ 称为零向量.

$-\boldsymbol{\alpha} = (-a_1, -a_2, \cdots, -a_n)$ 称为 $\boldsymbol{\alpha} = (a_1, a_2, \cdots, a_n)$ 的负向量.

两个向量相等　数域 P 上的同维向量 $\boldsymbol{\alpha} = (a_1, a_2, \cdots, a_n)$,$\boldsymbol{\beta} = (b_1, b_2, \cdots, b_n)$,若对应分量分别相等,即 $a_i = b_i (i = 1, 2, \cdots, n)$,则称 $\boldsymbol{\alpha}$ 和 $\boldsymbol{\beta}$ 相等,记作 $\boldsymbol{\alpha} = \boldsymbol{\beta}$.

向量的线性运算

1. 向量的加法

设两个同维向量 $\boldsymbol{\alpha}=(a_1,a_2,\cdots,a_n),\boldsymbol{\beta}=(b_1,b_2,\cdots,b_n)$,则

$$\boldsymbol{\alpha}+\boldsymbol{\beta}=(a_1+b_1,a_2+b_2,\cdots,a_n+b_n)$$

称为两向量 $\boldsymbol{\alpha},\boldsymbol{\beta}$ 之和.

2. 数与向量的乘法

$$k\boldsymbol{\alpha}=(ka_1,ka_2,\cdots,ka_n)$$

称数 k 和向量 $\boldsymbol{\alpha}$ 的乘法.

向量的加法和数与向量的乘法统称为向量的线性运算.

向量线性运算的性质

(1) $\boldsymbol{\alpha}+\boldsymbol{\beta}=\boldsymbol{\beta}+\boldsymbol{\alpha}$;

(2) $(\boldsymbol{\alpha}+\boldsymbol{\beta})+\boldsymbol{\gamma}=\boldsymbol{\alpha}+(\boldsymbol{\beta}+\boldsymbol{\gamma})$;

(3) $\boldsymbol{\alpha}+\mathbf{0}=\boldsymbol{\alpha}$;

(4) $\boldsymbol{\alpha}+(-\boldsymbol{\alpha})=\mathbf{0}$;

(5) $1\cdot\boldsymbol{\alpha}=\boldsymbol{\alpha}$;

(6) $k(l\boldsymbol{\alpha})=l(k\boldsymbol{\alpha})=(kl)\boldsymbol{\alpha}$;

(7) $k(\boldsymbol{\alpha}+\boldsymbol{\beta})=k\boldsymbol{\alpha}+k\boldsymbol{\beta}$;

(8) $(k+l)\boldsymbol{\alpha}=k\boldsymbol{\alpha}+l\boldsymbol{\alpha}$.

3.2 向量的线性相关性

线性组合 设 $\boldsymbol{\alpha}_1,\boldsymbol{\alpha}_2,\cdots,\boldsymbol{\alpha}_s$ 是数域 P 上的 s 个 n 维向量,$k_1,k_2,\cdots,k_s$ 是数域 P 上的一组数,则称向量

$$k_1\boldsymbol{\alpha}_1+k_2\boldsymbol{\alpha}_2+\cdots+k_s\boldsymbol{\alpha}_s$$

是向量 $\boldsymbol{\alpha}_1,\boldsymbol{\alpha}_2,\cdots,\boldsymbol{\alpha}_s$ 的一个线性组合,其中 $k_1,k_2,\cdots,k_s$ 称为线性组合系数.

线性表示 若向量 $\boldsymbol{\beta}$ 能表示成向量组 $\boldsymbol{\alpha}_1,\boldsymbol{\alpha}_2,\cdots,\boldsymbol{\alpha}_s$ 的一个线性组合,即若有一组数 $k_1,k_2,\cdots,k_s$,使得

$$\boldsymbol{\beta}=k_1\boldsymbol{\alpha}_1+k_2\boldsymbol{\alpha}_2+\cdots+k_s\boldsymbol{\alpha}_s,$$

则称 $\boldsymbol{\beta}$ 可由向量 $\boldsymbol{\alpha}_1,\boldsymbol{\alpha}_2,\cdots,\boldsymbol{\alpha}_s$ 线性表示,其中 $k_1,k_2,\cdots,k_s$ 称为线性表示系数.

线性表示的充分必要条件 向量 $\boldsymbol{\beta}$ 可以由向量组 $\boldsymbol{\alpha}_1,\boldsymbol{\alpha}_2,\cdots,\boldsymbol{\alpha}_s$ 线性表示的充分必要条件是,以 $\boldsymbol{\alpha}_1,\boldsymbol{\alpha}_2,\cdots,\boldsymbol{\alpha}_s$ 为系数列向量,以 $\boldsymbol{\beta}$ 为右端常数项向量的线性非齐次方程组

$$\boldsymbol{\alpha}_1 x_1+\boldsymbol{\alpha}_2 x_2+\cdots+\boldsymbol{\alpha}_s x_s=\boldsymbol{\beta}$$

有解,且方程组的任一解就是线性表示系数.

任一向量均可由基本向量组线性表示 向量组
$$\boldsymbol{\varepsilon}_1 = (1, 0, \cdots, 0),$$
$$\boldsymbol{\varepsilon}_2 = (0, 1, \cdots, 0),$$
$$\vdots$$
$$\boldsymbol{\varepsilon}_n = (0, 0, \cdots, 1),$$

称为 n 维向量的**基本向量组**. 任一 n 维向量 $\boldsymbol{\alpha} = (a_1, a_2, \cdots, a_n)$ 均可由基本向量组 $\boldsymbol{\varepsilon}_1, \boldsymbol{\varepsilon}_2, \cdots, \boldsymbol{\varepsilon}_n$ 线性表示, 即

$$\boldsymbol{\alpha} = a_1 \boldsymbol{\varepsilon}_1 + a_2 \boldsymbol{\varepsilon}_2 + \cdots + a_n \boldsymbol{\varepsilon}_n,$$

且表示法惟一.

向量的线性相关性

线性相关 数域 P 上的 n 维向量组 $\boldsymbol{\alpha}_1, \boldsymbol{\alpha}_2, \cdots, \boldsymbol{\alpha}_s$, 若存在不全为零的数 $k_1, k_2, \cdots, k_s$, 使得

$$k_1 \boldsymbol{\alpha}_1 + k_2 \boldsymbol{\alpha}_2 + \cdots + k_s \boldsymbol{\alpha}_s = \boldsymbol{0}$$

成立, 则称向量组是线性相关的.

线性无关 一个向量组如果不是线性相关的, 则称为是线性无关的. 即若对于任意的不全为零的数 $k_1, k_2, \cdots, k_s$, 都有

$$k_1\boldsymbol{\alpha}_1 + k_2\boldsymbol{\alpha}_2 + \cdots + k_s\boldsymbol{\alpha}_s \neq \boldsymbol{0},$$

则称向量组 $\boldsymbol{\alpha}_1,\boldsymbol{\alpha}_2,\cdots,\boldsymbol{\alpha}_s$ 是线性无关的.

或者说,如果

$$k_1\boldsymbol{\alpha}_1 + k_2\boldsymbol{\alpha}_2 + \cdots + k_s\boldsymbol{\alpha}_s = \boldsymbol{0}$$

当且仅当 $k_1=k_2=\cdots=k_s=0$,则称向量组 $\boldsymbol{\alpha}_1,\boldsymbol{\alpha}_2,\cdots,\boldsymbol{\alpha}_s$ 是线性无关的.

线性相关性的判别定理

定理 1 向量组 $\boldsymbol{\alpha}_1,\boldsymbol{\alpha}_2,\cdots,\boldsymbol{\alpha}_s(s\geqslant 2)$ 线性相关的充分必要条件是 $\boldsymbol{\alpha}_1,\boldsymbol{\alpha}_2,\cdots,\boldsymbol{\alpha}_s$ 中至少有一个向量可以由其余的向量线性表示.

定理 1′ (定理 1 的逆否命题) 向量组 $\boldsymbol{\alpha}_1,\boldsymbol{\alpha}_2,\cdots,\boldsymbol{\alpha}_s(s\geqslant 2)$ 线性无关的充分必要条件是 $\boldsymbol{\alpha}_1,\boldsymbol{\alpha}_2,\cdots,\boldsymbol{\alpha}_s$ 中任一向量均不能由其余向量线性表示.

定理 2 设

$$\boldsymbol{\alpha}_1 = \begin{pmatrix} a_{11} \\ a_{21} \\ \vdots \\ a_{n1} \end{pmatrix}, \quad \boldsymbol{\alpha}_2 = \begin{pmatrix} a_{12} \\ a_{22} \\ \vdots \\ a_{n2} \end{pmatrix}, \quad \cdots, \quad \boldsymbol{\alpha}_s = \begin{pmatrix} a_{1s} \\ a_{2s} \\ \vdots \\ a_{ns} \end{pmatrix},$$

则向量组 $\boldsymbol{\alpha}_1,\boldsymbol{\alpha}_2,\cdots,\boldsymbol{\alpha}_s$ 线性相关的充分必要条件是以 $\boldsymbol{\alpha}_1,\boldsymbol{\alpha}_2,\cdots,\boldsymbol{\alpha}_s$ 为系数列向量

的齐次线性方程组

$$\boldsymbol{\alpha}_1 x_1 + \boldsymbol{\alpha}_2 x_2 + \cdots + \boldsymbol{\alpha}_s x_s = \boldsymbol{0},$$

即

$$\begin{cases} a_{11}x_1 + a_{12}x_2 + \cdots + a_{1s}x_s = 0, \\ a_{21}x_1 + a_{22}x_2 + \cdots + a_{2s}x_s = 0, \\ \vdots \\ a_{n1}x_1 + a_{n2}x_2 + \cdots + a_{ns}x_s = 0, \end{cases}$$

有非零解,且每一个非零解$(x_1, x_2, \cdots, x_s)$即是

$$k_1 \boldsymbol{\alpha}_1 + k_2 \boldsymbol{\alpha}_2 + \cdots + k_s \boldsymbol{\alpha}_s = \boldsymbol{0}$$

的线性组合系数$(k_1, k_2, \cdots, k_s)$.

定理 2′ (定理 2 的逆否命题) 向量组 $\boldsymbol{\alpha}_1, \boldsymbol{\alpha}_2, \cdots, \boldsymbol{\alpha}_s$ 线性无关的充分必要条件是以 $\boldsymbol{\alpha}_1, \boldsymbol{\alpha}_2, \cdots, \boldsymbol{\alpha}_s$ 为系数列向量的齐次线性方程组

$$\boldsymbol{\alpha}_1 x_1 + \boldsymbol{\alpha}_2 x_2 + \cdots + \boldsymbol{\alpha}_s x_s = \boldsymbol{0}$$

只有零解.

定理 3 若向量组 $\boldsymbol{\alpha}_1, \boldsymbol{\alpha}_2, \cdots, \boldsymbol{\alpha}_s$ 线性无关,$\boldsymbol{\alpha}_1, \boldsymbol{\alpha}_2, \cdots, \boldsymbol{\alpha}_s, \boldsymbol{\beta}$ 线性相关,则 $\boldsymbol{\beta}$ 可由 $\boldsymbol{\alpha}_1, \boldsymbol{\alpha}_2, \cdots, \boldsymbol{\alpha}_s$ 线性表示,且表示法惟一.

定理 3′ $\boldsymbol{\beta}$ 可由 $\boldsymbol{\alpha}_1, \boldsymbol{\alpha}_2, \cdots, \boldsymbol{\alpha}_s$ 线性表示,则向量组 $\boldsymbol{\alpha}_1, \boldsymbol{\alpha}_2, \cdots, \boldsymbol{\alpha}_s, \boldsymbol{\beta}$ 线性相关

(定理 1),若表出法惟一,则 $\boldsymbol{\alpha}_1,\boldsymbol{\alpha}_2,\cdots,\boldsymbol{\alpha}_s$ 线性无关.

定理 4　若向量组 $\boldsymbol{\beta}_1,\boldsymbol{\beta}_2,\cdots,\boldsymbol{\beta}_t$ 可由向量组 $\boldsymbol{\alpha}_1,\boldsymbol{\alpha}_2,\cdots,\boldsymbol{\alpha}_s$ 线性表示,且 $t>s$,则 $\boldsymbol{\beta}_1,\boldsymbol{\beta}_2,\cdots,\boldsymbol{\beta}_t$ 线性相关.

定理 4′　若向量组 $\boldsymbol{\beta}_1,\boldsymbol{\beta}_2,\cdots,\boldsymbol{\beta}_t$ 可由向量组 $\boldsymbol{\alpha}_1,\boldsymbol{\alpha}_2,\cdots,\boldsymbol{\alpha}_s$ 线性表示,且 $\boldsymbol{\beta}_1,\boldsymbol{\beta}_2,\cdots,\boldsymbol{\beta}_t$ 线性无关,则 $t\leqslant s$.

线性相关性的一些重要结论

(1) 单个向量 $\boldsymbol{\alpha}\neq\boldsymbol{0}$,线性无关;$\boldsymbol{\alpha}=\boldsymbol{0}$,线性相关.

(2) 几何空间中两个向量 $\boldsymbol{\alpha}_1,\boldsymbol{\alpha}_2$ 线性相关(无关)$\Leftrightarrow\boldsymbol{\alpha}_1=k\boldsymbol{\alpha}_2$ 或 $\boldsymbol{\alpha}_2=l\boldsymbol{\alpha}_1$(不能线性表示)$\Leftrightarrow\boldsymbol{\alpha}_1,\boldsymbol{\alpha}_2$ 共线(不共线).

三个向量 $\boldsymbol{\alpha}_1,\boldsymbol{\alpha}_2,\boldsymbol{\alpha}_3$ 线性相关(无关)$\Leftrightarrow\boldsymbol{\alpha}_1=k_1\boldsymbol{\alpha}_2+l_1\boldsymbol{\alpha}_3$ 或 $\boldsymbol{\alpha}_2=k_2\boldsymbol{\alpha}_1+l_2\boldsymbol{\alpha}_3$ 或 $\boldsymbol{\alpha}_3=k_3\boldsymbol{\alpha}_1+l_3\boldsymbol{\alpha}_2$(均不能线性表示)$\Leftrightarrow\boldsymbol{\alpha}_1,\boldsymbol{\alpha}_2,\boldsymbol{\alpha}_3$ 共面(不共面).

(3) $\boldsymbol{\alpha}_1,\boldsymbol{\alpha}_2,\cdots,\boldsymbol{\alpha}_s$ 线性相关,则增加向量 $\boldsymbol{\alpha}_{s+1}$,即 $\boldsymbol{\alpha}_1,\boldsymbol{\alpha}_2,\cdots,\boldsymbol{\alpha}_s,\boldsymbol{\alpha}_{s+1}$ 线性相关(反之不成立).$\boldsymbol{\alpha}_1,\boldsymbol{\alpha}_2,\cdots,\boldsymbol{\alpha}_s$ 线性无关,则减少向量 $\boldsymbol{\alpha}_1,\boldsymbol{\alpha}_2,\cdots,\boldsymbol{\alpha}_{s-1}$ 线性无关(反之不成立).

(4) 向量组 $\{\boldsymbol{\alpha}_i|\boldsymbol{\alpha}_i=(a_{i1},a_{i2},\cdots,a_{in}),i=1,2,\cdots,s\}$ 线性相关,则其减少维数的缩短组 $\{\boldsymbol{\beta}_i|\boldsymbol{\beta}_i=(a_{i1},a_{i2},\cdots,a_{i,n-1}),i=1,2,\cdots,s\}$ 线性相关(反之不成立).向量组 $\{\boldsymbol{\alpha}_i|\boldsymbol{\alpha}_i=(a_{i1},a_{i2},\cdots,a_{in}),i=1,2,\cdots,s\}$ 线性无关,则其增加维数的延伸组 $\{\boldsymbol{\beta}_i|\boldsymbol{\beta}_i=$

$(a_{i1}, a_{i2}, \cdots, a_{in}, a_{i,n+1}), i=1,2,\cdots,s\}$ 线性无关(反之不成立).

(5) n 个 n 维向量 $\boldsymbol{\alpha}_1, \boldsymbol{\alpha}_2, \cdots, \boldsymbol{\alpha}_n$ 线性相关(无关)$\Leftrightarrow \boldsymbol{\alpha}_1 x_1 + \boldsymbol{\alpha}_2 x_2 + \cdots + \boldsymbol{\alpha}_n x_n = \boldsymbol{0}$ 有非零解(只有零解)$\Leftrightarrow |\boldsymbol{A}| = |\boldsymbol{\alpha}_1, \boldsymbol{\alpha}_2, \cdots, \boldsymbol{\alpha}_n| = 0 (\neq 0) \Leftrightarrow \boldsymbol{A}$ 不可逆($\boldsymbol{A}$ 可逆).

(6) $n+1$ 个 n 维向量必线性相关

(7) $\boldsymbol{A}_{m \times n}(m < n)$，$\boldsymbol{A}$ 的列向量组线性相关.

(8) n 个 n 维向量 $\boldsymbol{\alpha}_1, \boldsymbol{\alpha}_2, \cdots, \boldsymbol{\alpha}_n$ 线性无关，则任意一个 n 维向量均可由 $\boldsymbol{\alpha}_1$, $\boldsymbol{\alpha}_2, \cdots, \boldsymbol{\alpha}_n$ 线性表示,且表示法惟一.

3.3 极大线性无关组、向量组的秩

极大线性无关组 向量组 $\boldsymbol{\alpha}_1, \boldsymbol{\alpha}_2, \cdots, \boldsymbol{\alpha}_s$，若存在部分组 $\boldsymbol{\alpha}_{i1}, \boldsymbol{\alpha}_{i2}, \cdots, \boldsymbol{\alpha}_{ir}$ 线性无关，$\boldsymbol{\alpha}_1, \boldsymbol{\alpha}_2, \cdots, \boldsymbol{\alpha}_s$ 中任一向量均可由 $\boldsymbol{\alpha}_{i1}, \boldsymbol{\alpha}_{i2}, \cdots, \boldsymbol{\alpha}_{ir}$ 线性表示，则称 $\boldsymbol{\alpha}_{i1}, \boldsymbol{\alpha}_{i2}, \cdots, \boldsymbol{\alpha}_{ir}$ 是向量组 $\boldsymbol{\alpha}_1, \boldsymbol{\alpha}_2, \cdots, \boldsymbol{\alpha}_s$ 的极大线性无关组.

或向量组 $\boldsymbol{\alpha}_1, \boldsymbol{\alpha}_2, \cdots, \boldsymbol{\alpha}_s$ 的部分组 $\boldsymbol{\alpha}_{i1}, \boldsymbol{\alpha}_{i2}, \cdots, \boldsymbol{\alpha}_{ir}$ 线性无关，再添加进组中的任一向量 $\boldsymbol{\alpha}_j$ (如果还有的话)都线性相关，则称 $\boldsymbol{\alpha}_{i1}, \boldsymbol{\alpha}_{i2}, \cdots, \boldsymbol{\alpha}_{ir}$ 是向量组 $\boldsymbol{\alpha}_1, \boldsymbol{\alpha}_2, \cdots, \boldsymbol{\alpha}_s$ 的极大线性无关组.

只有零向量构成的向量组设有极大无关组.

一个线性无关向量组的极大线性无关组就是向量组本身.

向量组的秩 向量组 $\alpha_1, \alpha_2, \cdots, \alpha_s$ 中极大线性无关组向量的个数,称为向量组的秩,记为 $r(\alpha_1, \alpha_2, \cdots, \alpha_s)$.

等价向量组 若向量组(Ⅰ)$\alpha_1, \alpha_2, \cdots, \alpha_s$ 中任一向量都可由向量组(Ⅱ)$\beta_1, \beta_2, \cdots, \beta_t$ 线性表示,则称向量组(Ⅰ)可由向量组(Ⅱ)线性表示.若向量组(Ⅰ),(Ⅱ)可以相互表示,则称这两个向量组等价,记作(Ⅰ)≅(Ⅱ).

有关等价向量组的一些重要结论

(1) 向量组的等价关系具有反身性,对称性和传递性,设向量组(Ⅰ)$\alpha_1, \cdots, \alpha_s$,(Ⅱ) $\beta_1, \cdots, \beta_t$,(Ⅲ) $\gamma_1, \gamma_2, \cdots, \gamma_p$,则①(Ⅰ)≅(Ⅰ).②若(Ⅰ)≅(Ⅱ)⇒(Ⅱ)≅(Ⅰ).③若(Ⅰ)≅(Ⅱ),(Ⅱ)≅(Ⅲ)⇒(Ⅰ)≅(Ⅲ).

(2) 任一向量组与其极大线性无关组等价.

(3) 向量组的极大无关组不惟一,同一个向量组的两个极大无关组等价,且向量个数相同.

(4) 两个线性无关向量组等价,则它们的向量个数相同.

(5) 等价向量组等秩,即对于(Ⅰ)$\alpha_1, \alpha_2, \cdots, \alpha_s$,(Ⅱ)$\beta_1, \beta_2, \cdots, \beta_t$,若(Ⅰ)≅(Ⅱ)⇒$r(Ⅰ) = r(Ⅱ)$.反之不成立.

向量组的秩和矩阵的关系

(1) 矩阵的行秩,列秩:矩阵 $A_{m\times n}$ 按列分块,$A=(\alpha_1,\alpha_2,\cdots,\alpha_n)$,则 $r(\alpha_1,\alpha_2,\cdots,\alpha_n)$ 称为 A 的列(向量组的)秩;按行分块,$A=\begin{pmatrix}\beta_1\\\beta_2\\\vdots\\\beta_m\end{pmatrix}$,则 $r(\beta_1,\beta_2,\cdots,\beta_m)$ 称为 A 的行秩.

(2) 三秩相等:设 $A_{m\times n}$,则 $r(A)=A$ 的行秩 $=A$ 的列秩.

(3) 被表示的向量秩小:向量组(Ⅰ)$\alpha_1,\alpha_2,\cdots,\alpha_s$ 可被向量组(Ⅱ)$\beta_1,\beta_2,\cdots,\beta_t$ 线性表示,则

$$r(\alpha_1,\alpha_2,\cdots,\alpha_s)\leqslant r(\beta_1,\beta_2,\cdots,\beta_t).$$

(4) 初等变换不改变矩阵的秩.

(5) A,B 是同型矩阵,则 $A\cong B\Leftrightarrow r(A)=r(B)$.

(6) 向量组(Ⅰ)$\cong$(Ⅱ)$\Rightarrow$r(Ⅰ)$=$r(Ⅱ),反之不成立.

矩阵秩的重要公式

(1) $A_{m\times n}$,则 $r(A)\leqslant m$;$r(A)\leqslant n$;$r(A)\geqslant 0$.

(2) $r(A)=r(A^T)$.

(3) $r(A+B) \leqslant r(A)+r(B)$.

(4) $r(kA) = \begin{cases} r(A), & k \neq 0, \\ 0, & k = 0. \end{cases}$

(5) $r(AB) \leqslant r(A)$,当 B 可逆,或 B 的行向量线性无关时,等号成立;$r(AB) \leqslant r(B)$,当 A 可逆或 A 的列向量组线性无关时,等号成立.

(6) $A_{m \times n}, B_{n \times s}$,则 $r(AB) \geqslant r(A)+r(B)-n$.

(7) 若 $A_{m \times n}, B_{n \times s}$,且 $AB = 0$,则 $r(A)+r(B) \leqslant n$.

向量组的极大线性无关组,向量组秩的求法

方法1:将向量组处理成行向量,且合并成矩阵 A,对 A 做初等行变换,且化成阶梯形矩阵,不妨设

$$A = \begin{pmatrix} \boldsymbol{\alpha}_1 \\ \boldsymbol{\alpha}_2 \\ \vdots \\ \boldsymbol{\alpha}_s \end{pmatrix} \xrightarrow{\text{初等行变换}} \begin{pmatrix} b_{11} & b_{12} & \cdots & b_{1r} & b_{1r+1} & \cdots & b_{1n} \\ 0 & b_{22} & \cdots & b_{2r} & b_{2r+1} & \cdots & b_{2n} \\ \vdots & \vdots & \ddots & \vdots & \vdots & & \vdots \\ 0 & 0 & \cdots & b_{rr} & b_{rr+1} & \cdots & b_{rn} \\ 0 & 0 & \cdots & 0 & 0 & \cdots & 0 \\ \vdots & \vdots & & \vdots & \vdots & & \vdots \\ 0 & 0 & \cdots & 0 & 0 & \cdots & 0 \end{pmatrix} = \begin{pmatrix} \boldsymbol{\beta}_1 \\ \boldsymbol{\beta}_2 \\ \vdots \\ \boldsymbol{\beta}_r \\ \boldsymbol{\beta}_{r+1} \\ \vdots \\ \boldsymbol{\beta}_s \end{pmatrix},$$

则

(1) 向量组 $\alpha_1, \alpha_2, \cdots, \alpha_s$ 与 $\beta_1, \beta_2, \cdots, \beta_s$ 可以相互表示,是等价向量组,等价向量组等秩,从而 $\alpha_1, \alpha_2, \cdots, \alpha_s$ 与 $\beta_1, \beta_2, \cdots, \beta_s$ 有相同的线性相关性.

(2) 阶梯形向量 $\beta_1, \beta_2, \cdots, \beta_r$ 线性无关($\beta_j = 0, j = r+1, \cdots, s$),是 $\beta_1, \beta_2, \cdots, \beta_s$ 的极大线性无关组. 设 $\beta_1, \beta_2, \cdots, \beta_r$ 可由 $\alpha_{i1}, \alpha_{i2}, \cdots, \alpha_{ir}$ 线性表示,则 $\alpha_{i1}, \alpha_{i2}, \cdots, \alpha_{ir}$ 和 $\beta_1, \beta_2, \cdots, \beta_r$ 也是等价向量,$\alpha_{i1}, \alpha_{i2}, \cdots, \alpha_{ir}$ 是 $\alpha_1, \alpha_2, \cdots, \alpha_s$ 的极大线性无关组,$r(\alpha_1, \alpha_2, \cdots, \alpha_s) = r$.

(3) $\beta_j (k = r+1, r+2, \cdots, s)$ 是零向量(若存在),若
$$\beta_j = k_1 \alpha_{i1} + k_2 \alpha_{i2} + \cdots + k_r \alpha_{ir} + k_{r+1} \alpha_l = \mathbf{0}$$

则 $\qquad \alpha_l = -\dfrac{1}{k_{r+1}}(k_1 \alpha_{i1} + k_2 \alpha_{i2} + \cdots + k_r \alpha_{ir})(k_{r+1} \neq 0).$

例 已知 $\alpha_1 = (1, -1, 2, 4)^T, \alpha_2 = (0, 3, 1, 2)^T, \alpha_3 = (3, 0, 7, 14)^T, \alpha_4 = (2, 1, 5, 10)^T, \alpha_5 = (1, -2, 2, 0)^T$. 求 $\alpha_1, \alpha_2, \alpha_3, \alpha_4, \alpha_5$ 的极大线性无关组和秩,并将其余向量由极大线性无关组线性表示.

解 将 $\alpha_1, \alpha_2, \alpha_3, \alpha_4, \alpha_5$ 处理成行向量,合并成矩阵,做初等行变换,并记下所做变换,化成阶梯形矩阵.

$$\begin{pmatrix}\boldsymbol{\alpha}_1\\\boldsymbol{\alpha}_2\\\boldsymbol{\alpha}_3\\\boldsymbol{\alpha}_4\\\boldsymbol{\alpha}_5\end{pmatrix}=\begin{pmatrix}1&-1&2&4\\0&3&1&2\\3&0&7&14\\2&1&5&10\\1&-2&2&0\end{pmatrix}\longrightarrow\begin{pmatrix}1&-1&2&4\\0&3&1&2\\0&3&1&2\\0&3&1&2\\0&-1&0&-4\end{pmatrix}=\begin{pmatrix}\boldsymbol{\alpha}_1\\\boldsymbol{\alpha}_2\\\boldsymbol{\alpha}_3-3\boldsymbol{\alpha}_1\\\boldsymbol{\alpha}_4-2\boldsymbol{\alpha}_1\\\boldsymbol{\alpha}_5-\boldsymbol{\alpha}_1\end{pmatrix}$$

$$\longrightarrow\begin{pmatrix}1&-1&2&4\\0&3&1&2\\0&0&1&-10\\0&0&0&0\\0&0&0&0\end{pmatrix}=\begin{pmatrix}\boldsymbol{\alpha}_1\\\boldsymbol{\alpha}_2\\3(\boldsymbol{\alpha}_5-\boldsymbol{\alpha}_1)+\boldsymbol{\alpha}_2\\\boldsymbol{\alpha}_3-3\boldsymbol{\alpha}_1-\boldsymbol{\alpha}_2\\\boldsymbol{\alpha}_4-2\boldsymbol{\alpha}_1-\boldsymbol{\alpha}_2\end{pmatrix}\xlongequal{\text{记作}}\begin{pmatrix}\boldsymbol{\beta}_1\\\boldsymbol{\beta}_2\\\boldsymbol{\beta}_3\\\boldsymbol{\beta}_4\\\boldsymbol{\beta}_5\end{pmatrix}.$$

$\boldsymbol{\beta}_1,\boldsymbol{\beta}_2,\boldsymbol{\beta}_3,\boldsymbol{\beta}_4,\boldsymbol{\beta}_5$ 中极大无关组是 $\boldsymbol{\beta}_1,\boldsymbol{\beta}_2,\boldsymbol{\beta}_3$,$r(\boldsymbol{\beta}_1,\boldsymbol{\beta}_2,\cdots,\boldsymbol{\beta}_5)=3$,故 $\boldsymbol{\alpha}_1,\boldsymbol{\alpha}_2,\boldsymbol{\alpha}_3$,$\boldsymbol{\alpha}_4,\boldsymbol{\alpha}_5$ 的极大无关组是 $\boldsymbol{\alpha}_1,\boldsymbol{\alpha}_2,\boldsymbol{\alpha}_5$,$r(\boldsymbol{\alpha}_1,\boldsymbol{\alpha}_2,\boldsymbol{\alpha}_3,\boldsymbol{\alpha}_4,\boldsymbol{\alpha}_5)=3$,$\boldsymbol{\beta}_4=\boldsymbol{\alpha}_3-3\boldsymbol{\alpha}_1-\boldsymbol{\alpha}_2=\boldsymbol{0}$,$\boldsymbol{\alpha}_3=3\boldsymbol{\alpha}_1+\boldsymbol{\alpha}_2$,$\boldsymbol{\beta}_5=\boldsymbol{\alpha}_4-2\boldsymbol{\alpha}_1-\boldsymbol{\alpha}_2=\boldsymbol{0}$,$\boldsymbol{\alpha}_4=2\boldsymbol{\alpha}_1+\boldsymbol{\alpha}_2$.

方法 2:将向量组处理成列向量组,合并成矩阵,做初等行变换,化成阶梯形矩阵,设

$$\boldsymbol{A}=(\boldsymbol{\alpha}_1,\boldsymbol{\alpha}_2,\cdots,\boldsymbol{\alpha}_s)\longrightarrow\boldsymbol{B}=(\boldsymbol{\beta}_1,\boldsymbol{\beta}_2,\cdots,\boldsymbol{\beta}_s),$$

则

(1) $\boldsymbol{\alpha}_1, \boldsymbol{\alpha}_2, \cdots, \boldsymbol{\alpha}_s$ 与 $\boldsymbol{\beta}_1, \boldsymbol{\beta}_2, \cdots, \boldsymbol{\beta}_s$ 具有相同的线性相关性(方程组$(\boldsymbol{\alpha}_1, \boldsymbol{\alpha}_2, \cdots, \boldsymbol{\alpha}_s)\boldsymbol{X}=\boldsymbol{0}$ 与 $(\boldsymbol{\beta}_1, \boldsymbol{\beta}_2, \cdots, \boldsymbol{\beta}_s)\boldsymbol{X}=\boldsymbol{0}$ 是同解方程组).

(2) $\boldsymbol{\alpha}_1, \boldsymbol{\alpha}_2, \cdots, \boldsymbol{\alpha}_s$ 与 $\boldsymbol{\beta}_1, \boldsymbol{\beta}_2, \cdots, \boldsymbol{\beta}_s$ 中任何对应的列向量组具有相同的线性相关性(对应的列向量组组成的齐次方程组是同解方程组).

(3) 若 $\boldsymbol{\beta}_i$ 可由 $\boldsymbol{\beta}_{i1}, \boldsymbol{\beta}_{i2}, \cdots, \boldsymbol{\beta}_{ir}$ 线性表出,则 $\boldsymbol{\alpha}_i$ 可由 $\boldsymbol{\alpha}_{i1}, \boldsymbol{\alpha}_{i2}, \cdots, \boldsymbol{\alpha}_{ir}$ 线性表示. $((\boldsymbol{\beta}_{i1}, \boldsymbol{\beta}_{i2}, \cdots, \boldsymbol{\beta}_{ir})\boldsymbol{X}=\boldsymbol{\beta}_i$ 与 $(\boldsymbol{\alpha}_{i1}, \boldsymbol{\alpha}_{i2}, \cdots, \boldsymbol{\alpha}_{ir})\boldsymbol{X}=\boldsymbol{\alpha}_i$ 是同解方程组).

(4) $\boldsymbol{\beta}_{i1}, \boldsymbol{\beta}_{i2}, \cdots, \boldsymbol{\beta}_{ir}$ 是 $\boldsymbol{\beta}_1, \boldsymbol{\beta}_2, \cdots, \boldsymbol{\beta}_s$ 的极大无关组,则 $\boldsymbol{\alpha}_{i1}, \boldsymbol{\alpha}_{i2}, \cdots, \boldsymbol{\alpha}_{ir}$ 是 $\boldsymbol{\alpha}_1, \boldsymbol{\alpha}_2, \cdots, \boldsymbol{\alpha}_s$ 的极大线性无关组.

3.4 向量空间

向量空间 实数域上的全体 n 维向量,定义加法和数乘(普通加法和数乘),且加法满足

(1) $\boldsymbol{\alpha}+\boldsymbol{\beta}=\boldsymbol{\beta}+\boldsymbol{\alpha}$(交换律);

(2) $(\boldsymbol{\alpha}+\boldsymbol{\beta})+\boldsymbol{\gamma}=\boldsymbol{\alpha}+(\boldsymbol{\beta}+\boldsymbol{\gamma})$(结合律);

(3) 存在零向量 $\boldsymbol{0}$,对任意向量 $\boldsymbol{\alpha}$,有 $\boldsymbol{\alpha}+\boldsymbol{0}=\boldsymbol{\alpha}$;

3.4 向量空间

(4) 对任一向量 $\boldsymbol{\alpha}$,存在负向量,记作 $-\boldsymbol{\alpha}$,使得 $\boldsymbol{\alpha}+(-\boldsymbol{\alpha})=\mathbf{0}$.

数乘满足:

(5) $1\boldsymbol{\alpha}=\boldsymbol{\alpha}$;

(6) $k(l\boldsymbol{\alpha})=kl\boldsymbol{\alpha}$ (结合律);

(7) $k(\boldsymbol{\alpha}+\boldsymbol{\beta})=k\boldsymbol{\alpha}+k\boldsymbol{\beta}$ (分配律);

(8) $(k+l)\boldsymbol{\alpha}=k\boldsymbol{\alpha}+l\boldsymbol{\alpha}$ (分配律).

则称为实数域上的 n 维向量空间. 记作 $\mathbb{R}^n$.

向量空间的基 在 $\mathbb{R}^n$ 中,若存在一组有序向量组 $\boldsymbol{\xi}_1,\boldsymbol{\xi}_2,\cdots,\boldsymbol{\xi}_n$,满足(1) $\boldsymbol{\xi}_1,\boldsymbol{\xi}_2,\cdots,\boldsymbol{\xi}_n$ 线性无关;(2)对任意的 $\boldsymbol{\alpha}\in\mathbb{R}^n$,均可由 $\boldsymbol{\xi}_1,\boldsymbol{\xi}_2,\cdots,\boldsymbol{\xi}_n$ 线性表示,则称 $\boldsymbol{\xi}_1,\boldsymbol{\xi}_2,\cdots,\boldsymbol{\xi}_n$ 是 $\mathbb{R}^n$ 的一组**基**. 称 $\boldsymbol{\varepsilon}_1=(1,0,\cdots,0),\boldsymbol{\varepsilon}_2=(0,1,0,\cdots,0),\cdots,\boldsymbol{\varepsilon}_n=(0,0,\cdots,1)$ 为 $\mathbb{R}^n$ 的**自然基**.

向量空间的维数 向量空间中基向量的个数称为向量空间 $\mathbb{R}^n$ 的**维数**.

向量在某组基下的坐标 设 $\boldsymbol{\alpha}$ 在基 $\boldsymbol{\xi}_1,\boldsymbol{\xi}_2,\cdots,\boldsymbol{\xi}_n$ 下的表达式为
$$\boldsymbol{\alpha}=a_1\boldsymbol{\xi}_1+a_2\boldsymbol{\xi}_2+\cdots+a_n\boldsymbol{\xi}_n,$$
则称 $(a_1,a_2,\cdots,a_n)$ 是 $\boldsymbol{\alpha}$ 在基 $\boldsymbol{\xi}_1,\boldsymbol{\xi}_2,\cdots,\boldsymbol{\xi}_n$ 下的**坐标**.

注 向量与向量在某组基下的坐标不是一回事,向量只有在自然基 $\boldsymbol{\varepsilon}_i=$

$(0,\cdots,0,1,0,\cdots 0)(i=1,2,\cdots,n)$ 下与其坐标在数值上相等,但意义也是不同的.

子空间 设 $V \subset \mathbb{R}^n$,对任意的 $\boldsymbol{\alpha}, \boldsymbol{\beta} \in V$, k 是实数,满足
$$k\boldsymbol{\alpha} \in V, \quad \boldsymbol{\alpha} + \boldsymbol{\beta} \in V.$$
则称 V 是 $\mathbb{R}^n$ 的子空间.

类似地,可定义子空间的基、维数、坐标的概念.

基变换公式 设 $\boldsymbol{\xi}_1, \boldsymbol{\xi}_2, \cdots, \boldsymbol{\xi}_n$ 是 $\mathbb{R}^n$ 中的一组基,$\boldsymbol{\eta}_1, \boldsymbol{\eta}_2, \cdots, \boldsymbol{\eta}_n$ 是 $\mathbb{R}^n$ 中的 n 个向量,且有关系

$$(\boldsymbol{\eta}_1, \boldsymbol{\eta}_2, \cdots, \boldsymbol{\eta}_n) = (\boldsymbol{\xi}_1, \boldsymbol{\xi}_2, \cdots, \boldsymbol{\xi}_n) \begin{bmatrix} c_{11} & c_{12} & \cdots & c_{1n} \\ c_{21} & c_{12} & \cdots & c_{2n} \\ \vdots & \vdots & & \vdots \\ c_{n1} & c_{n2} & \cdots & c_{nn} \end{bmatrix}$$

$$= (\boldsymbol{\xi}_1, \boldsymbol{\xi}_2, \cdots, \boldsymbol{\xi}_n) \boldsymbol{C}. \tag{$*$}$$

其中 $\boldsymbol{C}$ 的第 i 列是 $\boldsymbol{\eta}_i$ 在基 $\boldsymbol{\xi}_1, \boldsymbol{\xi}_2, \cdots, \boldsymbol{\xi}_n$ 下的坐标列向量.

则 $\boldsymbol{\eta}_1, \boldsymbol{\eta}_2, \cdots, \boldsymbol{\eta}_n$ 也是 $\mathbb{R}^n$ 的一组基的充分必要条件是 $\boldsymbol{C}$ 可逆. 当 $\boldsymbol{C}$ 可逆时,$\boldsymbol{\eta}_1, \boldsymbol{\eta}_2, \cdots, \boldsymbol{\eta}_n$ 也是 $\mathbb{R}^n$ 的一组基,($*$)式称为**基变换公式**,$\boldsymbol{C}$ 称为由基 $\boldsymbol{\xi}_1, \boldsymbol{\xi}_2, \cdots, \boldsymbol{\xi}_n$ 到基 $\boldsymbol{\eta}_1, \boldsymbol{\eta}_2, \cdots, \boldsymbol{\eta}_n$ 的**过渡矩阵**.

坐标变换公式 设 $\boldsymbol{\alpha} \in \mathbb{R}^n$，$\boldsymbol{\alpha}$ 在基 $\boldsymbol{\xi}_1, \boldsymbol{\xi}_2, \cdots, \boldsymbol{\xi}_n$ 下的坐标为 $\boldsymbol{X} = (x_1, x_2, \cdots, x_n)^T$. 在基 $\boldsymbol{\eta}_1, \boldsymbol{\eta}_2, \cdots, \boldsymbol{\eta}_n$ 下的坐标为 $\boldsymbol{Y} = (y_1, y_2, \cdots, y_n)^T$，由 $\boldsymbol{\xi}_1, \boldsymbol{\xi}_2, \cdots, \boldsymbol{\xi}_n$ 到 $\boldsymbol{\eta}_1, \boldsymbol{\eta}_2, \cdots, \boldsymbol{\eta}_n$ 的过渡矩阵是 $\boldsymbol{C}$，即

$$\boldsymbol{\alpha} = (\boldsymbol{\xi}_1, \boldsymbol{\xi}_2, \cdots, \boldsymbol{\xi}_n)\boldsymbol{X} = (\boldsymbol{\eta}_1, \boldsymbol{\eta}_2, \cdots, \boldsymbol{\eta}_n)\boldsymbol{Y} = (\boldsymbol{\xi}_1, \boldsymbol{\xi}_2, \cdots, \boldsymbol{\xi}_n)\boldsymbol{C}\boldsymbol{Y},$$

得 $\qquad \boldsymbol{X} = \boldsymbol{C}\boldsymbol{Y} \quad$ 或 $\quad \boldsymbol{Y} = \boldsymbol{C}^{-1}\boldsymbol{X}.$

该式称为坐标变换公式.

3.5 向量的内积

向量的内积 设 n 维向量 $\boldsymbol{\alpha} = (a_1, a_2, \cdots, a_n)$，$\boldsymbol{\beta} = (b_1, b_2, \cdots, b_n)$. 则 $\boldsymbol{\alpha}, \boldsymbol{\beta}$ 的内积记作 $(\boldsymbol{\alpha}, \boldsymbol{\beta})$，且定义为

$$(\boldsymbol{\alpha}, \boldsymbol{\beta}) = \boldsymbol{\alpha}\boldsymbol{\beta}^T = \sum_{i=1}^{n} a_i b_i = a_1 b_1 + a_2 b_2 + \cdots + a_n b_n.$$

内积的性质

(1) 对称性：$(\boldsymbol{\alpha}, \boldsymbol{\beta}) = (\boldsymbol{\beta}, \boldsymbol{\alpha})$.

(2) 线性性：$(\boldsymbol{\alpha} + \boldsymbol{\beta}, \boldsymbol{\gamma}) = (\boldsymbol{\alpha}, \boldsymbol{\gamma}) + (\boldsymbol{\beta}, \boldsymbol{\gamma})$；$(k\boldsymbol{\alpha}, \boldsymbol{\beta}) = (\boldsymbol{\alpha}, k\boldsymbol{\beta}) = k(\boldsymbol{\alpha}, \boldsymbol{\beta})$.

(3) 正定性:$(\boldsymbol{\alpha},\boldsymbol{\alpha})\geqslant 0$,当且仅当 $\boldsymbol{\alpha}=\boldsymbol{0}$ 时,等号成立.

向量的长度

向量 $\boldsymbol{\alpha}$ 的长度记作 $\|\boldsymbol{\alpha}\|$,且定义为

$$\|\boldsymbol{\alpha}\| = \sqrt{(\boldsymbol{\alpha},\boldsymbol{\alpha})},$$

显然 $\boldsymbol{\alpha}=\boldsymbol{0} \Leftrightarrow \|\boldsymbol{\alpha}\|=0$.

两向量间的夹角

两向量 $\boldsymbol{\alpha},\boldsymbol{\beta}$ 之间的夹角记作 $\langle\boldsymbol{\alpha},\boldsymbol{\beta}\rangle$,且定义为

$$\langle\boldsymbol{\alpha},\boldsymbol{\beta}\rangle = \arccos\frac{(\boldsymbol{\alpha},\boldsymbol{\beta})}{\|\boldsymbol{\alpha}\|\|\boldsymbol{\beta}\|},$$

即

$$\cos\langle\boldsymbol{\alpha},\boldsymbol{\beta}\rangle = \frac{(\boldsymbol{\alpha},\boldsymbol{\beta})}{\|\boldsymbol{\alpha}\|\|\boldsymbol{\beta}\|}.$$

显然 $\cos\langle\boldsymbol{\alpha},\boldsymbol{\beta}\rangle=0 \Leftrightarrow \langle\boldsymbol{\alpha},\boldsymbol{\beta}\rangle=\frac{\pi}{2}$(称为向量 $\boldsymbol{\alpha},\boldsymbol{\beta}$ 正交)$\Leftrightarrow (\boldsymbol{\alpha},\boldsymbol{\beta})=0 \Leftrightarrow \boldsymbol{\alpha},\boldsymbol{\beta}$ 相互正交.

柯西-施瓦茨(Cauchy-Schwarz)不等式

$$|(\boldsymbol{\alpha},\boldsymbol{\beta})| \leqslant \|\boldsymbol{\alpha}\|\|\boldsymbol{\beta}\|.$$

三角形不等式

$$\|\boldsymbol{\alpha}+\boldsymbol{\beta}\| \leqslant \|\boldsymbol{\alpha}\| + \|\boldsymbol{\beta}\|.$$

欧氏空间

定义了内积运算的实 n 维向量空间称为 n 维欧几里得空间(简称欧氏空间),仍记作 $\mathbb{R}^n$.

3.6 标准正交基、正交阵

标准正交基 设 $\boldsymbol{\alpha}_1,\boldsymbol{\alpha}_2,\cdots,\boldsymbol{\alpha}_n \in \mathbb{R}^n$,且满足

$$(\boldsymbol{\alpha}_i,\boldsymbol{\alpha}_j) = \begin{cases} 1, & i=j, \\ 0, & i \neq j, \end{cases} \quad i,j=1,2,\cdots,n,$$

则称 $\{\boldsymbol{\alpha}_1,\boldsymbol{\alpha}_2,\cdots,\boldsymbol{\alpha}_n\}$ 是 $\mathbb{R}^n$ 的一组标准正交基.

两两正交的非零向量正交必线性无关 $\mathbb{R}^n$ 中两两正交且不含零向量的向量组 $\boldsymbol{\alpha}_1,\boldsymbol{\alpha}_2,\cdots,\boldsymbol{\alpha}_n$ 是线性无关的(反之不成立).

施密特(Schmidt)正交化方法

(1) 设 $\boldsymbol{\alpha}_1,\boldsymbol{\alpha}_2,\cdots,\boldsymbol{\alpha}_s$ 线性无关,若取

$$\boldsymbol{\beta}_1 = \boldsymbol{\alpha}_1,$$

$$\boldsymbol{\beta}_2 = \boldsymbol{\alpha}_2 - \frac{(\boldsymbol{\alpha}_2, \boldsymbol{\beta}_1)}{(\boldsymbol{\beta}_1, \boldsymbol{\beta}_1)} \boldsymbol{\beta}_1,$$

$$\vdots$$

$$\boldsymbol{\beta}_s = \boldsymbol{\alpha}_s - \frac{(\boldsymbol{\alpha}_s, \boldsymbol{\beta}_1)}{(\boldsymbol{\beta}_1, \boldsymbol{\beta}_1)} \boldsymbol{\beta}_1 - \frac{(\boldsymbol{\alpha}_s, \boldsymbol{\beta}_2)}{(\boldsymbol{\beta}_2, \boldsymbol{\beta}_2)} \boldsymbol{\beta}_2 - \cdots - \frac{(\boldsymbol{\alpha}_s, \boldsymbol{\beta}_{s-1})}{(\boldsymbol{\beta}_{s-1}, \boldsymbol{\beta}_{s-1})} \boldsymbol{\beta}_{s-1},$$

则 $\boldsymbol{\beta}_1, \boldsymbol{\beta}_2, \cdots, \boldsymbol{\beta}_s$ 是两两正交的非零向量组,将 $\boldsymbol{\beta}_1, \boldsymbol{\beta}_2, \cdots, \boldsymbol{\beta}_s$ 单位化,即令

$$\boldsymbol{\eta}_i = \frac{\boldsymbol{\beta}_i}{\|\boldsymbol{\beta}_i\|}, \quad i = 1, 2, \cdots, s,$$

则向量组 $\boldsymbol{\eta}_1, \boldsymbol{\eta}_2, \cdots, \boldsymbol{\eta}_s$ 是标准正交向量组,上述过程称为**施密特正交化方法**.

(2) 若 $\boldsymbol{\alpha}_1, \boldsymbol{\alpha}_2, \cdots, \boldsymbol{\alpha}_n$ 是 $\mathbb{R}^n$ 的一组基,按施密特正交化方法得到的两两正交的单位向量组 $\{\boldsymbol{\eta}_1, \boldsymbol{\eta}_2, \cdots, \boldsymbol{\eta}_n\}$,即是 $\mathbb{R}^n$ 的一组标准正交基.

正交矩阵 实数域上的方阵 $\boldsymbol{A}$,若满足

$$\boldsymbol{A}\boldsymbol{A}^{\mathrm{T}} = \boldsymbol{E},$$

则称 $\boldsymbol{A}$ 为正交矩阵.

$\boldsymbol{A}$ 是正交矩阵的充分必要条件 $\boldsymbol{A}$ 是正交矩阵($\boldsymbol{A}\boldsymbol{A}^{\mathrm{T}} = \boldsymbol{E}$)$\Leftrightarrow \boldsymbol{A}^{\mathrm{T}} = \boldsymbol{A}^{-1} \Leftrightarrow \boldsymbol{A}$ 的列(行)向量组为 $\mathbb{R}^n$ 的一组标准正交基,即设 $\boldsymbol{A} = (\boldsymbol{\alpha}_1, \boldsymbol{\alpha}_2, \cdots, \boldsymbol{\alpha}_n)$,则有

$$(\boldsymbol{\alpha}_i, \boldsymbol{\alpha}_j) = \begin{cases} 1, & i=j, \\ 0, & i \neq j, \end{cases} \quad i,j = 1,2,\cdots,n.$$

正交矩阵的性质

(1) $\boldsymbol{E}$ 是正交矩阵.

(2) $\boldsymbol{A},\boldsymbol{B}$ 是正交矩阵,则 $\boldsymbol{AB}$ 也是正交矩阵.

(3) $\boldsymbol{A}$ 是正交矩阵,则 $\boldsymbol{A}^{-1}$(即 $\boldsymbol{A}^{\mathrm{T}}$)也是正交矩阵.

(4) $\boldsymbol{A}$ 是正交矩阵,则 $|\boldsymbol{A}| = 1$ 或 -1.

(5) $\boldsymbol{A}$ 是正交矩阵,则有 $(\boldsymbol{\alpha},\boldsymbol{\beta}) = (\boldsymbol{A}\boldsymbol{\alpha}, \boldsymbol{A}\boldsymbol{\beta})$,即在正交变换下,向量的内积保持不变,从而保持向量的长度及向量间的夹角不变.

第4章 线性方程组

4.1 齐次线性方程组

齐次线性方程组的表示形式

(1) 一般形式

$$\begin{cases} a_{11}x_1 + a_{12}x_2 + \cdots + a_{1n}x_n = 0, \\ a_{21}x_1 + a_{22}x_2 + \cdots + a_{2n}x_n = 0, \\ \vdots \\ a_{m1}x_1 + a_{m2}x_2 + \cdots + a_{mn}x_n = 0. \end{cases} \quad (1)$$

n 是未知量个数,m 是方程个数,a_{ij} 是第 i 个方程的第 j 未知量 x_j 的系数.

(2) 向量形式

$$\boldsymbol{\alpha}_1 x_1 + \boldsymbol{\alpha}_2 x_2 + \cdots + \boldsymbol{\alpha}_n x_n = \boldsymbol{0},$$

4.1 齐次线性方程组

其中 $\boldsymbol{\alpha}_j = (a_{1j}, a_{2j}, \cdots, a_{mj})^{\mathrm{T}}, \quad j = 1, 2, \cdots, n.$

(3) 矩阵形式

$$\boldsymbol{A}_{m \times n} \boldsymbol{x} = \boldsymbol{0}$$

其中

$$\boldsymbol{A} = \begin{pmatrix} a_{11} & a_{12} & \cdots & a_{1n} \\ a_{21} & a_{22} & \cdots & a_{2n} \\ \vdots & \vdots & & \vdots \\ a_{m1} & a_{m2} & \cdots & a_{mn} \end{pmatrix}, \quad \boldsymbol{x} = \begin{pmatrix} x_1 \\ x_2 \\ \vdots \\ x_n \end{pmatrix}.$$

$\boldsymbol{A}$ 是称为方程组(1)的系数矩阵.

有解条件

$\boldsymbol{A}_{m \times n} \boldsymbol{x} = \boldsymbol{0}$ 必有解,至少有零解;

$\boldsymbol{A}_{m \times n} \boldsymbol{x} = \boldsymbol{0}$,当 $n > m$ 时,有非零解;

$\boldsymbol{A}_{n \times n} \boldsymbol{x} = \boldsymbol{0}$ 有非零解(只有零解)的充分必要条件是 $|\boldsymbol{A}| = 0 (|\boldsymbol{A}| \neq 0)$;

$\boldsymbol{A}_{m \times n}, r(\boldsymbol{A}) = n \Leftrightarrow \boldsymbol{A}$ 的列向量组线性无关 $\Leftrightarrow \boldsymbol{A}\boldsymbol{x} = \boldsymbol{0}$ 惟一零解;

$\boldsymbol{A}_{m \times n}, r(\boldsymbol{A}) = r < n \Leftrightarrow \boldsymbol{A}$ 的列向量组线性相关 $\Leftrightarrow \boldsymbol{A}\boldsymbol{x} = \boldsymbol{0}$ 有非零解,且有无穷多解,其中线性无关解向量个数为 $n - r$ 个.

解的性质　若 ξ_1,ξ_2 是方程组(1)的解,则 $k\xi_1,\xi_1+\xi_2,k_1\xi_1+k_2\xi_2$ 也是方程组(1)的解.

基础解系　若 $\xi_1,\xi_2,\cdots,\xi_{n-r}$ 是 $A_{m\times n}x=0$ 的解,且满足(1) $\xi_1,\xi_2,\cdots,\xi_{n-r}$ 线性无关,(2)任何 $Ax=0$ 的解向量 ξ 均可由 $\xi_1,\xi_2,\cdots,\xi_{n-r}$ 线性表示,则称向量组 $\xi_1,\xi_2,\cdots,\xi_{n-r}$ 是 $Ax=0$ 的**基础解系**.

$\xi_1,\xi_2,\cdots,\xi_{n-r}$ 是 $Ax=0$ 的基础解系的充要条件是 $\xi_1,\xi_2,\cdots,\xi_{n-r}$ 是 $Ax=0$ 的线性无关解,其中 $r(A)=r, n$ 是 $Ax=0$ 的未知量的个数.

解的结构　$Ax=0$ 的通解为
$$k_1\xi_1+k_2\xi_2+\cdots+k_{n-r}\xi_{n-r},$$
其中 $\xi_1,\xi_2,\cdots,\xi_{n-r}$ 是 $Ax=0$ 的基础解系,$k_1,k_2,\cdots,k_{n-r}$ 是任意常数.

方程组的初等变换

(1) 用一个非零常数 k 乘一个方程;

(2) 把一个方程乘 c 后加到另一个方程;

(3) 互换两个方程的位置;

以上三种变换称为方程组的**初等变换**.

同解方程组　如果两个方程组有相同的解集合,则称这两个方程组是同解方

4.1 齐次线性方程组

程组.

求解方法,高斯消元法 初等变换将方程组变成与它同解的方程组.

方程组做初等变换,等价于其对应系数矩阵做初等行变换,且一定可以通过一系列初等行变换化成阶梯形矩阵.设 $\boldsymbol{A}_{m\times n}$,$\mathrm{r}(\boldsymbol{A})=r$,不妨设 $\boldsymbol{A}$ 的前 r 列线性无关.

$$\boldsymbol{A} \xrightarrow{\text{初等行变换}} \begin{pmatrix} c_{11} & c_{12} & \cdots & c_{1r} & c_{1r+1} & \cdots & c_{1n} \\ 0 & c_{22} & \cdots & c_{2r} & c_{2r+1} & & c_{2n} \\ \vdots & \vdots & & \vdots & \vdots & & \vdots \\ 0 & 0 & \cdots & c_{rr} & c_{rr+1} & \cdots & c_{rn} \\ 0 & 0 & \cdots & 0 & 0 & & 0 \\ \vdots & \vdots & & \vdots & \vdots & & \vdots \\ 0 & 0 & \cdots & 0 & 0 & & 0 \end{pmatrix}.$$

全零行表示多余方程,$m-r$ 行非零行是独立方程(r 个).$x_1,x_2,\cdots,x_r$ 称独立未知量,$x_{r+1},\cdots,x_n$ 称自由未知量.

求解阶梯形矩阵对应的方程组

解法1:令 $x_{r+1}=k_1,x_{r+2}=k_2,\cdots,x_n=k_{n-r}$,回代入阶梯形方程组依次求出

$x_r, x_{r-1}, \cdots, x_1$，得通解

$$\begin{pmatrix} x_1 \\ x_2 \\ \vdots \\ x_r \\ x_{r+1} \\ x_{r+2} \\ \vdots \\ x_n \end{pmatrix} = \begin{pmatrix} b_{11}k_1 + b_{12}k_2 & \cdots & b_{1n-r}k_{n-r} \\ b_{21}k_2 + b_{22}k_2 & \cdots & b_{2n-r}k_{n-r} \\ \vdots & & \vdots \\ b_{r1}k_r + b_{r2}k_r & \cdots & b_{rn-r}k_{r-r} \\ k_1 & 0 & \cdots & 0 \\ 0 & k_2 & \cdots & 0 \\ \vdots & \vdots & & \vdots \\ 0 & 0 & \cdots & k_{n-r} \end{pmatrix}$$

$$= k_1 \begin{pmatrix} b_{11} \\ b_{21} \\ \vdots \\ b_{r1} \\ 1 \\ 0 \\ \vdots \\ 0 \end{pmatrix} + k_2 \begin{pmatrix} b_{12} \\ b_{22} \\ \vdots \\ b_{r2} \\ 0 \\ 1 \\ \vdots \\ 0 \end{pmatrix} + \cdots + k_{n-r} \begin{pmatrix} b_{1n-r} \\ b_{2n-r} \\ \vdots \\ b_{rn-r} \\ 0 \\ 0 \\ \vdots \\ 1 \end{pmatrix}$$

$$\xlongequal{\text{记}} k_1 \boldsymbol{\xi}_1 + k_2 \boldsymbol{\xi}_2 + \cdots + k_{n-r} \boldsymbol{\xi}_{n-r},$$

其中 $\boldsymbol{\xi}_1,\boldsymbol{\xi}_2,\cdots,\boldsymbol{\xi}_{n-r}$ 是 $\boldsymbol{A}\boldsymbol{x}=\boldsymbol{0}$ 的基础解系.

解法 2:自由未知量 $(x_{r+1},x_{r+2},\cdots,x_n)$ 分别赋值 $(1,0,\cdots,0),(0,1,\cdots,0),\cdots,(0,0,\cdots,1)$,回代入阶梯形方程组分别求得 $n-r$ 个解向量.

$$\boldsymbol{\xi}_1=\begin{pmatrix}b_{11}\\b_{21}\\\vdots\\b_{r1}\\1\\0\\\vdots\\0\end{pmatrix},\quad \boldsymbol{\xi}_2=\begin{pmatrix}b_{12}\\b_{22}\\\vdots\\b_{r2}\\0\\1\\\vdots\\0\end{pmatrix},\quad \cdots,\quad \boldsymbol{\xi}_{n-r}=\begin{pmatrix}b_{1n-r}\\b_{2n-r}\\\vdots\\b_{rn-r}\\0\\0\\\vdots\\1\end{pmatrix},$$

则 $\boldsymbol{\xi}_1,\boldsymbol{\xi}_2,\cdots,\boldsymbol{\xi}_{n-r}$ 是 $\boldsymbol{A}\boldsymbol{x}=\boldsymbol{0}$ 的基础解系,方程组的通解为

$$k_1\boldsymbol{\xi}_1+k_2\boldsymbol{\xi}_2+\cdots+k_{n-r}\boldsymbol{\xi}_{n-r},$$

其中 $k_1,k_2,\cdots,k_{n-r}$ 是任意常数.

4.2 非齐次线性方程组

非齐次线性方程组的表示形式

(1) 一般形式

$$\begin{cases} a_{11}x_1 + a_{12}x_2 + \cdots + a_{1n}x_n = b_1, \\ a_{21}x_1 + a_{22}x_2 + \cdots + a_{2n}x_n = b_2, \\ \vdots \\ a_{m1}x_1 + a_{m2}x_2 + \cdots + a_{mn}x_n = b_m. \end{cases} \tag{2}$$

(2) 向量形式

$$\boldsymbol{\alpha}_1 x_1 + \boldsymbol{\alpha}_2 x_2 + \cdots + \boldsymbol{\alpha}_n x_n = \boldsymbol{b},$$

其中 $\quad \boldsymbol{\alpha}_j = (a_{1j}, a_{2j}, \cdots, a_{mj})^{\mathrm{T}}, \quad \boldsymbol{b} = (b_1, b_2, \cdots, b_n)^{\mathrm{T}}.$

(3) 矩阵形式

$$\boldsymbol{A}_{m \times n} \boldsymbol{x} = \boldsymbol{b},$$

其中

4.2 非齐次线性方程组

$$A = \begin{pmatrix} a_{11} & a_{12} & \cdots & a_{1n} \\ a_{21} & a_{22} & \cdots & a_{2n} \\ \vdots & \vdots & & \vdots \\ a_{m1} & a_{m2} & \cdots & a_{mn} \end{pmatrix}, \quad x = \begin{pmatrix} x_1 \\ x_2 \\ \vdots \\ x_n \end{pmatrix}, \quad b = \begin{pmatrix} b_1 \\ b_2 \\ \vdots \\ b_m \end{pmatrix},$$

A 称为方程组的系数矩阵,且矩阵

$$(A \mid b) = \begin{pmatrix} a_{11} & a_{12} & \cdots & a_{1n} & \bigg| & b_1 \\ a_{21} & a_{22} & \cdots & a_{2n} & \bigg| & b_2 \\ \vdots & \vdots & & \vdots & \bigg| & \vdots \\ a_{m1} & a_{m2} & \cdots & a_{mn} & \bigg| & b_m \end{pmatrix}$$

称为线性非齐次方程组的**增广矩阵**.

有解条件 当 $r(A) < r(A \mid b)$ 时,方程组(2)无解,b 不能由 A 的列向量组线性表示.

当 $r(A) = r(A \mid b) = n$,(n 是 A 的列数),方程组(2)惟一解,b 可由 A 的列向量组线性表示,且表示法惟一.

当 $r(A) = r(A \mid b) = r < n$,方程组(2)有无穷多解,$b$ 可由 A 的列向量组线性表示,且有无穷多种表示方法.

解的性质 设 $\boldsymbol{\eta}^*$ 是 $\boldsymbol{Ax}=\boldsymbol{b}$ 的一个特解，$\boldsymbol{\xi}$ 是对应的齐次方程组 $\boldsymbol{Ax}=\boldsymbol{0}$ 的解，则 $k_1\boldsymbol{\xi}+\boldsymbol{\eta}^*$ 仍是 $\boldsymbol{Ax}=\boldsymbol{b}$ 的解.

设 $\boldsymbol{\eta}_1,\boldsymbol{\eta}_2$ 都是 $\boldsymbol{Ax}=\boldsymbol{b}$ 的解，则 $\boldsymbol{\eta}_1-\boldsymbol{\eta}_2$ 是对应的齐次方程组 $\boldsymbol{Ax}=\boldsymbol{0}$ 的解.

解的结构 方程组 $\boldsymbol{Ax}=\boldsymbol{b}$ 的任何一个解 $\boldsymbol{\eta}$ 均可表示成 $\boldsymbol{Ax}=\boldsymbol{b}$ 的一个特解 $\boldsymbol{\eta}^*$ 和一个对应的齐次方程 $\boldsymbol{Ax}=\boldsymbol{0}$ 的解 $\boldsymbol{\eta}-\boldsymbol{\eta}^*$ 之和，即

$$\boldsymbol{\eta} = \boldsymbol{\eta}^* + (\boldsymbol{\eta}-\boldsymbol{\eta}^*).$$

方程组 $\boldsymbol{Ax}=\boldsymbol{b}$ 的通解为

$$k_1\boldsymbol{\xi}_1 + k_2\boldsymbol{\xi}_2 + \cdots + k_{n-r}\boldsymbol{\xi}_{n-r} + \boldsymbol{\eta}^*.$$

其中 $\boldsymbol{\eta}^*$ 是 $\boldsymbol{Ax}=\boldsymbol{b}$ 的一个特解，$k_1\boldsymbol{\xi}_1+k_2\boldsymbol{\xi}_2+\cdots+k_{n-r}\boldsymbol{\xi}_{n-r}$ 是对应的齐次方程组 $\boldsymbol{Ax}=\boldsymbol{0}$ 的通解.

求解方法

高斯消元法 将增广矩阵 $(\boldsymbol{A}|\boldsymbol{b})$ 通过初等行变换化成阶梯形矩阵，求出对应的齐次方程组的基础解系及通解（见齐次方程），求一个非齐次方程的一个特解（可对自由未知量赋予任意的特定值，一般是赋予 0 值，求出独立未知量），根据解的结构得到非齐次方程组的通解.

第5章 特征值 特征向量

5.1 特征值、特征向量及其性质

方阵的特征值、特征向量 设 A 是数域 P 上的 n 阶矩阵,如果对于数域 P 中的一个数 λ,存在非零列向量 $\boldsymbol{\xi}$,使得
$$A\boldsymbol{\xi} = \lambda\boldsymbol{\xi},$$
则称 λ 是 A 的**特征值**,$\boldsymbol{\xi}$ 是 A 的属于特征值 λ 的**特征向量**.

特征矩阵、特征多项式、特征方程 设 A 是 n 阶矩阵,λ 是数,则矩阵 $\lambda E - A$ 称为 A 的**特征矩阵**,它的行列式

$$f(\lambda) = |\lambda E - A| = \begin{vmatrix} \lambda - a_{11} & -a_{12} & \cdots & -a_{1n} \\ -a_{21} & \lambda - a_{22} & \cdots & -a_{2n} \\ \vdots & \vdots & & \vdots \\ -a_{n1} & -a_{n2} & \cdots & \lambda - a_{nn} \end{vmatrix}$$

是一个 λ 的 n 次的多项式,称为 A 的**特征多项式**,方程 $|\lambda E - A| = 0$,称为 A 的**特**

征方程.

特征值、特征向量的性质

(1) A 是 n 阶矩阵，λ 是 A 的特征值，ξ 是 A 的属于 λ 的特征向量的充分必要条件是 λ 为 A 的特征方程 $|\lambda E - A| = 0$ 的根，ξ 是齐次方程组 $(\lambda E - A)x = 0$ 的非零解.

(2) 若 ξ_1, ξ_2 是 A 的属于 λ 的特征向量，则 $k_1\xi_1 + k_2\xi_2$（其中 k_1, k_2 是任意常数，但 $k_1\xi_1 + k_2\xi_2 \neq 0$）也是 A 的属于 λ 的特征向量.

(3) 设 n 阶矩阵 $A = (a_{ij})_{n \times n}$ 有 n 个特征值为 $\lambda_1, \lambda_2, \cdots, \lambda_n$. 则

$$\sum_{i=1}^{n}\lambda_i = \sum_{i=1}^{n}a_{ii}, \quad \prod_{i=1}^{n}\lambda_i = |A|,$$

其中 $\sum_{i=1}^{n}a_{ii}$ 是 A 的主对角元之和，称为 A 的迹，记作 $\mathrm{tr}(A)$.

(4) 设 $A = (a_{ij})_{n \times n}$，若

$$\sum_{j=1}^{n}a_{ij} < 1 \quad (i=1,2,\cdots,n) \quad \text{或} \quad \sum_{i=1}^{n}a_{ij} < 1 \quad (j=1,2,\cdots,n),$$

则 A 的所有特征值 $\lambda_k (k=1,2,\cdots,n)$ 的模（λ_k 是实数时是绝对值）$|\lambda_k| < 1$.

(5) 设 λ 是 A 的特征值,ξ 是 A 的属于 λ 的特征向量,则

① $k\lambda$ 是 kA 的特征值(k 是任意常数);

② λ^m 是 A^m 的特征值(m 是正整数);

③ $f(\lambda)$ 是 $f(A)$ 的特征值,其中 $f(x)$ 是多项式;

④ 若 A 可逆,则 λ^{-1} 是 A^{-1} 的特征值;

⑤ 若 A 可逆,则 $\dfrac{|A|}{\lambda}$ 是 A^* 的特征值.

(6) λ_1,λ_2 是 A 的两个不同的特征值,对应的特征向量分别是 ξ_1,ξ_2,则 $\xi_1+\xi_2$ 不是 A 的特征向量.

5.2 相似矩阵

相似矩阵 设 A,B 都是 n 阶矩阵,若存在可逆矩阵 P,使得
$$P^{-1}AP = B,$$
则称 A 相似于 B,记作 $A \sim B$.

矩阵的相似关系也是一种等价关系,满足

(1) 反身性:$A \sim A$.

(2) 对称性:若 $A \sim B$,则 $B \sim A$.

(3) 传递性:若 $A \sim B, B \sim C$,则 $A \sim C$.

相似矩阵的性质

(1) 若 $A \sim B$,则有 $|A|=|B|$,$r(A)=r(B)$.

(2) 若 $A \sim B$,则 A,B 有相同的特征方程,有相同的特征值.反之不成立.

(3) 若 $A \sim B$,则 $A^m \sim B^m$ (m 是正整数).

(4) 若 $A \sim B$,则 $f(A) \sim f(B)$(其中 $f(x)$ 是多项式).

(5) 若 $P^{-1}A_1P=B_1, P^{-1}A_2P=B_2$,则 $(P^{-1}A_1P)P^{-1}A_2P=P^{-1}A_1A_2P=B_1B_2$.

(6) $P^{-1}(k_1A_1+k_2A_2)P=k_1P^{-1}A_1P+k_2P^{-1}A_2P$.

5.3 矩阵可对角化的条件

$A \sim \Lambda$(其中 Λ 是对角矩阵)的充分必要条件

n 阶矩阵 A 与对角矩阵 Λ 相似 $\Leftrightarrow A$ 有 n 个线性无关的特征向量.

矩阵 A 的属于不同特征值的特征向量线性无关 即 A 有 m 个互不相同的特征值 $\lambda_1, \lambda_2, \cdots, \lambda_m$,其特征向量分别是 $\xi_1, \xi_2, \cdots, \xi_m$,则 $\xi_1, \xi_2, \cdots, \xi_m$ 线性无关.

若 n 阶矩阵有 n 个互不相同的特征值,则 A 与对角矩阵相似.

特征值的重数与对应线性无关特征向量个数的关系　设 λ_0 是 n 阶矩阵 A 的一个 k 重特征值,则对应于 λ_0 的线性无关特征向量的个数小于等于 k.

矩阵 A 的不同特征值(包括重特征值)对应的特征向量线性无关

设 $\lambda_1, \lambda_2, \cdots, \lambda_m$ 是 A 的 m 个互不相同的特征值,属于 λ_i 的线性无关特征向量为 $\xi_{i1}, \xi_{i2}, \cdots, \xi_{ir_i} (i=1,2,\cdots,m)$,则向量组 $\xi_{11}, \xi_{12}, \cdots, \xi_{1r_1}, \xi_{21}, \xi_{22}, \cdots, \xi_{2r_2}, \cdots, \xi_{m1}, \xi_{m2}, \cdots, \xi_{mr_m}$(共 $r_1+r_2+\cdots+r_m \leqslant n$ 个)线性无关.

$A \sim \Lambda$ 的充要条件　n 阶矩阵 A 相似于对角阵 $\Leftrightarrow A$ 的每个 r_i 重特征值都有 r_i 个线性无关的特征向量(A 的每个特征子空间 V_{λ_i} 的维数等于特征值 λ_i 的重数).

5.4　实对称矩阵的对角化

复矩阵,复向量　元素是复数的矩阵和向量称为复矩阵和复向量

共轭矩阵　设 a_{ij} 为复数. $A=(a_{ij})_{m \times n}$. $\bar{A}=(\bar{a}_{ij})_{m \times n}$,其中 $\bar{a}_{ij}$ 是 a_{ij} 的共轭复数,则称 $\bar{A}$ 是 A 的共轭矩阵.

共轭向量　设 a_i 是复数 $\boldsymbol{\alpha}=(a_1, a_2, \cdots, a_n)^T$,$\bar{\boldsymbol{\alpha}}=(\bar{a}_1, \bar{a}_2, \cdots, \bar{a}_n)^T$,其中 $\bar{a}_i$ 是

a_i 的共轭复数,则 $\bar{\boldsymbol{\alpha}}$ 是 $\boldsymbol{\alpha}$ 的共轭向量.

共轭矩阵,共轭向量的运算性质

(1) $\overline{\boldsymbol{A}+\boldsymbol{B}}=\bar{\boldsymbol{A}}+\bar{\boldsymbol{B}}$.

(2) $\overline{k\boldsymbol{A}}=\bar{k}\bar{\boldsymbol{A}}$.

(3) $\overline{\boldsymbol{A}\boldsymbol{B}}=\bar{\boldsymbol{A}}\bar{\boldsymbol{B}}$.

(4) $\overline{\boldsymbol{A}^{\mathrm{T}}}=\bar{\boldsymbol{A}}^{\mathrm{T}}$.

(5) 若 $\boldsymbol{A}$ 可逆,则 $\overline{\boldsymbol{A}^{-1}}=\bar{\boldsymbol{A}}^{-1}$.

(6) $|\bar{\boldsymbol{A}}|=\overline{|\boldsymbol{A}|}$.

(7) $\bar{\bar{\boldsymbol{A}}}=\boldsymbol{A}$.

(8) 当 $\boldsymbol{\xi}=(a_1,a_2,\cdots,a_n)^{\mathrm{T}}$ 是实向量时,$(\boldsymbol{\xi},\boldsymbol{\xi})=\boldsymbol{\xi}^{\mathrm{T}}\boldsymbol{\xi}=\sum_{i=1}^{n}a_i^2\geqslant 0$. 等号成立当且仅当 $a_i=0(i=1,2,\cdots,n)$

当 $\boldsymbol{\xi}$ 是 n 维复向量时,应是

$$(\boldsymbol{\xi},\boldsymbol{\xi})=\bar{\boldsymbol{\xi}}^{\mathrm{T}}\boldsymbol{\xi}=\bar{a}_1 a_1+\bar{a}_2 a_2+\cdots+\bar{a}_n a_n$$
$$=|a_1|^2+|a_2|^2+\cdots+|a_n|^2\geqslant 0.$$

等号成立,当且仅当 $a_i=0, i=1,2,\cdots,n$.

实对称矩阵的对角化

定理 1 实对称矩阵 A(满足 $\overline{A}^T = A$)的特征值都是实数.

定理 2 实对称矩阵 A 的属于不同特征值的特征向量相互正交.

定理 3 实对称矩阵 A 必相似于对角阵. 即必存在可逆矩阵 P,使得
$$P^{-1}AP = \Lambda,$$
且存在正交矩阵 Q,使得
$$Q^{-1}AQ = Q^T AQ = \Lambda,$$
即 A 既相似又合同于对角阵.

第6章 二次型

6.1 二次型的矩阵表示，合同矩阵

二次型

n 元变量 $x_1, x_2, \cdots, x_n$ 的二次齐次多项式

$$\begin{aligned}f(x_1,x_2,\cdots,x_n) = &\, a_{11}x_1^2 + 2a_{12}x_1x_2 + 2a_{13}x_1x_3 + \cdots + 2a_{1n}x_1x_n \\ &+ a_{22}x_2^2 + 2a_{23}x_2x_3 + \cdots + 2a_{2n}x_2x_n \\ &\cdots\cdots \\ &+ a_{nn}x_n^2 \end{aligned} \quad (1)$$

当系数属于数域 F 时，称为数域 F 上的 n 元**二次型**. 实数域上的二次型称为**实二次型**，简称二次型.

二次型的矩阵表示　令 $a_{ij} = a_{ji}, i < j$，则 $2a_{ij}x_ix_j = a_{ij}x_ix_j + a_{ji}x_jx_i (i>j)$，

则二次型(1)可表示成矩阵形式：

$$f(x_1,x_2,\cdots,x_n)=(x_1,x_2,\cdots,x_n)\begin{pmatrix} a_{11} & a_{12} & \cdots & a_{1n} \\ a_{21} & a_{22} & \cdots & a_{2n} \\ \vdots & \vdots & & \vdots \\ a_{n1} & a_{n2} & \cdots & a_{nn} \end{pmatrix}\begin{pmatrix} x_1 \\ x_2 \\ \vdots \\ x_n \end{pmatrix}$$

$$= \boldsymbol{x}^{\mathrm{T}}\boldsymbol{A}\boldsymbol{x}, \tag{2}$$

其中 $\boldsymbol{A}$ 是对称矩阵，$\boldsymbol{A}^{\mathrm{T}}=\boldsymbol{A}$，称为**二次型 f 的对应矩阵**，且 f 与 $\boldsymbol{A}$ 一一对应.

线性变换 设两组变量，$x_1,x_2,\cdots,x_n$；$y_1,y_2,\cdots,y_n$，有关系

$$\begin{cases} x_1 = c_{11}y_1 + c_{12}y_2 + \cdots + c_{1n}y_n, \\ x_2 = c_{21}y_1 + c_{22}y_2 + \cdots + c_{2n}y_n, \\ \vdots \\ x_n = c_{n1}y_1 + c_{n2}y_2 + \cdots + c_{nn}y_n, \end{cases} \tag{3}$$

记成 $\boldsymbol{x}=\boldsymbol{C}\boldsymbol{y}$，称为由 $x_1,x_2,\cdots,x_n$ 到 $y_1,y_2,\cdots,y_n$ 的一个**线性变换**，若其系数矩阵的行列式

$$|\boldsymbol{C}|=\begin{vmatrix} c_{11} & c_{12} & \cdots & c_{1n} \\ c_{21} & c_{22} & \cdots & c_{2n} \\ \vdots & \vdots & & \vdots \\ c_{n1} & c_{n2} & \cdots & c_{nn} \end{vmatrix}\neq 0,$$

则称线性变换是**可逆线性变换**(非退化线性变换).

线性变换化二次型为新的二次型　二次型 $f(x_1,x_2,\cdots,x_n)=x^\mathrm{T}Ax$ 经可逆线性变换 $x=Cy$ 化成二次型 $f=y^\mathrm{T}C^\mathrm{T}ACy$,它仍是二次型.

二次型的对应矩阵 A,经过可逆线性变换 $x=Cy$ 化成 $C^\mathrm{T}AC$. 显然 $C^\mathrm{T}AC$ 仍是对称矩阵.

合同矩阵　设 A,B 都是 n 阶矩阵,若存在可逆矩阵 C,使得

$$C^\mathrm{T}AC=B,$$

则称 A **合同于** B,记作 $A\simeq B$.

二次型的对应矩阵 A,经可逆线性变换 $x=Cy$ 得 $C^\mathrm{T}AC$(记为 $B=C^\mathrm{T}AC$),则 $B\simeq A$.

合同矩阵的性质

(1) 反身性:$A\simeq A$;

(2) 对称性:$A\simeq B$,则 $B\simeq A$;

(3) 传递性:$A\simeq B,B\simeq C$,则 $A\simeq C$.

6.2 化二次型为标准形、规范形

二次型的标准形、规范形 二次型 $f(x_1,x_2,\cdots,x_n)=\boldsymbol{x}^\mathrm{T}\boldsymbol{A}\boldsymbol{x}$ 经可逆线性变换 $\boldsymbol{x}=\boldsymbol{C}\boldsymbol{y}$,化成 $f(y_1,y_2,\cdots,y_n)d_1y_1^2+d_2y_2^2+\cdots+d_ny_n^2$(消去混合项),称为二次型的**标准形**.

$d_i=1,-1,0$ 的标准形,称为二次型的**规范形**.

化二次型为标准形,即对实对称矩阵 $\boldsymbol{A}$,求可逆矩阵 $\boldsymbol{C}$,使得 $\boldsymbol{C}^\mathrm{T}\boldsymbol{A}\boldsymbol{C}=\boldsymbol{\Lambda}$,其中 $\boldsymbol{\Lambda}$ 是对角阵.

任何一个 n 元二次型都可以通过可逆线性变换 $\boldsymbol{x}=\boldsymbol{C}\boldsymbol{y}$ 化成标准形,即
$$f=\boldsymbol{x}^\mathrm{T}\boldsymbol{A}\boldsymbol{x}=\boldsymbol{y}^\mathrm{T}\boldsymbol{C}^\mathrm{T}\boldsymbol{A}\boldsymbol{C}\boldsymbol{y}=d_1y_1^2+d_2y_2^2+\cdots+d_ny_n^2.$$
即对任一个实对称矩阵 $\boldsymbol{A}$,都存在可逆矩阵 $\boldsymbol{C}$,使得
$$\boldsymbol{C}^\mathrm{T}\boldsymbol{A}\boldsymbol{C}=\mathrm{diag}(d_1,d_2,\cdots,d_n).$$

注 $d_1,d_2,\cdots,d_n$ 一般不是 $\boldsymbol{A}$ 的特征值.

化二次型为标准形、规范形的方法

(1) 配方法(要点)

若 f 中有平方项,则将该平方项及与其有关的混合项一起配成完全平方,使

配完完全平方后,减少一个变量.总的完全平方的项数少于等于变量的个数.若 f 中没有平方项,则令

$$\begin{cases} x_1 = y_1 + y_2, \\ x_2 = y_1 - y_2, \\ x_3 = y_3, \\ \vdots \\ x_n = y_n. \end{cases}$$

使 f 经变换后出现平方项,以后再配完全平方.配完完全平方后,令每个平方项的一次式分别为 $z_1, z_2, \cdots, z_n$(若完全平方项次数少于变量个数时,应补足成 n 个),则必可将二次型化成标准形,所做的可逆线性变换矩阵,可由所做的变换得到.

(2) 初等变换法(要点)

将二次型的对应矩阵 A,通过一系列的相同类型的初等行、列变换可以化成合同标准形(对角矩阵),所谓相同类型的初等行、列变换是指:

A 的第 i 行乘 k 倍($k \neq 0$),则第 i 列也乘 k 倍;

A 的第 i, j 行对换,则第 i, j 列也对换;

A 的第 i 行的 c 倍加到第 j 行,则第 i 列的 c 倍也加到 j 列.

若将 A, E 写成 $\begin{pmatrix} A \\ E \end{pmatrix}$,对 $\begin{pmatrix} A \\ E \end{pmatrix}$ 实施列变换,并对 A 做相同类型的行变换,将 A

化成对角阵时，E 就变成了可逆线性变换矩阵 C，即

$$\begin{pmatrix} A \\ E \end{pmatrix} \xrightarrow[\text{对 } A \text{ 做同类型的行变换}]{\begin{pmatrix} A \\ E \end{pmatrix} \text{做列变换}} \begin{pmatrix} \Lambda \\ C \end{pmatrix}$$

则 $f(x_1, x_2, \cdots, x_n) = \boldsymbol{x}^\mathrm{T} \boldsymbol{A} \boldsymbol{x} \xrightarrow{\boldsymbol{x} = \boldsymbol{C} \boldsymbol{y}} \boldsymbol{y}^\mathrm{T} \boldsymbol{C}^\mathrm{T} \boldsymbol{A} \boldsymbol{C} \boldsymbol{y} = \boldsymbol{y}^\mathrm{T} \boldsymbol{\Lambda} \boldsymbol{y} = d_1 y_1^2 + d_2 y_2^2 + \cdots + d_n y_n^2$.

正交变换 对任一个 n 元实二次型

$$f(x_1, x_2, \cdots, x_n) = \boldsymbol{x}^\mathrm{T} \boldsymbol{A} \boldsymbol{x}$$

存在正交变换 $\boldsymbol{x} = \boldsymbol{Q} \boldsymbol{y}$（其中 $\boldsymbol{Q}$ 是 n 阶正交矩阵），使得

$$f = \boldsymbol{x}^\mathrm{T} \boldsymbol{A} \boldsymbol{x} \xrightarrow{\boldsymbol{x} = \boldsymbol{Q} \boldsymbol{y}} \boldsymbol{y}^\mathrm{T} \boldsymbol{Q}^\mathrm{T} \boldsymbol{A} \boldsymbol{Q} \boldsymbol{y} = \lambda_1 y_1^2 + \lambda_2 y_2^2 + \cdots + \lambda_n y_n^2,$$

其中 $\lambda_i (i=1,2,\cdots,n)$ 是 $\boldsymbol{A}$ 的特征值，$\boldsymbol{Q}$ 的列向量是 $\boldsymbol{A}$ 的对应于 λ_i 的标准正交特征向量.

二次型通过正交变换化标准形的步骤：

(1) 写出二次型 f 的对应矩阵 $\boldsymbol{A}$；

(2) 求 $\boldsymbol{A}$ 的特征值 λ_i；

(3) 求 $\boldsymbol{A}$ 的特征向量 $\boldsymbol{\xi}_i$；

(4) 将重根的特征向量正交化；

(5) 将所有特征向量单位化,记为 $\xi_1^\circ, \xi_2^\circ, \cdots, \xi_n^\circ$;

(6) 取 $Q = [\xi_1^\circ, \xi_2^\circ, \cdots, \xi_n^\circ]$,并令 $x = Qy$;

(7) 得 $f = x^T A x = y^T \Lambda y = \lambda_1 y_1^2 + \lambda_2 y_2^2 + \cdots + \lambda_n y_n^2$.

注 正交变换法一般只能化二次型为标准形,不能化成规范形.

惯性定理 对于一个 n 元二次型 $x^T A x$,不论做怎样的可逆线性变换化成标准形(或规范形),其中正平方项项数 p,负平方项项数 q 都是惟一确定的,或对任一个 n 阶实对称矩阵 A,无论取怎样的可逆矩阵 C,使

$$C^T A C = \begin{pmatrix} d_1 & & & & & & & & \\ & \ddots & & & & & & & \\ & & d_p & & & & & & \\ & & & -d_{p+1} & & & & & \\ & & & & \ddots & & & & \\ & & & & & -d_{p+q} & & & \\ & & & & & & 0 & & \\ & & & & & & & \ddots & \\ & & & & & & & & 0 \end{pmatrix}$$

其中 $d_i>0(i=1,2,\cdots,p+q), p+q=r\leqslant n$,则 p,q 是由 A 惟一确定的.

正惯性指数,负惯性指数,符号差

二次型化标准形,标准形中正项项数称为**正惯性指数**,负项项数称**负惯性指数**,正、负惯性指数的差称为**符号差**.

实对称矩阵合同于 Λ 若 A 是 n 阶实对称矩阵,有正、负惯性指数分别为 p, q,则
$$A \simeq \mathrm{diag}(1,\cdots,1,-1,\cdots,-1,0,\cdots,0),$$
其中 1 有 p 个,-1 有 q 个,0 有 $n-(p+q)$ 个,$r=p+q$ 是 A 的秩 $\mathrm{r}(A)$.

$A\simeq B$ 的充要条件 两个实对称矩阵 A,B 合同(即其对应的二次型 $f=x^{\mathrm{T}}Ax, g=y^{\mathrm{T}}By$ 合同)$\Leftrightarrow A,B$ 有相同的正惯性指数和相同的负惯性指数.

按合同关系分类 全体 n 元二次型(全体 n 阶实对称矩阵)按合同关系,即按合同规范形(不考虑 $+1,-1,0$ 的排列次序)分类,共有 $\dfrac{(n+1)(n+2)}{2}$ 类.

全体三元二次型(全体三阶实对称矩阵)按合同关系分类,共有 $\left.\dfrac{(n+1)(n+2)}{2}\right|_{n=3}=10$ 类.它们的合同规范形分别是

$$\begin{pmatrix} 1 & & \\ & 1 & \\ & & 1 \end{pmatrix}, \begin{pmatrix} 1 & & \\ & 1 & \\ & & -1 \end{pmatrix}, \begin{pmatrix} 1 & & \\ & -1 & \\ & & -1 \end{pmatrix}, \begin{pmatrix} -1 & & \\ & -1 & \\ & & -1 \end{pmatrix}, \begin{pmatrix} 1 & & \\ & 1 & \\ & & 0 \end{pmatrix},$$

$$\begin{pmatrix} 1 & & \\ & -1 & \\ & & 0 \end{pmatrix}, \begin{pmatrix} -1 & & \\ & -1 & \\ & & 0 \end{pmatrix}, \begin{pmatrix} 1 & & \\ & 0 & \\ & & 0 \end{pmatrix}, \begin{pmatrix} -1 & & \\ & 0 & \\ & & 0 \end{pmatrix}, \begin{pmatrix} 0 & & \\ & 0 & \\ & & 0 \end{pmatrix}.$$

6.3 正定二次型,正定矩阵

正定二次型

设 n 元二次型 $f(x_1,x_2,\cdots,x_n) = \sum\limits_{j=1}^{n}\sum\limits_{i=1}^{n} a_{ij}x_i x_j = \boldsymbol{x}^{\mathrm{T}}\boldsymbol{A}\boldsymbol{x}$,若对任意的 $\boldsymbol{x} = (x_1,x_2,\cdots,x_n)^{\mathrm{T}} \neq \boldsymbol{0}$:

恒有 $f = \boldsymbol{x}^{\mathrm{T}}\boldsymbol{A}\boldsymbol{x} > 0$,则称 f 为**正定二次型**,$\boldsymbol{A}$ 为**正定矩阵**.

恒有 $f = \boldsymbol{x}^{\mathrm{T}}\boldsymbol{A}\boldsymbol{x} < 0$,则称 f 为**负定二次型**,$\boldsymbol{A}$ 为**负定矩阵**.

恒有 $f = \boldsymbol{x}^{\mathrm{T}}\boldsymbol{A}\boldsymbol{x} \geqslant 0$,至少存在一个 $\boldsymbol{x}_0 \neq \boldsymbol{0}$,使得 $f = \boldsymbol{x}_0^{\mathrm{T}}\boldsymbol{A}\boldsymbol{x}_0 = 0$,则称 f 为**半正定二次型**,$\boldsymbol{A}$ 为**半正定矩阵**.

恒有 $f=x^{\mathrm{T}}Ax \leqslant 0$,至少存在一个 $x_0 \neq 0$,使得 $f=x_0^{\mathrm{T}}Ax_0=0$,则称 f 为**半正定二次型**,A 为**半正定矩阵**.

若存在 $x_1 \neq 0$,使得 $x_1^{\mathrm{T}}Ax_1>0$;存在 $x_2 \neq 0$,使得 $x_2^{\mathrm{T}}Ax_2<0$,则称 f 为**不定二次型**,A 为**不定矩阵**.

可逆线性变换不改变二次型的正定性 一个二次型 $f=x^{\mathrm{T}}Ax$,经过可逆线性变换 $x=Cy$,化成 $y^{\mathrm{T}}C^{\mathrm{T}}ACy$,即

$$x^{\mathrm{T}}Ax \xrightarrow{x=Cy} y^{\mathrm{T}}C^{\mathrm{T}}ACy,$$

二次型 $x^{\mathrm{T}}Ax$ 和 $y^{\mathrm{T}}C^{\mathrm{T}}ACy$ 有相同的正定性(A,$C^{\mathrm{T}}AC$(其中 C 可逆)有相同的正定性).

判别正定二次型(或正定矩阵)的充要条件

$f=x^{\mathrm{T}}Ax$ 是正定二次型(A 是正定矩阵)

$\Leftrightarrow A$ 的正惯性指数 $p=n(A$ 的阶数$)=r(A$ 的秩$)$

$\Leftrightarrow A \simeq E$

$\Leftrightarrow$ 存在可逆矩阵 D,使得 $A=D^{\mathrm{T}}D$

$\Leftrightarrow A$ 的全部特征值 $\lambda_i>0(i=1,2,\cdots,n)$

$\Leftrightarrow A$ 的顺序主子式大于零,即

$$a_{11} > 0,$$

$$\begin{vmatrix} a_{11} & a_{12} \\ a_{21} & a_{22} \end{vmatrix} > 0,$$

$$\vdots$$

$$\begin{vmatrix} a_{11} & a_{12} & \cdots & a_{1n} \\ a_{21} & a_{22} & \cdots & a_{2n} \\ \vdots & \vdots & & \vdots \\ a_{n1} & a_{n2} & \cdots & a_{nn} \end{vmatrix} > 0.$$

A 是正定矩阵的必要条件

A 是 n 阶正定矩阵,则 $a_{ii} > 0$,且 $|A| > 0$(显然 A 是实对称矩阵,且 A 是可逆矩阵).

A 是负定矩阵的充要条件

$x^T A x$ 是负定二次型(A 是负定矩阵)

$\Leftrightarrow -x^T A x$ 是正定二次型($-A$ 是正定矩阵)

$\Leftrightarrow A$ 的负惯性指数 $q = n = r$

$\Leftrightarrow A \simeq -E$

$\Leftrightarrow$ 存在可逆矩阵,D 使得 $A = -D^T D$

$\Leftrightarrow \boldsymbol{A}$ 的全部特征值小于零,即 $\lambda_i < 0 (i=1,2,\cdots,n)$

$\Leftrightarrow \boldsymbol{A}$ 的奇数阶顺序主子式小于零,偶数阶顺序主子式大于零

$f = \boldsymbol{x}^\mathrm{T} \boldsymbol{A} \boldsymbol{x}$ 是半正定二次型($\boldsymbol{A}$ 是半正定矩阵)的充要条件

$f = \boldsymbol{x}^\mathrm{T} \boldsymbol{A} \boldsymbol{x}$ 半正定($\boldsymbol{A}$ 半正定矩阵)

$\Leftrightarrow \boldsymbol{A}$ 的惯性指数 $p = r(\boldsymbol{A}$ 的秩$)(q=0) < n(\boldsymbol{A}$ 的阶数$)$

$\Leftrightarrow \boldsymbol{A} \simeq \mathrm{diag}(1,\cdots,1,0,\cdots,0)$,1 有 r 个

$\Leftrightarrow \boldsymbol{A}$ 有特征值 $\lambda_i \geqslant 0$,但至少有一个 λ 等于零

$\Leftrightarrow$ 存在非满秩矩阵 $\boldsymbol{D}$,使得 $\boldsymbol{A} = \boldsymbol{D}^\mathrm{T} \boldsymbol{D}$

$\Leftrightarrow \boldsymbol{A}$ 的各阶主子式大于等于 0,但至少有一个主子式(对称于主对角线的子式称为 $\boldsymbol{A}$ 的主子式)等于零.

第7章 线性空间 线性变换

7.1 线性空间

线性空间 设 F 是一个数域,S 是一个非空集合,在 S 中定义称为加法运算:对 S 中任意两个元素 $\boldsymbol{\alpha}$ 与 $\boldsymbol{\beta}$,都按某一法则对应于 S 中惟一确定的元素,记为 $\boldsymbol{\alpha}+\boldsymbol{\beta}$,且满足规律

(1) $\boldsymbol{\alpha}+\boldsymbol{\beta}=\boldsymbol{\beta}+\boldsymbol{\alpha}$;

(2) $(\boldsymbol{\alpha}+\boldsymbol{\beta})+r=\boldsymbol{\alpha}+(\boldsymbol{\beta}+r)$;

(3) S 中存在一个零元素记为 $\boldsymbol{0}$,即 $\boldsymbol{0}\in S$,使对一切 $\boldsymbol{\alpha}\in S$,有
$$\boldsymbol{\alpha}+\boldsymbol{0}=\boldsymbol{0}+\boldsymbol{\alpha}=\boldsymbol{\alpha},$$

(4) 对任一个元素 $\boldsymbol{\alpha}\in S$,都存在 $\boldsymbol{\beta}\in S$,使得
$$\boldsymbol{\alpha}+\boldsymbol{\beta}=\boldsymbol{\beta}+\boldsymbol{\alpha}=\boldsymbol{0},$$

$\boldsymbol{\beta}$ 称为元素 $\boldsymbol{\alpha}$ 的负元素.

同时,在 S 中定义称为数乘的运算,即对数域 F 中的任意数 k,S 中的任意元素 $\boldsymbol{\alpha}$,按某一法则对应 S 中惟一确定的一个元素,记为 $k\boldsymbol{\alpha}$,且满足规律:

(5) 对数域 F 中的数 1,有
$$1 \cdot \boldsymbol{\alpha} = \boldsymbol{\alpha};$$

(6) 对任意的 $k, l \in F, \boldsymbol{\alpha} \in S$,有
$$(kl)\boldsymbol{\alpha} = k(l\boldsymbol{\alpha}) = l(k\boldsymbol{\alpha});$$

(7) 对任意的 $k, l \in F, \boldsymbol{\alpha} \in S$,有
$$(k+l)\boldsymbol{\alpha} = k\boldsymbol{\alpha} + l\boldsymbol{\alpha};$$

(8) 对任意的 $k \in F, \boldsymbol{\alpha}, \boldsymbol{\beta} \in S$,有
$$k(\boldsymbol{\alpha}+\boldsymbol{\beta}) = k\boldsymbol{\alpha} + k\boldsymbol{\beta}.$$

则集合 S 称为数域 F 上的线性空间.

线性空间的基本关系

(1) S 中的零元素是惟一的;

(2) S 中任意元素 $\boldsymbol{\alpha}$ 的负元素是惟一的;

(3) $0 \cdot \boldsymbol{\alpha} = \boldsymbol{0}$, $(-1)\boldsymbol{\alpha} = -\boldsymbol{\alpha}$, $k \cdot \boldsymbol{0} = \boldsymbol{0}$;

(4) 若 $k\boldsymbol{\alpha} = \boldsymbol{0}$,则 $k=0$ 或 $\boldsymbol{\alpha} = \boldsymbol{0}$;

(5) 对 S 中任意两个元素 $\boldsymbol{\alpha},\boldsymbol{\beta}$,方程
$$\boldsymbol{\alpha}+\boldsymbol{\xi}=\boldsymbol{\beta}$$
有惟一解,$\boldsymbol{\xi}=\boldsymbol{\beta}+(-\boldsymbol{\alpha})=\boldsymbol{\beta}-\boldsymbol{\alpha}$;

(6) S 中 $\boldsymbol{\alpha}$ 的负元素为 $-\boldsymbol{\alpha}=(-1)\boldsymbol{\alpha}$.

线性空间中元素的线性相关性 向量空间是线性空间的特例,线性空间中元素的线性相关性、等价、极大无关组、秩、基、坐标、维数、基变换、坐标变换等概念与向量空间一致,线性空间中的元素,也可称为向量.

线性空间的维数 若线性空间 S 中有 n 个线性无关的元素,而任何 $n+1$ 个元素均线性相关时,则称 S 是 n 维(有限维)线性空间,若对任意的正整数 n,S 中总能找到 n 个线性无关元素,则称 S 是无限维线性空间.

7.2 线性子空间的定义

定义 S 是数域 F 上的线性空间,W 是 S 的非空子集,若 W 对 S 的两种运算(加法和数量乘法)仍构成一个线性空间,则 W 称为 S 的线性子空间.

W 是 S 的子空间的充分必要条件 W 是 S 的子空间的充分必要条件是线性空间 S 的非空子集 W 对于 S 的两种运算封闭,即 W 是 S 的子空间的充分必要条

件是:

(1) W 是非空集.
(2) $\forall \alpha, \beta \in W$, 则 $\alpha+\beta \in W$.
(3) $\forall k \in F, \forall \alpha \in W$, 则 $k\alpha \in W$.

W 是 S 的子空间的必要条件

(1) S 的零向量 $\mathbf{0}$ 在 W 中.
(2) 若 $\forall \alpha \in W$, 则 $-\alpha \in W$.
(3) $\forall \alpha_1, \alpha_2, \cdots, \alpha_r \in W, \forall k_1, k_2, \cdots, k_r \in F$, 则
$$k_1\alpha_1 + k_2\alpha_2 + \cdots + k_r\alpha_r \in W.$$

平凡子空间 线性空间 S 本身是 S 的一个子空间.

由 S 的单个零向量组成的集合也是 S 的子空间, 称为零子空间.

以上两个子空间称为平凡子空间, 其余子空间称为非平凡子空间.

生成子空间 设 $\alpha_1, \alpha_2, \cdots, \alpha_r$ 是线性空间 S 的一组向量, 它们的全部线性组合所成集合非空, 满足封闭性条件, 故是 S 的子空间, 称为由向量 $\alpha_1, \alpha_2, \cdots, \alpha_r$ 生成的子空间, 记作

$$L(\alpha_1, \alpha_2, \cdots, \alpha_r).$$

等价向量组生成相同的子空间 两个向量组生成相同的子空间的充分必要条件是两个向量组等价.

生成子空间的维数 生成子空间 $L(\alpha_1,\alpha_2,\cdots,\alpha_r)$ 的维数,等于向量组 $\alpha_1,\alpha_2,\cdots,\alpha_r$ 的秩 $r(\alpha_1,\alpha_2,\cdots,\alpha_r)$.

子空间的交 设 W_1,W_2 都是数域 F 上的线性空间 S 的子空间,则 W_1,W_2 的公共元素的集合记作 $W_1 \cap W_2$,即

$$W_1 \cap W_2 = \{\alpha \mid \alpha \in W_1 \text{ 且 } \alpha \in W_2\},$$

则 $W_1 \cap W_2$ 也是 S 的子空间,称为子空间 W_1,W_2 的交.

子空间的和 设 W_1,W_2 都是数域 F 上的线性空间 S 的子空间,则集合 $\{\alpha = \alpha_1 + \alpha_2 \mid \alpha_1 \in W_1, \alpha_2 \in W_2\}$ 也是 S 的子空间,记成

$$W_1 + W_2 = \{\alpha = \alpha_1 + \alpha_2 \mid \alpha_1 \in W_1, \alpha_2 \in W_2\},$$

称为子空间 W_1 与 W_2 的和.

维数公式 设 W_1,W_2 是线性空间 S 的子空间,则公式

$$\dim W_1 + \dim W_2 = \dim(W_1 + W_2) + \dim(W_1 \cap W_2)$$

称为维数公式,且有以下关系:

(1) 因 $W_1 \cap W_2 \subseteq W_1, W_1 \cap W_2 \subseteq W_2$,故

$$\dim(W_1 \cap W_2) \leqslant \dim W_1, \dim(W_1 \cap W_2) \leqslant \dim W_2.$$

(2) 因 $W_1 \subseteq W_1 + W_2, W_2 \subseteq W_1 + W_2$,故

$$\dim W_1 \leqslant \dim(W_1 + W_2), \dim W_2 \leqslant \dim(W_1 + W_2).$$

(3) 若 $\dim W_1 + \dim W_2 > \dim S$,则 $\dim(W_1 \cap W_2) > 0$.

(4) $W_1 \cap W_2$ 是 S 中既包含在 W_1 内,又包含在 W_2 内的最大的子空间.

(5) $W_1 + W_2$ 是 S 中的既包含 W_1 又包含 W_2 的最小的子空间.

子空间的直和 设 W_1, W_2 是线性空间 S 的两个子空间,如果 $W_1 + W_2$ 中的每个向量 $\boldsymbol{\alpha}$ 可表示成

$$\boldsymbol{\alpha} = \boldsymbol{\alpha}_1 + \boldsymbol{\alpha}_2 (\text{其中 } \boldsymbol{\alpha}_1 \in W_1, \boldsymbol{\alpha}_2 \in W_2),$$

且其表示法是惟一的,则称 $W_1 + W_2$ 为直和,记作 $W_1 \oplus W_2$.

直和的充要条件 W_1, W_2 是线性空间 S 的两个子空间,则

(1) $W_1 + W_2$ 是直和 $\Leftrightarrow S$ 中的零向量可表示成

$$\boldsymbol{0} = \boldsymbol{\alpha}_1 + \boldsymbol{\alpha}_2 (\text{其中 } \boldsymbol{\alpha}_1 \in W_1, \boldsymbol{\alpha}_2 \in W_2),$$

其表示法是惟一的.

(2) $W_1 + W_2$ 是直和 $\Leftrightarrow$

$$W_1 \cap W_2 = \{\boldsymbol{0}\}.$$

(3) W_1+W_2 是直和 $\Leftrightarrow$

$$\dim(W_1+W_2) = \dim W_1 + \dim W_2.$$

7.3 线性变换

线性变换的定义 数域 F 上的 n 维线性空间 S_n 内自身到自身的映射 σ 称为 S_n 上的一个变换,若 S_n 内的变换 σ 满足条件:

(1) $\forall \alpha, \beta \in S_n$,有 $\sigma(\alpha+\beta) = \sigma(\alpha) + \sigma(\beta)$;

(2) $\forall \alpha \in S_n, k \in F$,有 $\sigma(k\alpha) = k\sigma(\alpha)$,

则称 σ 为 S_n 的一个**线性变换**.

线性变换的性质

(1) $\sigma(\mathbf{0}) = \mathbf{0}$;

(2) $\sigma(-\alpha) = -\sigma(\alpha)$;

(3) 线性相关向量组经过线性变换后它们的像向量组仍保持线性相关.

注 逆命题不成立,即线性无关向量组经过线性变换后,其像向量组可能变换成线性相关.

一个线性变换 σ 由它在一组基上的作用惟一确定.

若 $\pmb{\varepsilon}_1, \pmb{\varepsilon}_2, \cdots, \pmb{\varepsilon}_n$ 是线性空间 S_n 的一组基,$\pmb{\alpha}_1, \pmb{\alpha}_2, \cdots, \pmb{\alpha}_n$ 是 S_n 中的任意 n 个向量,则有惟一的一个线性变换 $\pmb{\sigma}$,使得

$$\pmb{\sigma}(\pmb{\varepsilon}_i) = \pmb{\alpha}_i, \quad i = 1, 2, \cdots, n.$$

线性变换的相等 若 $\pmb{\sigma}$ 和 $\pmb{\tau}$ 是 S_n 上的两个线性变换,$\pmb{\varepsilon}_1, \pmb{\varepsilon}_2, \cdots, \pmb{\varepsilon}_n$ 是 S_n 的一组基. 若

$$\pmb{\sigma}(\pmb{\varepsilon}_i) = \pmb{\tau}(\pmb{\varepsilon}_i), \quad i = 1, 2, \cdots, n,$$

则有

$$\pmb{\sigma} = \pmb{\tau}.$$

线性变换在一组基下的对应矩阵 设 $\pmb{\varepsilon}_1, \pmb{\varepsilon}_2, \cdots, \pmb{\varepsilon}_n$ 是线性空间 S_n 的一组基,$\pmb{\sigma}$ 是 S_n 的一个线性变换,$\pmb{\sigma}(\pmb{\varepsilon}_i)(i=1,2,\cdots,n)$ 可以惟一的由 $\pmb{\varepsilon}_1, \pmb{\varepsilon}_2, \cdots, \pmb{\varepsilon}_n$ 线性表示,记为

$$\begin{cases} \pmb{\sigma}(\pmb{\varepsilon}_1) = a_{11}\pmb{\varepsilon}_1 + a_{21}\pmb{\varepsilon}_2 + \cdots + a_{n1}\pmb{\varepsilon}_n, \\ \pmb{\sigma}(\pmb{\varepsilon}_2) = a_{12}\pmb{\varepsilon}_1 + a_{22}\pmb{\varepsilon}_2 + \cdots + a_{n2}\pmb{\varepsilon}_n, \\ \vdots \\ \pmb{\sigma}(\pmb{\varepsilon}_n) = a_{1n}\pmb{\varepsilon}_1 + a_{2n}\pmb{\varepsilon}_2 + \cdots + a_{nn}\pmb{\varepsilon}_n. \end{cases}$$

即

$$\pmb{\sigma}(\pmb{\varepsilon}_1, \pmb{\varepsilon}_2, \cdots, \pmb{\varepsilon}_n) = (\pmb{\sigma}(\pmb{\varepsilon}_1), \pmb{\sigma}(\pmb{\varepsilon}_2), \cdots, \pmb{\sigma}(\pmb{\varepsilon}_n))$$

$$= (\boldsymbol{\varepsilon}_1, \boldsymbol{\varepsilon}_2, \cdots, \boldsymbol{\varepsilon}_n) \begin{pmatrix} a_{11} & a_{12} & \cdots & a_{1n} \\ a_{21} & a_{22} & \cdots & a_{2n} \\ \vdots & \vdots & & \vdots \\ a_{n1} & a_{n2} & \cdots & a_{nn} \end{pmatrix}$$

$$= (\boldsymbol{\varepsilon}_1, \boldsymbol{\varepsilon}_2, \cdots, \boldsymbol{\varepsilon}_n) \boldsymbol{A}.$$

矩阵

$$\boldsymbol{A} = \begin{pmatrix} a_{11} & a_{12} & \cdots & a_{1n} \\ a_{21} & a_{22} & \cdots & a_{2n} \\ \vdots & \vdots & & \vdots \\ a_{n1} & a_{n2} & \cdots & a_{nn} \end{pmatrix}$$

称为线性变换 $\boldsymbol{\sigma}$ 在基 $\boldsymbol{\varepsilon}_1, \boldsymbol{\varepsilon}_2, \cdots, \boldsymbol{\varepsilon}_n$ 下的对应矩阵,其中 $\boldsymbol{A}$ 中第 j 列是 $\boldsymbol{\sigma}(\boldsymbol{\varepsilon}_j)$ 在基 $\boldsymbol{\varepsilon}_1, \boldsymbol{\varepsilon}_2, \cdots, \boldsymbol{\varepsilon}_n$ 下的坐标.

像向量的坐标 设 $\boldsymbol{\sigma}$ 是 n 维线性空间 S_n 的线性变换,$\boldsymbol{\varepsilon}_1, \boldsymbol{\varepsilon}_2, \cdots, \boldsymbol{\varepsilon}_n$ 是 S_n 的一组基,S_n 中向量 $\boldsymbol{\alpha}$ 在基下的坐标为 $(x_1, x_2, \cdots, x_n)$,则像向量 $\boldsymbol{\sigma}(\boldsymbol{\alpha})$ 在基 $\boldsymbol{\varepsilon}_1, \boldsymbol{\varepsilon}_2, \cdots, \boldsymbol{\varepsilon}_n$ 的坐标为 $(y_1, y_2, \cdots, y_n)$,且

$$\begin{pmatrix} y_1 \\ y_2 \\ \vdots \\ y_n \end{pmatrix} = A \begin{pmatrix} x_1 \\ x_2 \\ \vdots \\ x_n \end{pmatrix},$$

其中 A 是 σ 的对应矩阵.

同一个线性变换在不同基下的对应矩阵是相似矩阵

若 σ 在基 $\xi_1, \xi_2, \cdots, \xi_n$ 下的对应矩阵是 A,在基 $\eta_1, \eta_2, \cdots, \eta_n$ 下的对应矩阵是 B,而 $\xi_1, \xi_2, \cdots, \xi_n$ 到 $\eta_1, \eta_2, \cdots, \eta_n$ 的过渡矩阵是 C,则

$$B = C^{-1}AC.$$

相似矩阵可看做同一个线性变换在不同基下的对应矩阵.

线性变换的运算 设 σ, τ 是线性空间 S_n 的两个线性变换,则定义

加法:$(\sigma + \tau)(\alpha) = \sigma(\alpha) + \tau(\alpha)$;

数乘:$(k\sigma)(\alpha) = k\sigma(\alpha)$;

乘法:$(\tau\sigma)(\alpha) = \tau(\sigma(\alpha))$.

且 $\sigma + \tau, k\sigma, \tau\sigma$ 仍是线性变换.若 σ, τ 在 S_n 的基 $\varepsilon_1, \varepsilon_2, \cdots, \varepsilon_n$ 下的对应矩阵是 A, B,则 $\sigma + \tau, k\sigma, \tau\sigma$ 在基 $\varepsilon_1, \varepsilon_2, \cdots, \varepsilon_n$ 的对应矩阵分别是 $A + B, kA, BA$.

线性变换的特征值和特征向量 设 σ 是线性空间 S_n 的线性变换,α 是 S_n 上

的一个非零向量,若

$$\sigma(\alpha) = \lambda_0 \alpha,$$

其中 λ_0 是 S_n 中的数域 F 上的常数,则称 λ_0 是 σ 的特征值,α 是 σ 的属于特征值 λ_0 的特征向量.

σ 与其对应矩阵 A 的特征值、特征向量的关系

设 σ 在 S_n 中基 $\varepsilon_1, \varepsilon_2, \cdots, \varepsilon_n$ 下的对应矩阵是 A,σ 的特征向量 α 在该基下的坐标为 $x = (x_1, x_2, \cdots, x_n)$,那么,若 $\sigma(\alpha) = \lambda_0 \alpha$,则有 $Ax = \lambda_0 x$.

线性变换的值域和核 设 σ 是线性空间 S_n 的一个线性变换,则由 σ 的全体像组成的集合称为 σ 的值域,记作 $\mathrm{Im}\sigma$,即

$$\mathrm{Im}\sigma = \{\sigma(\alpha) \mid \alpha \in S_n\}.$$

$\mathrm{Im}\sigma$ 是 S_n 的子空间,它的维数称为 σ 的秩,记作 $r(\sigma)$,即 $r(\sigma) = \dim(\mathrm{Im}\sigma)$.

线性变换的核 由所有被 σ 变成零向量的向量组成的集合称为 σ 的核,记作 $\mathrm{Ker}\sigma$,即

$$\mathrm{Ker}\sigma = \{\xi \mid \sigma(\xi) = 0, \quad \xi \in S_n\}.$$

$\mathrm{Ker}\sigma$ 也是 S_n 的子空间,$\mathrm{Ker}\sigma$ 的维度称为 σ 的零度,记作 $n(\sigma)$,即 $n(\sigma) =$

dim(Kerσ).

有关线性变换值域与核的性质

若 $\varepsilon_1, \varepsilon_2, \cdots, \varepsilon_n$ 是 S_n 的一组基,A 是 σ 在这组基下的对应矩阵,则

(1) Im$\sigma = L(\sigma(\varepsilon_1), \sigma(\varepsilon_2), \cdots, \sigma(\varepsilon_n))$.

(2) r(σ) = r(A).

(3) dim(Kerσ) + dim(Imσ) = n = dimS_n = r(σ) + n(σ).

7.4 欧氏空间

内积 设 V 是实数域上的线性空间,如果对 V 内的每一对向量 α, β,都与一个确定的实数对应,这个实数记为 (α, β),并且满足下列条件:

(1) 对称性:$(\alpha, \beta) = (\beta, \alpha)$;

(2) 线性性:$(\alpha + \beta, \gamma) = (\alpha, \gamma) + (\beta, \gamma)$,$(k\alpha, \beta) = k(\alpha, \beta)$;

(3) 正定性:$(\alpha, \alpha) \geqslant 0$,等号成立当且仅当 $\alpha = 0$,则称这个实数 (α, β) 为向量 α, β 的内积,又称数量积或点积.

欧氏空间

定义了内积的实数域上的线性空间称为欧氏空间.即有了向量的度量性质的

线性空间称为欧氏空间.

向量的长度

$$\|\boldsymbol{\alpha}\| = \sqrt{(\boldsymbol{\alpha}, \boldsymbol{\alpha})}.$$

两向量间的夹角的余弦

$$\cos\langle\boldsymbol{\alpha}, \boldsymbol{\beta}\rangle = \frac{(\boldsymbol{\alpha}, \boldsymbol{\beta})}{\|\boldsymbol{\alpha}\|\|\boldsymbol{\beta}\|},$$

$\langle\boldsymbol{\alpha}, \boldsymbol{\beta}\rangle = \frac{\pi}{2} \Leftrightarrow (\boldsymbol{\alpha}, \boldsymbol{\beta}) = 0$,此时称两向量 $\boldsymbol{\alpha}, \boldsymbol{\beta}$ 正交.

柯西不等式

$$|(\boldsymbol{\alpha}, \boldsymbol{\beta})| \leqslant \|\boldsymbol{\alpha}\|\|\boldsymbol{\beta}\|.$$

三角不等式

$$\|\boldsymbol{\alpha} + \boldsymbol{\beta}\| \leqslant \|\boldsymbol{\alpha}\| + \|\boldsymbol{\beta}\|.$$

度量矩阵 设 $\boldsymbol{\varepsilon}_1, \boldsymbol{\varepsilon}_2, \cdots, \boldsymbol{\varepsilon}_n$ 是 V_n 的一组基,且有 $(\boldsymbol{\varepsilon}_i, \boldsymbol{\varepsilon}_j) = a_{ij}$ $(i, j = 1, 2, \cdots, n)$(显然 $a_{ij} = (\boldsymbol{\varepsilon}_i, \boldsymbol{\varepsilon}_j) = (\boldsymbol{\varepsilon}_j, \boldsymbol{\varepsilon}_i) = a_{ji}, i, j = 1, 2, \cdots, n$),令

$$\boldsymbol{A} = \begin{pmatrix} a_{11} & a_{12} & \cdots & a_{1n} \\ a_{21} & a_{22} & \cdots & a_{2n} \\ \vdots & \vdots & & \vdots \\ a_{n1} & a_{n2} & \cdots & a_{nn} \end{pmatrix} = \begin{pmatrix} (\boldsymbol{\varepsilon}_1, \boldsymbol{\varepsilon}_1) & (\boldsymbol{\varepsilon}_1, \boldsymbol{\varepsilon}_2) & \cdots & (\boldsymbol{\varepsilon}_1, \boldsymbol{\varepsilon}_n) \\ (\boldsymbol{\varepsilon}_2, \boldsymbol{\varepsilon}_1) & (\boldsymbol{\varepsilon}_2, \boldsymbol{\varepsilon}_2) & \cdots & (\boldsymbol{\varepsilon}_2, \boldsymbol{\varepsilon}_n) \\ \vdots & \vdots & & \vdots \\ (\boldsymbol{\varepsilon}_n, \boldsymbol{\varepsilon}_1) & (\boldsymbol{\varepsilon}_n, \boldsymbol{\varepsilon}_2) & \cdots & (\boldsymbol{\varepsilon}_n, \boldsymbol{\varepsilon}_n) \end{pmatrix}$$

$$= \begin{pmatrix} \boldsymbol{\varepsilon}_1 \\ \boldsymbol{\varepsilon}_2 \\ \vdots \\ \boldsymbol{\varepsilon}_n \end{pmatrix} (\boldsymbol{\varepsilon}_1, \boldsymbol{\varepsilon}_2, \cdots, \boldsymbol{\varepsilon}_n),$$

其中 $\boldsymbol{A} = \boldsymbol{A}^{\mathrm{T}}$,(元素的乘法是内积)则称 $\boldsymbol{A}$ 是 V_n 在基 $\boldsymbol{\varepsilon}_1, \boldsymbol{\varepsilon}_2, \cdots, \boldsymbol{\varepsilon}_n$ 下的度量矩阵. 显然度量矩阵由 V_n 的一组基的内积所确定.

内积的坐标表达式 设 $\boldsymbol{\varepsilon}_1, \boldsymbol{\varepsilon}_2, \cdots, \boldsymbol{\varepsilon}_n$ 是 V_n 的一组基,$\boldsymbol{\alpha} = x_1 \boldsymbol{\varepsilon}_1 + x_2 \boldsymbol{\varepsilon}_2 + \cdots + x_n \boldsymbol{\varepsilon}_n$, $\boldsymbol{\beta} = y_1 \boldsymbol{\varepsilon}_1 + y_2 \boldsymbol{\varepsilon}_2 + \cdots + y_n \boldsymbol{\varepsilon}_n$,则

$$(\boldsymbol{\alpha}, \boldsymbol{\beta}) = (x_1, x_2, \cdots, x_n) \begin{pmatrix} \boldsymbol{\varepsilon}_1 \\ \boldsymbol{\varepsilon}_2 \\ \vdots \\ \boldsymbol{\varepsilon}_n \end{pmatrix} (\boldsymbol{\varepsilon}_1, \boldsymbol{\varepsilon}_2, \cdots, \boldsymbol{\varepsilon}_n) \begin{pmatrix} y_1 \\ y_2 \\ \vdots \\ y_n \end{pmatrix}$$

$$= \boldsymbol{x}^{\mathrm{T}} \boldsymbol{A} \boldsymbol{y}.$$

不同基下的度量矩阵是合同矩阵 设 $\boldsymbol{\varepsilon}_1, \boldsymbol{\varepsilon}_2, \cdots, \boldsymbol{\varepsilon}_n$;$\boldsymbol{\eta}_1, \boldsymbol{\eta}_2, \cdots, \boldsymbol{\eta}_n$ 是 V_n 的两组基,其中

$$A = \begin{pmatrix} \boldsymbol{\varepsilon}_1 \\ \boldsymbol{\varepsilon}_2 \\ \vdots \\ \boldsymbol{\varepsilon}_n \end{pmatrix} (\boldsymbol{\varepsilon}_1, \boldsymbol{\varepsilon}_2, \cdots, \boldsymbol{\varepsilon}_n) = \begin{pmatrix} a_{11} & a_{12} & \cdots & a_{1n} \\ a_{21} & a_{22} & \cdots & a_{2n} \\ \vdots & \vdots & & \vdots \\ a_{n1} & a_{n2} & \cdots & a_{nn} \end{pmatrix},$$

$$B = \begin{pmatrix} \boldsymbol{\eta}_1 \\ \boldsymbol{\eta}_2 \\ \vdots \\ \boldsymbol{\eta}_n \end{pmatrix} (\boldsymbol{\eta}_1, \boldsymbol{\eta}_2, \cdots, \boldsymbol{\eta}_n) = \begin{pmatrix} b_{11} & b_{12} & \cdots & b_{1n} \\ b_{21} & b_{22} & \cdots & b_{2n} \\ \vdots & \vdots & & \vdots \\ b_{n1} & b_{n2} & \cdots & b_{nn} \end{pmatrix},$$

且 $(\boldsymbol{\eta}_1, \boldsymbol{\eta}_2, \cdots, \boldsymbol{\eta}_n) = (\boldsymbol{\varepsilon}_1, \boldsymbol{\varepsilon}_2, \cdots, \boldsymbol{\varepsilon}_n)C$，则有 $B = C^{\mathrm{T}}AC$.

标准正交基 若 $\boldsymbol{\varepsilon}_1, \boldsymbol{\varepsilon}_2, \cdots, \boldsymbol{\varepsilon}_n$ 是欧氏空间的一组基，且满足

$$(\boldsymbol{\varepsilon}_i, \boldsymbol{\varepsilon}_j) = \begin{cases} 1, & i = j, \\ 0, & i \neq j, \end{cases}$$

则称基 $\boldsymbol{\varepsilon}_1, \boldsymbol{\varepsilon}_2, \cdots, \boldsymbol{\varepsilon}_n$ 为标准正交基.

标准正交基下的度量矩阵是单位矩阵 W 是欧氏空间 V 的一个子空间，$\boldsymbol{\alpha}$ 是 V 的一个向量，若对 $\forall \boldsymbol{\beta} \in W$，都有

$$(\boldsymbol{\alpha}, \boldsymbol{\beta}) = 0,$$

则称 $\boldsymbol{\alpha}$ 与 W 正交,记作 $\boldsymbol{\alpha} \perp W$.

正交子空间 设 W_1, W_2 是欧氏空间的两个子空间,若对于 $\forall \boldsymbol{\alpha} \in W_1, \forall \boldsymbol{\beta} \in W_2$,都有

$$(\boldsymbol{\alpha}, \boldsymbol{\beta}) = 0,$$

则称 W_1, W_2 正交,记作 $W_1 \perp W_2$.

正交补 W_1, W_2 是欧氏空间 V 的两个子空间,满足

$$W_1 \perp W_2, \quad W_1 + W_2 = V,$$

则称 W_2 为 W_1 的正交补(或 W_1 是 W_2 的正交补).正交补是惟一的,记作 $W_2 = W_1^\perp$.

正交变换 如果欧氏空间的线性变换 σ 保持向量的内积不变,即对 $\forall \boldsymbol{\alpha}, \boldsymbol{\beta} \in V$,有

$$(\sigma(\boldsymbol{\alpha}), \sigma(\boldsymbol{\beta})) = (\boldsymbol{\alpha}, \boldsymbol{\beta}),$$

则称 σ 是正交变换.

正交变换的充分必要条件 σ 是 V 的正交变换 $\Leftrightarrow \|\sigma(\boldsymbol{\alpha})\| = \|\boldsymbol{\alpha}\| \Leftrightarrow \varepsilon_1, \varepsilon_2, \cdots, \varepsilon_n$ 是标准正交基,则 $\sigma(\varepsilon_1), \sigma(\varepsilon_2), \cdots, \sigma(\varepsilon_n)$ 也是标准正交基 $\Leftrightarrow \sigma$ 在标准正交基下的对应矩阵是正交矩阵.

第 3 篇

概率论与数理统计

第 3 篇

概率论与数理统计

第1章 概率论的基本概念

1.1 随机事件和样本空间

随机现象 在一定条件下可能发生,也可能不发生的现象叫做**随机现象**.随机现象有两个特点:(1)在一次观察中,现象可能发生也可能不发生,即结果呈现不确定性;(2)在大量重复观察中,其结果具有统计规律性.

随机试验 具有以下几个特点的试验叫做**随机试验**,用 E 表示.

(1) 试验具有明确的目的;

(2) 在相同条件下,试验可以重复进行;

(3) 试验的结果不止一个,所有结果事先都能明确地指出来;

(4) 每次试验之前,不能确定会出现哪个结果.

随机事件 随机试验中每一个可能出现的结果叫做**随机事件**,用 A, B, C 表示.

(1) 基本事件:试验中最简单的,不能再分的事件叫做**基本事件**.

(2) **复合事件**：由至少两个基本事件构成的事件叫做**复合事件**.

(3) **必然事件**：必定要发生的事件叫做**必然事件**.

(4) **不可能事件**：必定不会发生的事件叫做**不可能事件**.

样本空间 每一个基本事件叫做一个样本点；全体样本点的集合叫做样本空间，记作 Ω.

样本空间是样本点的全集，样本点是样本空间的元素. 样本空间是必然事件.

样本空间有以下三种类型：

(1) 有限集合：样本空间中的样本点个数是有限的.

(2) 无限可列集合：样本空间中的样本点个数是无限的，但可以列出来.

(3) 无限不可列集合：样本空间中的样本点个数是无限的，又不能列出.

事件的关系

(1) 包含关系：若事件 B 发生必然导致事件 A 发生，则称事件 A 包含事件 B，记为 $A \supset B$.

(2) 相等关系：若 $A \supset B$，且 $B \supset A$，则称事件 A 与事件 B 相等，记为 $A = B$.

(3) 事件的并：$A \cup B$. 若事件 A, B 中至少一个发生，则事件 $A \cup B$ 发生.

(4) 事件的交：$A \cap B = AB$. 若事件 A, B 同时发生，则称事件 AB 发生. AB 又叫做事件 A, B 的积.

(5) 互斥事件：若 $AB = \varnothing$，则称 A 与 B 为互斥事件（互不相容事件）.

(6) 对立事件：若 $AB = \varnothing$ 且 $A \cup B = \Omega$，则称 A 与 B 为对立事件，记为 $A = \bar{B}$ 或 $B = \bar{A}$，$\bar{A}$ 简称为 A 非，$\bar{B}$ 简称为 B 非.

(7) 事件的差：$A - B = A - AB = A\bar{B}$.

以上这些关系，可以用图形（也称文氏图）表示（见图 1.1）.

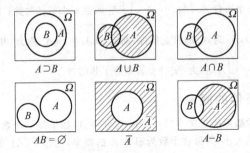

图 1.1　事件的关系

事件的运算规则

(1) 交换律：$A \cup B = B \cup A$；$A \cap B = B \cap A$.

(2) 结合律：$A \cup (B \cup C) = (A \cup B) \cup C$；

$A \cap (B \cap C) = (A \cap B) \cap C$.

(3) 分配律：$A \cup (B \cap C) = (A \cup B) \cap (A \cup C)$；

$A \cap (B \cup C) = (A \cap B) \cup (A \cap C)$.

(4) 德·摩根(De Morgan)律：$\overline{A \cup B} = \overline{A} \cap \overline{B}$；$\overline{A \cap B} = \overline{A} \cup \overline{B}$.

推广：对 n 个事件 $A_1, A_2, \cdots, A_n$，$\bigcup\limits_{i=1}^{n} A_i$ 叫做 n 个事件的并；$\bigcap\limits_{i=1}^{n} A_i$ 叫做 n 个事件的交(或积)，$\overline{A_i}$ 为 A_i 的对立事件，则有 $\overline{\bigcup\limits_{i=1}^{n} A_i} = \bigcap\limits_{i=1}^{n} \overline{A_i}$ 称为"并的非等于非的交(积)"；$\overline{\bigcap\limits_{i=1}^{n} A_i} = \bigcup\limits_{i=1}^{n} \overline{A_i}$ 称为"交(积)的非等于非的并".

1.2 随机事件的概率

随机事件的概率的定义　对一个随机事件 A，如果用一个数能表示事件 A 发生的可能性的大小，则称这个数为事件 A 的概率，记作 $P(A)$. 简言之，事件 A 的概率就是事件 A 发生的可能性大小的数量描述.

古典概型的特点

(1) 样本空间由有限个样本点构成 $\Omega=\{e_1,e_2,\cdots,e_n\}$;

(2) 每个样本点出现的可能性相等:$P(e_1)=P(e_2)=\cdots=P(e_n)=\dfrac{1}{n}$.

古典概型事件 A 的概率计算公式

$$P(A)=\frac{m}{n},$$

其中 n 为样本空间中样本点总数,m 为事件 A 包含的样本点个数.

概率的统计定义

1. 频率

设在随机试验 E 中进行 n 次重复试验. 如果事件 A 出现 n_A 次,则比值 $f_n(A)=\dfrac{n_A}{n}$ 称为事件 A 出现的频率.

频率的一般性质:

(1) $0 \leqslant f_n(A) \leqslant 1$;

(2) $f_n(\Omega)=1$;

(3) 若事件 A_1,A_2 互斥,则 $f_n(A_1 \bigcup A_2)=f_n(A_1)+f_n(A_2)$.

推广：若事件 $A_1, A_2, \cdots, A_k$ 两两互斥，则

$$f_n\left(\bigcup_{i=1}^{k} A_i\right) = \sum_{i=1}^{k} f_n(A_i).$$

2. 概率的统计定义

在随机试验 E 中，当试验次数 n 逐渐增大时，频率值 $f_n(A)$ 趋于稳定，即在某个数 p 附近波动，称数 p 为事件 A 的概率，即 $P(A) = p$. 当 n 很大时，$f_n(A) \approx p$. 人们总是用 n 很大时的 $f_n(A)$ 作为 $P(A)$ 的近似值，即 $P(A) \approx f_n(A)$（n 很大）.

概率的公理化定义 设有随机试验 E，样本空间为 Ω，对于 E 中的事件 A，赋予一个实数 $P(A)$，如果满足

(1) $0 \leqslant P(A) \leqslant 1$；

(2) $P(\Omega) = 1$；

(3) 对任何两两互斥的事件组 $\{A_i\}$ $(i = 1, 2, 3, \cdots)$ 有

$$P\left(\bigcup_{i=1}^{\infty} A_i\right) = \sum_{i=1}^{\infty} P(A_i).$$

则称 $P(A)$ 为事件 A 的概率.

概率的性质

(1) 对任何事件 A 都有 $0 \leqslant P(A) \leqslant 1$；

(2) $P(\Omega)=1, P(\varnothing)=0$；

(3) 对两两互斥事件组有 $P(\bigcup_{i=1}^{n} A_i) = \sum_{i=1}^{n} P(A_i)$；

(4) $P(A)+P(\overline{A})=1$，或 $P(\overline{A})=1-P(A), P(A)=1-P(\overline{A})$；

(5) 加法定理：对任何事件 A, B，有
$$P(A \cup B) = P(A) + P(B) - P(AB);$$

推广：设有 n 个事件，$A_1, A_2, \cdots, A_n$，则有
$$P(\bigcup_{i=1}^{n} A_i) = \sum_{i=1}^{n} P(A_i) - \sum_{i \neq j} P(A_i A_j) + \sum_{i \neq j \neq k} P(A_i A_j A_k) - \cdots + (-1)^{n-1} P(A_1 A_2 \cdots A_n).$$

(6) $P(A \cup B) = 1 - P(\overline{A \cup B}) = 1 - P(\overline{A}\,\overline{B})$；

推广：$P(\bigcup_{i=1}^{n} A_i) = 1 - P(\bigcap_{i=1}^{n} \overline{A_i})$.

(7) 若 $A \supset B$，则 $P(A-B) = P(A) - P(B)$，并且 $P(A) \geqslant P(B)$；

(8) $P(A\bar{B}) = P(A-B) = P(A-AB) = P(A) - P(AB)$, $P(A\bar{B}) = P(A \cup B) - P(B)$.

1.3 条件概率

条件概率的定义 设两事件 A, B,且 $P(A) > 0$,则称

$$P(B \mid A) = \frac{P(AB)}{P(A)}$$

为事件 A 发生的条件下,事件 B 发生的条件概率.

条件概率与概率有相同的性质:

(1) 对任一事件 B, $0 \leqslant P(B|A) \leqslant 1$;

(2) $P(\Omega \mid A) = 1$;

(3) 若 $B_1, B_2, \cdots$ 是两两互斥事件,则有

$$P(\bigcup_{i=1}^{\infty} B_i \mid A) = \sum_{i=1}^{\infty} P(B_i \mid A);$$

(4) 对任意两事件 B_1, B_2,有

$$P(B_1 \cup B_2 \mid A) = P(B_1 \mid A) + P(B_2 \mid A) - P(B_1 B_2 \mid A).$$

条件概率中的条件事件 A 起着样本空间的作用,被称为缩小的样本空间.

乘法定理(公式) 对事件 A,B,且 $P(A)>0,P(B)>0$,则有
$$P(AB) = P(A)P(B\mid A),$$
$$P(AB) = P(B)P(A\mid B);$$

推广:对事件 $A_1,A_2,\cdots,A_n$,且 $P(A_1A_2\cdots A_{n-1})>0$,则有
$$P(A_1A_2\cdots A_n) = P(A_1)P(A_2\mid A_1)\cdots P(A_n\mid A_1A_2\cdots A_{n-1}).$$

乘法公式是计算交事件概率的基本公式.

全概率公式和逆概率公式

1. 全概率公式

(1) 划分(分割):设 Ω 为随机试验 E 的样本空间,$B_1,B_2,\cdots,B_n$ 为 E 中的一组事件,如果① $B_iB_j = \varnothing, i\neq j, i,j = 1,2,\cdots,n$. ② $\bigcup_{i=1}^{n} B_i = \Omega$. 则称 $\{B_1,B_2,\cdots,B_n\}$ 为样本空间 Ω 的一个划分(又叫分割,分划).

若 $\{B_1,B_2,\cdots,B_n\}$ 为 Ω 的一个划分,则对每次试验,事件 $B_1,B_2,\cdots,B_n$ 中必有一个且仅有一个发生.

(2) 全概率公式:设 Ω 是试验 E 的样本空间,A 为 E 中的一个事件. $\{B_1,$

$B_2, \cdots, B_n\}$ 为 Ω 的一个划分,且 $P(B_i)>0 (i=1,2,\cdots,n)$,则有

$$P(A) = \sum_{i=1}^{n} P(B_i)P(A \mid B_i),$$

并称之为全概率公式.

概率论的重要问题之一就是希望从已知的比较简单的事件的概率,推算出未知的比较复杂的事件的概率.为此,人们在处理问题时,经常把一个复杂事件分解成若干个互斥的简单事件的并,再分别计算这些简单事件的概率,最后利用概率的可加性,得出复杂事件的概率.全概率公式就是起着这种重要作用的基本公式.它在实践中有着广泛的应用.

2. 逆概率公式(贝叶斯公式)

通常称概率 $P(B_i|A)$ 为 $P(A|B_i)$ 的逆概率,自然就称计算概率 $P(B_i|A)$ 的公式为逆概率公式.

设 Ω 是试验 E 的样本空间,A 为 E 中的一个事件,$\{B_1, B_2, \cdots, B_n\}$ 为 Ω 的一个划分,且 $P(A)>0, P(B_i)>0 (i=1,2,\cdots,n)$,则有

$$P(B_i \mid A) = \frac{P(AB_i)}{P(A)} = \frac{P(B_i)P(A \mid B_i)}{\sum_{i=1}^{n} P(B_i)P(A \mid B_i)} \quad (i=1,2,\cdots,n).$$

这就是逆概率公式(贝叶斯公式).

1.4 事件的独立性

两事件的独立性 若 $P(B|A) = P(B)$,则称 B 对 A 是独立的,又叫做 A 与 B 独立.

(1) 事件 A 与 B 独立的充分必要条件是 $P(AB) = P(A)P(B)$.

(2) 设两事件 $A,B,0 < P(A) < 1,A$ 与 B 独立的充分必要条件是

$$P(B \mid A) = P(B \mid \overline{A}).$$

(3) 若事件 A 与 B 独立,则 A 与 $\overline{B}$,$\overline{A}$ 与 B,$\overline{A}$ 与 $\overline{B}$ 都相互独立.

推论 对事件 A 与 B,A 与 $\overline{B}$,$\overline{A}$ 与 B,$\overline{A}$ 与 $\overline{B}$,只要有一对相互独立,其余三对都相互独立.

(4) 在 $P(A) > 0, P(B) > 0$ 的情况下,A 与 B 独立和 A 与 B 互斥不能同时成立,即独立一定不互斥,互斥一定不独立.

三事件的独立性

定义 1 设 A,B,C 是三事件,如果

$$\begin{cases} P(AB) = P(A)P(B), \\ P(BC) = P(B)P(C), \\ P(AC) = P(A)P(C), \end{cases}$$

则称三事件 A,B,C **两两独立**.

定义 2 设 A,B,C 是三事件,如果

$$\begin{cases} P(AB) = P(A)P(B), \\ P(BC) = P(B)P(C), \\ P(AC) = P(A)P(C), \\ P(ABC) = P(A)P(B)P(C), \end{cases}$$

则称 A,B,C 为**相互独立**的事件.

一般地,当事件 A,B,C 两两独立时,等式

$$P(ABC) = P(A)P(B)P(C)$$

不一定成立.

A,B,C 两两独立是 A,B,C 相互独立的必要条件但不是充分条件.

n 个事件的独立性 设 $A_1,A_2,\cdots,A_n$ 是 n 个事件,如果对于任意 $k(1<k\leqslant n)$,$1\leqslant i_1<i_2<\cdots<i_k\leqslant n$,具有等式

$$P(A_{i_1}A_{i_2}\cdots A_{i_k}) = P(A_{i_1})P(A_{i_2})\cdots P(A_{i_k}),$$

则称 $A_1, A_2, \cdots, A_n$ 为**相互独立的事件**.

注 在上式中包含的等式总数为

$$\binom{n}{2} + \binom{n}{3} + \cdots + \binom{n}{n} = (1+1)^n - \binom{n}{1} - \binom{n}{0} = 2^n - n - 1.$$

在实际应用中,对于事件的独立性,往往不是根据定义来判断,而是根据实际意义来加以判断的.

如果已知 n 个事件相互独立,则对其中的任何 $k(1 < k \leqslant n)$ 个事件,交事件的概率等于其中各个事件概率的乘积.

第 2 章 随机变量及其分布

2.1 随机变量

随机变量定义 设随机试验 E 的样本空间为 Ω,如果对于 Ω 内的每一个样本点 e 都有一个实数 X 与之对应,则称 X 为随机变量,记为 $X=X(e)$.

简言之,随机变量就是定义在样本空间 Ω 上的样本点 e 的实值函数 $X(e)$.

就取值情况而言,随机变量分为两类:

(1) 离散型随机变量:X 取值为有限个或无限可列多个;

(2) 连续型随机变量:X 取值不可列,且是在某区间(有限或无限)上连续取值,或最多有限个值不取.

随机变量的取值是有概率规律的,这种概率规律叫做随机变量的概率分布. 在概率分布的描述上,离散型随机变量和连续型随机变量所采用的方法是不同的. 前者主要采用列举法,后者主要采用积分法.

2.2 离散型随机变量的概率分布

分布律 $P\{X=x_k\}=p_k, k=1,2,\cdots$

性质 (1) $p_k \geqslant 0$； (2) $\sum_k p_k = 1$.

求 X 的分布律要特别注意两点：

(1) 首先确定 X 的取值，通常是根据 X 的实际情况确定 X 的取值范围.

(2) 求出 X 取各个值时的概率. X 取某个值总是对应着某个随机事件，这个随机事件的概率就是随机变量取对应值的概率.

几个重要的离散型随机变量的概率分布

1. (0-1)分布

$$P\{X=k\} = p^k(1-p)^{1-k}, \quad k=0,1.$$

X	0	1
$P\{X=k\}$	$1-p$	p

$k=0,1$

2. 二项分布

(1) 伯努利试验：设试验重复进行 n 次，若各次出现什么结果互不影响，则称

这 n 次试验相互独立. 若将试验 E 独立地重复进行 n 次, 如果每次试验都只有两个结果 A 或 $\overline{A}$, 则称这个试验为 n 重伯努利试验. 伯努利试验是一个很重要的数学模型.

(2) 二项分布: 在 n 重伯努利试验中, 若 $P(A)=p, P(\overline{A})=1-p$. 记 X 为 n 次试验中事件 A 发生的次数, 显然 X 是一个随机变量, 它的取值为 $0,1,2,\cdots,n$, 它的分布律为

$$P\{X=k\} = C_n^k p^k (1-p)^{n-k}, \quad k=0,1,2,\cdots,n,$$

称 X 服从参数为 n, p 的二项分布, 记为 $X \sim B(n,p)$.

二项分布是一种非常重要的分布, 在实践中大量存在, 有着广泛的应用, 特别是在产品的抽样检查中用得最多.

(3) 二项分布与 (0-1) 分布有着密切关系:

其一, 在二项分布中, 若 $n=1$, 二项分布就变成 (0-1) 分布;

其二, 在 n 次伯努利试验中, 若只考虑某一次试验, 比如第 i 次试验, 可定义随机变量 X_i 如下:

$$X_i = \begin{cases} 1, & \text{当 } A_i \text{ 发生时}, \\ 0, & \text{当 } \overline{A_i} \text{ 发生时}, \end{cases} \quad i=1,2,\cdots,n,$$

X_i 服从(0-1)分布. 对前面的 X, 显然有 $X = \sum_{i=1}^{n} X_i$. 而 X 服从二项分布. 所以说: n 个服从(0-1)分布的且相互独立的随机变量 X_i 的和服从二项分布.

(4) 二项分布分布律中概率的最大值问题: $X \sim B(n, p)$.

① 取 $k_0 = [(n+1)p]$, $P\{X = k_0\}$ 为分布律中的最大值; $[\cdot]$ 为取整记号.

② 若 $(n+1)p = k_0$ 为整数, 则 $P\{X = k_0\} = P\{X = k_0 - 1\}$ 同为分布律中的最大值.

3. 泊松分布

(1) 定义: 对于常数 $\lambda > 0$, 如果随机变量 X 的分布律为

$$P\{X = k\} = \frac{\lambda^k e^{-\lambda}}{k!}, \quad k = 0, 1, 2, \cdots,$$

则称 X 服从参数为 λ 的泊松分布, 记为 $X \sim P(\lambda)$.

(2) 泊松定理: 设有 $X \sim B(n, p_n)$ 和常数 $\lambda > 0$, 如果 $np_n = \lambda$, 则

$$\lim_{n \to +\infty} C_n^k p_n^k (1 - p_n)^{n-k} = \frac{\lambda^k e^{-\lambda}}{k!}, \quad k = 0, 1, 2, \cdots.$$

泊松定理说明, 当 $n \to +\infty$ 时, 二项分布的极限分布为泊松分布. 这从理论上说明了泊松分布的来源. 另一方面也表明, 当 n 很大很大时, 二项分布可以用泊松

分布近似代替.

实践中,对 $X \sim B(n,p)$ 的情况,当 $n \geqslant 50, np \leqslant 10$ 时,记 $\lambda = np$. 则有
$$C_n^k p^k (1-p)^{n-k} \approx \frac{\lambda^k e^{-\lambda}}{k!}.$$

(3) 泊松分布分布律中概率的最大值问题

① 取 $k_0 = [\lambda]$,$P\{X = k_0\}$ 是分布律中的最大值;

② 若 λ 为整数,$P\{X = \lambda\} = P\{X = \lambda - 1\}$ 同为最大值.

4. 超几何分布

模型实例:设有产品 l 件,其中正品 N 件,次品 M 件($l = M + N$),从中随机地抽取 n 件,$n \leqslant \min(N, M)$,记 X 为其中的正品件数,求 X 的分布律.

X 取值为 $0, 1, 2, \cdots, n$.

(1) 有放回抽取:记 $\dfrac{N}{l} = p$,$\dfrac{M}{l} = 1 - p$,看成 n 重伯努利试验.

$$P\{X = k\} = C_n^k p^k (1-p)^{n-k}, \quad k = 0, 1, 2, \cdots, n,$$

$X \sim B(n, p)$,即参数为 n, p 的二项分布.

(2) 不放回抽取:按古典概型处理

$$P\{X=k\} = \frac{C_N^k C_M^{n-k}}{C_l^n}, \quad k=0,1,2,\cdots,n.$$

称 X 服从超几何分布.

当产品总数无限增多时,正品数、次品数都无限增多时,并记 $\frac{N}{l} \to p, \frac{M}{l} \to 1-p$, 则有

$$\lim \frac{C_N^k C_M^{n-k}}{C_l^n} = C_n^k p^k (1-p)^{n-k}, \quad k=0,1,2,\cdots,n.$$

说明超几何分布的极限分布为二项分布.

当产品总数很大时,或说 n 相对于 l, M, N 很小时,有

$$\frac{C_N^k C_M^{n-k}}{C_l^n} \approx C_n^k \left(\frac{N}{l}\right)^k \left(\frac{M}{l}\right)^{n-k}.$$

5. 负二项分布(帕斯卡(Pascal)分布)

模型实例:在伯努利试验中,A 表示"成功",$\overline{A}$ 表示"失败". $P(A) = p, P(\overline{A}) = 1-p$. 引入随机变量 X,它表示第 r 次成功出现在第 X 次试验. 显然 X 取值为 $r, r+1, \cdots$. 求 X 的分布律 $P\{X=k\}, k=r, r+1, \cdots$.

这个问题可以这样描述:第 r 次成功正好出现在第 k 次试验. 前 $k-1$ 次试验

中正好有 $r-1$ 次成功. 若记 Y 为前 $k-1$ 次试验中成功的次数, 显然 $Y\sim B(k-1,p)$, 即 $P\{Y=k-1\}=C_{k-1}^{r-1}p^{r-1}(1-p)^{k-r}$. 第 k 次正好是成功, 概率为 p. 所以 $P\{X=k\}=P\{Y=r-1\}\cdot p$, 即

$$P\{X=k\}=C_{k-1}^{r-1}p^r(1-p)^{k-r},$$

称 X 服从负二项分布.

6. 几何分布

在负二项分布中, 若 $r=1$, 分布律就成为

$$P\{X=k\}=p(1-p)^{k-1},\quad k=1,2,\cdots.$$

这时称 X 服从几何分布.

几何分布是负二项分布的特例. 它描述了"首次(第一次)成功出现在第 k 次试验"的数学模型.

2.3 随机变量的分布函数

随机变量的分布函数 设 X 是随机变量, x 为普通变量, 则称函数 $P\{X\leqslant x\}$ 为 X 的分布函数, 记为

$$F(x) = P\{X \leqslant x\} \quad (-\infty < x < +\infty).$$

分布函数 $F(x)$ 是 x 的函数.

分布函数的基本性质

(1) $0 \leqslant F(x) \leqslant 1$.

(2) $F(-\infty) = \lim\limits_{x \to -\infty} F(x) = 0$; $F(+\infty) = \lim\limits_{x \to +\infty} F(x) = 1$.

(3) $F(x)$ 是 x 的不减函数,即对任何 $x_1 < x_2$,恒有 $F(x_1) \leqslant F(x_2)$.

(4) $F(x)$ 是 x 的右连续函数,即对任何点 x_0,恒有 $F(x_0) = \lim\limits_{x \to x_0^+} F(x)$.

$$P(X < x_0) = \lim_{x \to x_0^-} F(x) \xlongequal{\text{记为}} F(x_0^-).$$

(5) 用分布函数表示概率.

$P\{X = a\} = P\{X \leqslant a\} - P\{X < a\} = F(a) - F(a^-)$.

$P\{X > a\} = 1 - P\{X \leqslant a\} = 1 - F(a)$.

$P\{a < X \leqslant b\} = P\{X \leqslant b\} - P\{X \leqslant a\} = F(b) - F(a)$.

$P\{a < X < b\} = P\{X < b\} - P\{X \leqslant a\} = F(b^-) - F(a)$.

$P\{a \leqslant X \leqslant b\} = P\{X \leqslant b\} - P\{X < a\} = F(b) - F(a^-)$.

$P\{a \leqslant X < b\} = P\{X < b\} - P\{X < a\} = F(b^-) - F(a^-)$.

(6) 离散型随机变量的分布函数为
$$F(x) = P\{X \leqslant x\} = \sum_{x_k \leqslant x} P\{X = x_k\}.$$

$F(x)$ 的值是 $X=x$ 点的左边(含 x 点)全部所有点概率值的累加和.

$F(x)$ 的图形是右升的台阶形,每个台阶处的跃度等于 X 取该值的概率. 基于这点,由 X 的分布函数的图形可以求出 X 的分布律.

2.4 连续型随机变量的概率分布

概率密度函数 设随机变量 X 的分布函数为 $F(x)$,且有非负值函数 $f(x)$,如果 $F(x) = \int_{-\infty}^{x} f(t) \mathrm{d}t$,则称 $f(x)$ 为 X 的**概率密度函数**,简称为**密度函数**.

概率密度函数的性质

(1) $f(x) \geqslant 0$.

(2) $\int_{-\infty}^{+\infty} f(x) \mathrm{d}x = 1$.

(3) $F(x)$ 是连续函数.

(4) 对任何点 x,恒有 $P\{X=x\}=0$. 由此可想到,概率为 0 的事件,不一定是不可能事件.

(5) 在 $f(x)$ 的连续点,$F(x)$ 可导,且有 $F'(x)=f(x)$.

对任何值 a,b,都有
$$\begin{aligned}P\{a<X\leqslant b\}&=P\{a\leqslant X\leqslant b\}=P\{a\leqslant X<b\}\\&=P\{a<X<b\}\\&=\int_a^b f(x)\mathrm{d}x=F(b)-F(a).\end{aligned}$$

由此可看出,对连续型随机变量,个别点(甚至有限个点)的存在与否,不影响区间上的概率值.

几个重要的连续型随机变量的概率分布

1. 均匀分布 $X\sim U(a,b)$

$$f(x)=\begin{cases}\dfrac{1}{b-a},&a<x<b,\\0,&\text{其他}.\end{cases}$$

$$F(x)=\begin{cases}0,&x\leqslant a,\\\dfrac{x-a}{b-a},&a<x<b,\\1,&x\geqslant b.\end{cases}$$

性质 若$(c,d)\subset(a,b)$,则有 $P\{c\leqslant X\leqslant d\}=\dfrac{d-c}{b-a}$(几何概率).

2. 指数分布 $X\sim E(\lambda)$

$$f(x)=\begin{cases}\lambda e^{-\lambda x}, & x>0,\\ 0, & x\leqslant 0.\end{cases}$$

$$F(x)=\begin{cases}0, & x>0,\\ 1-e^{-\lambda x}, & x\leqslant 0.\end{cases}$$

性质 若$X\sim E(\lambda)$,则对任何正数x,x_0,必有 $P\{X>x+x_0\mid X>x_0\}=P\{X>x\}$.

3. 正态分布 $X\sim N(\mu,\sigma^2)$

密度函数:$f(x)=\dfrac{1}{\sqrt{2\pi}\sigma}e^{-\frac{(x-\mu)^2}{2\sigma^2}}$ $(-\infty<x<+\infty)$.

(1) $x=\mu$是$f(x)$图形的对称中心,μ的大小影响图形的位置;

(2) σ的大小影响图形的形象,σ大,图形"矮胖",σ小,图形"瘦高".

标准正态分布: $X\sim N(0,1),\mu=0,\sigma=1$.

密度函数： $\varphi(x)=\dfrac{1}{\sqrt{2\pi}}e^{-\frac{x^2}{2}}$ $(-\infty<x<+\infty)$

分布函数： $\Phi(x)=\int_{-\infty}^{x}\dfrac{1}{\sqrt{2\pi}}e^{-\frac{t^2}{2}}dt.$ 可查表求函数值.

重要性质：

(1) $\Phi(x)+\Phi(-x)=1.$

(2) $\Phi(x)-\Phi(-x)=2\Phi(x)-1.$

(3) 若 $X\sim N(\mu,\sigma^2)$，则 $X^{*}=\dfrac{X-\mu}{\sigma}\sim N(0,1).$ 称 X^{*} 为标准化随机变量.

由 X 得到 X^{*} 这种做法叫正态分布的标准化步骤.解决正态分布的计算问题最重要的,首先要考虑的就是对 X 进行标准化.

(4) 设 $X\sim N(\mu,\sigma^2)$，则 $P\{a\leqslant X\leqslant b\}=\Phi\left(\dfrac{b-\mu}{\sigma}\right)-\Phi\left(\dfrac{a-\mu}{\sigma}\right).$

特例： $P\{\mu-k\sigma\leqslant X\leqslant \mu+k\sigma\}=\Phi\left(\dfrac{\mu+k\sigma-\mu}{\sigma}\right)-\Phi\left(\dfrac{\mu-k\sigma-\mu}{\sigma}\right)$
$=\Phi(k)-\Phi(-k)=2\Phi(k)-1.$

它的等价形式为

$$P\{|X-\mu| \leqslant k\sigma\} = 2\Phi(k) - 1.$$

此概率值与 μ, σ 的大小无关，只与 k 的数值有关。由此得出下面几个重要数字：

$$P\{|X-\mu| \leqslant \sigma\} = 2\Phi(1) - 1 \approx 2 \times 0.8413 - 1 = 0.6826.$$
$$P\{|X-\mu| \leqslant 2\sigma\} = 2\Phi(2) - 1 \approx 2 \times 0.9772 - 1 = 0.9544.$$
$$P\{|X-\mu| \leqslant 3\sigma\} = 2\Phi(3) - 1 \approx 2 \times 0.9987 - 1 = 0.9974.$$

最后一个数值说明 X 落在区间 $[\mu-3\sigma, \mu+3\sigma]$ 上的概率达到 99.74%。它表明 X 落在上述区间之外的概率已不足 0.3%。可以认为 X 几乎不在该区间之外取值。这个结果在专业上通常称为"3σ 规则"。

4. Γ 分布

设随机变量 X，若 X 的概率密度函数为

$$f(x) = \begin{cases} \dfrac{\lambda^r}{\Gamma(r)} x^{r-1} \mathrm{e}^{-\lambda x}, & x > 0, \\ 0, & x \leqslant 0, \end{cases} \quad \lambda > 0, \quad r > 0,$$

则称 X 服从参数为 λ, r 的伽马分布，简称为 Γ 分布，记为 $X \sim G(\lambda, r)$，其中 $\Gamma(r)$ 为 Γ 函数，定义为

$$\Gamma(r) = \int_0^{+\infty} x^{r-1} \mathrm{e}^{-x} \mathrm{d}x.$$

Γ 函数有下面的性质:

$$\Gamma(r+1) = r\Gamma(r),$$

并有

$$\Gamma(1) = \int_0^{+\infty} \mathrm{e}^{-x} \mathrm{d}x = 1.$$

当 $r=1$ 时,有

$$f(x) = \begin{cases} \lambda \mathrm{e}^{-\lambda x}, & x > 0, \\ 0, & x \leqslant 0. \end{cases}$$

这时,X 服从参数为 λ 的指数分布.说明指数分布是伽马分布的一个特例. $X \sim E(\lambda)$,即 $X \sim G(\lambda, 1)$.

2.5 随机变量的函数的分布

这里所要解决的问题是:已知随机变量 X 的分布,随机变量 Y 是 X 的函数,$Y = g(X)$,g 是连续函数,求 Y 的分布.

X 为离散型随机变量

已知 X 的分布律 $P\{X=x_k\}=p_k$,$Y=g(x)$,Y 也是离散型随机变量. 求 Y 的分布律. 所用方法为列举法.

(1) 首先由 X 的取值经过 $Y=g(X)$ 求出 Y 的取值.

(2) Y 取值的概率,就是对应的 X 取值的概率,根据已知的 X 的分布律即可求出 Y 的分布律.

X 为连续型随机变量

不能采用列举法.

在这里,已知什么? 要求什么? 要分析清楚. 具体情况(关系)用下面方式(见图 2.1)表示出来(→表示解题过程).

这里,$F_X(x)$,$F_Y(y)$ 分别表示 X,Y 的分布函数. $f_X(x)$,$f_Y(y)$ 分别表示 X,Y 的概率密度函数.

(1) 已知 $F_X(x)$,求 $F_Y(y)$. 利用定义,即

$$F_Y(y) = P\{Y \leqslant y\} = P\{g(X) \leqslant y\}$$
$$= \begin{cases} P\{X \leqslant g^{-1}(y)\}, & g(X) \text{ 单调增时}, \\ P\{X \geqslant g^{-1}(y)\}, & g(X) \text{ 单调减时}, \end{cases}$$

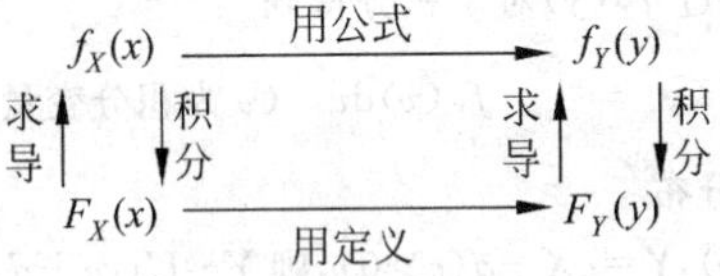

```
        f_X(x)  ──用公式──→  f_Y(y)
   求  ↑ ↓ 积              求 ↑ ↓ 积
   导    分              导    分
        F_X(x)  ──用定义──→  F_Y(y)
```

图 2.1

所以

$$F_Y(y) = \begin{cases} F_X(g^{-1}(y)), & g(X) \text{ 单调增时,} \\ 1 - F_X(g^{-1}(y)), & g(X) \text{ 单调减时.} \end{cases}$$

若欲求 $f_Y(y)$,通过 $F_Y(y)$ 对 y 求导,得到 $F'_Y(y) = f_Y(y)$.

(2) 已知 $f_X(x)$,求 $f_Y(y)$.利用公式,有如下定理:

设 X 有概率密度函数 $f_X(x)$, $Y=g(X)$,若 $y=g(x)$ 在 (a,b) 上单调,可导,且 $g'(x) \neq 0$,则 Y 有密度函数 $f_Y(y)$,并且

$$f_Y(y) = \begin{cases} f_X(g^{-1}(y)) \mid (g^{-1}(y))'_y \mid, & y \in (\alpha, \beta), \\ 0, & \text{其他,} \end{cases}$$

其中 $\alpha = \min[g(a), g(b)]$, $\beta = \max[g(a), g(b)]$.

若求 $F_Y(y)$,可经过 $f_Y(y)$ 对 y 积分得到

$$F_Y(y) = \int_{-\infty}^{y} f_Y(v)\mathrm{d}v \quad (v\text{ 为积分变量}).$$

几个简单函数的分布

(1) 若 $X \sim U(a,b)$, $Y = cX + d$ $(c > 0)$, 则 $Y \sim U(ca+d, cb+d)$.

(2) 若 $X \sim N(\mu, \sigma^2)$, $Y = aX + b$, 则 $Y \sim N(a\mu + b, a^2\sigma^2)$.

(3) 若 $X \sim E(\lambda)$, $Y = aX$ $(a > 0)$, 则 $Y \sim E\left(\dfrac{\lambda}{a}\right)$.

第3章 多维随机变量

3.1 二维随机变量的联合分布

设随机试验 E,样本空间 $\Omega=\{e\}$,$X(e)$,$Y(e)$ 是定义在 Ω 上的两个随机变量,它们构成随机向量 (X,Y),叫做二维随机变量.

联合分布函数

1. 定义

设二维随机变量 (X,Y). 对变量 x,y,二元函数

$$F(x,y) = P\{X \leqslant x, Y \leqslant y\}$$

称为 (X,Y) 的联合分布函数,简称分布函数.

2. 分布函数的性质

(1) $0 \leqslant F(x,y) \leqslant 1$;

(2) $F(x,y)$ 对 x,y 分别是单调非降的,即对任意的 y,若 $x_1<x_2$,则 $F(x_1,y)\leqslant F(x_2,y)$;对任意的 x,若 $y_1<y_2$,则有 $F(x,y_1)\leqslant F(x,y_2)$;

(3) 对任意的 x,y,有 $F(x,-\infty)=0, F(-\infty,y)=0$,并且有 $F(-\infty,-\infty)=0$, $F(+\infty,+\infty)=1$.

(4) 对任意 x(或 y),$F(x,y)$ 是右连续的,即
$$\lim_{x\to x_0^+} F(x,y) = F(x_0,y), \quad \lim_{y\to y_0^+} F(x,y) = F(x,y_0)$$

(5) 对任意的 $x_1<x_2, y_1<y_2$,有
$$F(x_2,y_2) - F(x_1,y_2) - F(x_2,y_1) + F(x_1,y_1) \geqslant 0.$$

离散型随机变量的联合分布律

若随机变量 (X,Y) 的所有取值为有限对或无限可列多对,则称 (X,Y) 为离散型随机变量.

1. 定义

设 (X,Y) 的所有可能的取值为 (x_i,y_j),则
$$P\{X=x_i, Y=y_j\} = p_{ij} \quad i,j=1,2,\cdots$$
称为 (X,Y) 的联合分布律.

3.1 二维随机变量的联合分布

2. 性质

(1) $p_{ij} \geqslant 0$;

(2) $\sum_i \sum_j p_{ij} = 1$.

(X,Y) 的联合分布函数为

$$F(x,y) = \sum_{x_i \leqslant x} \sum_{y_j \leqslant y} P\{X = x_i, Y = y_j\}.$$

连续型随机变量的联合概率密度函数

若随机变量 (X,Y) 在某个平面区域(有限或无限)内取所有的值或最多只有有限个点不取,则称 (X,Y) 为连续型随机变量.

1. 定义

设 $F(x,y)$ 为联合分布函数, $f(x,y) \geqslant 0$, 若有

$$F(x,y) = \int_{-\infty}^{x} \int_{-\infty}^{y} f(u,v) \mathrm{d}v \mathrm{d}u,$$

则 $f(x,y)$ 为 (X,Y) 的联合密度函数.

2. 性质

(1) $f(x,y) \geqslant 0$;

(2) $\int_{-\infty}^{+\infty}\int_{-\infty}^{+\infty} f(x,y)\mathrm{d}y\mathrm{d}x = 1$；

(3) $F(x,y)$ 是 x,y 的连续函数；

(4) 在 $f(x,y)$ 的连续点，有 $\dfrac{\partial^2 F(x,y)}{\partial x \partial y} = f(x,y)$；

(5) $P\{(X,Y) \in D\} = \iint\limits_{D} f(x,y)\mathrm{d}y\mathrm{d}x$.

3.2 二维随机变量的边缘分布

边缘分布函数

关于 X 有：$F_X(x) = P\{X \leqslant x\} = P\{X \leqslant x, Y < +\infty\}$；

关于 Y 有：$F_Y(x) = P\{Y \leqslant y\} = P\{X < +\infty x, Y \leqslant y\}$.

由联合分布函数 $F(x,y)$ 求边缘分布函数，有

$$F_X(x) = F(x, +\infty) = \lim_{y \to +\infty} F(x,y),$$

$$F_Y(y) = F(+\infty, y) = \lim_{x \to +\infty} F(x,y).$$

离散型随机变量的边缘分布

1. 边缘分布律

关于 X 有：$P\{X=x_i\} = \sum_j P\{X=x_i, Y=y_j\} = \sum_j p_{ij} = p_{i\cdot}$,

关于 Y 有：$P\{Y=y_j\} = \sum_i P\{X=X_i, Y=y_j\} = \sum_i p_{ij} = p_{\cdot j}$.

2. 边缘分布函数

关于 X 有：$F_X(x) = \sum_{x_i \leqslant x} p_{i\cdot}$,

关于 Y 有：$F_Y(y) = \sum_{y_j \leqslant y} p_{\cdot j}$.

连续型随机变量的边缘分布

设 $f(x,y)$ 为联合密度函数.

1. 边缘密度函数

关于 X 有：$f_X(x) = \int_{-\infty}^{+\infty} f(x,y)\,\mathrm{d}y$,

关于 Y 有：$f_Y(y) = \int_{-\infty}^{+\infty} f(x,y)\,\mathrm{d}x$.

2. 边缘分布函数

关于 X 有：$F_X(x) = \int_{-\infty}^{x} f_X(x)\mathrm{d}x = \int_{-\infty}^{x}\int_{-\infty}^{+\infty} f(x,y)\mathrm{d}y\mathrm{d}x$,

关于 Y 有：$F_Y(y) = \int_{-\infty}^{y} f_Y(y)\mathrm{d}y = \int_{-\infty}^{y}\int_{-\infty}^{+\infty} f(x,y)\mathrm{d}x\mathrm{d}y$.

3.3 二维随机变量的条件分布

离散型随机变量的条件分布律

(1) $P\{X=x_i \mid Y=y_j\} = \dfrac{P\{X=x_i, Y=y_j\}}{P\{Y=y_j\}} = \dfrac{p_{ij}}{p_{\cdot j}}$;

(2) $P\{Y=y_j \mid X=x_i\} = \dfrac{P\{X=x_i, Y=y_j\}}{P\{X=x_i\}} = \dfrac{p_{ij}}{p_{i\cdot}}$.

连续型随机变量的条件密度函数

(1) $f_{X|Y}(x|y) = \dfrac{f(x,y)}{f_Y(y)}$;

(2) $f_{Y|X}(y|x) = \dfrac{f(x,y)}{f_X(x)}$.

3.4 二维随机变量的独立性

二维随机变量的独立性定义 如果对任何 x,y 都有
$$P\{X \leqslant x, \ Y \leqslant y\} = P\{X \leqslant x\}P\{Y \leqslant y\},$$
则称 X 与 Y 独立,并称 X,Y 相互独立.

判断方法

(1) 用分布函数:X,Y 相互独立的充分必要条件是在任何点 (x,y) 都有
$$F(x,y) = F_X(x)F_Y(y);$$

(2) 对离散型随机变量:X,Y 相互独立的充分必要条件是对所有的 i,j,都有
$$P\{X = x_i, \ Y = y_i\} = P\{X = x_i\}P\{Y = y_j\};$$

(3) 对连续型随机变量:X,Y 相互独立的充分必要条件是对任何点 (x,y) 都有
$$f(x,y) = f_X(x)f_Y(y).$$

3.5 两个重要的二维分布

二维均匀分布

1. 密度函数

$$f(x,y) = \begin{cases} \dfrac{1}{A}, & (x,y) \in D, \\ 0, & \text{其他}, \end{cases}$$

其中 A 为平面闭域 D 的面积.

2. 性质

(1) 若 $D \supset D_1$, A_1 为 D_1 的面积,则

$$P\{(X,Y) \in D_1\} = \frac{A_1}{A} = \frac{D_1 \text{ 的面积}}{D \text{ 的面积}},$$

称二维均匀分布满足几何概率.

(2) 在正矩形(矩形边与坐标轴平行)上,二维均匀分布的边缘分布是均匀分布,并且 X 与 Y 相互独立.

二维正态分布

1. 定义

$(X,Y) \sim N(\mu_1, \mu_2, \sigma_1^2, \sigma_2^2, \rho)$,

$$f(x,y) = \frac{1}{2\pi\sigma_1\sigma_2\sqrt{1-\rho^2}}\exp\{-\Delta\},$$

其中

$$\Delta = \frac{1}{2(1-\rho^2)}\left[\left(\frac{x-\mu_1}{\sigma_1}\right)^2 - 2\rho\left(\frac{x-\mu_1}{\sigma_1}\right)\left(\frac{y-\mu_2}{\sigma_2}\right) + \left(\frac{y-\mu_2}{\sigma_2}\right)^2\right],$$

则称(X,Y)服从二维正态分布. $\mu_1, \mu_2, \sigma_1^2, \sigma_2^2, \rho$为参数,且$|\rho|<1$.

2. 性质

(1) 二维正态分布的边缘分布为正态分布,且都与ρ无关.
$$X \sim N(\mu_1,\sigma_1^2), \quad Y \sim N(\mu_2,\sigma_2^2);$$

(2) 二维正态分布中,X,Y相互独立的充分必要条件是$\rho=0$;

(3) 若X,Y独立,$\mu_1=\mu_2=0$,$\sigma_1^2=\sigma_2^2=1$,此时密度函数为
$$\varphi(x,y) = \frac{1}{2\pi}e^{-\frac{1}{2}(x^2+y^2)}$$

并称为标准正态分布,记为$(X,Y) \sim N(0,0,1,1,0)$.

3.6 多维随机变量的分布

设随机试验E的样本空间$\Omega=\{e\}$,$X_1=X_1(e), X_2=X_2(e), \cdots, X_n=X_n(e)$为$\Omega$上的$n$个随机变量,由它们构成的$n$维随机向量$(X_1,X_2,\cdots,X_n)$为$n$维随机

变量.

联合分布函数为
$$F(x_1, x_2, \cdots, x_n) = P\{X_1 \leqslant x_1, X_2 \leqslant x_2, \cdots, X_n \leqslant x_n\}.$$

边缘分布函数为
$$F_{X_i}(x_i) = P\{X_i \leqslant x_i\} = F(+\infty, +\infty, \cdots, x_i, \cdots, +\infty, +\infty),$$
$$(i = 1, 2, \cdots, n).$$

多维随机变量的独立性 若对所有 $x_1, x_2, \cdots, x_n$ 都有
$$P\{X_1 \leqslant x_1, X_2 \leqslant x_2, \cdots, X_n \leqslant x_n\} = P\{X_1 \leqslant x_1\} \cdots P\{X_n \leqslant x_n\},$$
则称 $X_1, X_2, \cdots, X_n$ 是相互独立的.

$X_1, X_2, \cdots, X_n$ 相互独立的判断条件

(1) $X_1, X_2, \cdots, X_n$ 相互独立的充分必要条件是
$$F(x_1, x_2, \cdots, x_n) = F_{X_1}(x_1) F_{X_2}(x_2) \cdots F_{X_n}(x_n).$$

(2) 对离散型随机变量,$X_1, X_2, \cdots, X_n$ 相互独立的充分必要条件是
$$P\{X_1 = x_1, X_2 = x_2, \cdots, X_n = x_n\} = P\{X_1 = x_1\} \cdots P\{X_n = x_n\}.$$

(3) 对连续型随机变量 $X_1, X_2, \cdots, X_n$,相互独立的充分必要条件是

$$f(x_1, x_2, \cdots, x_n) = f_{X_1}(x_1) f_{X_2}(x_2) \cdots f_{X_n}(x_n).$$

3.7 二维随机变量的函数的分布

和的分布

已知 X, Y 的分布, $Z = X + Y$, 求 Z 的分布.

1. 离散型随机变量

已知 (X, Y) 的联合分布律, 或 X, Y 的边缘分布律. $Z = X + Y$, Z 为离散型随机变量, 求 Z 的分布律.

$$X = x_i, \quad Y = y_j, \quad i, j = 0, 1, 2, \cdots, \quad Z = z_k, \quad k = 0, 1, 2, \cdots.$$

$$\{Z = z_k\} = \bigcup_{i=0}^{k} (X = x_i, Y = z_k - x_i) = \bigcup_{j=0}^{k} (X = z_k - y_j, Y = y_j),$$

$$P\{Z = z_k\} = \sum_{i=0}^{k} P\{X = x_i, Y = z_k - x_i\},$$

或

$$P\{Z = z_k\} = \sum_{j=0}^{k} P\{X = z_k - y_j, Y = y_j\}.$$

若 X, Y 相互独立, 则有

$$P\{Z = z_k\} = \sum_{i=0}^{k} P\{X = x_i\}P\{Y = z_k - x_i\},$$

(卷积公式)

或 $$P\{Z = z_k\} = \sum_{j=0}^{k} P\{X = z_k - y_j\}P\{Y = y_j\}.$$

2. 泊松分布和的分布,二项分布和的分布

(1) 若 $X \sim P(\lambda_1), Y \sim P(\lambda_2)$,相互独立,则 $X + Y \sim P(\lambda_1 + \lambda_2)$.

(2) 若 $X_i \sim P(\lambda_i), i = 1, 2, \cdots, n, X_i$ 之间相互独立,$Z = \sum_{i=1}^{n} X_i$,则 $Z \sim P(\lambda)$,其中 $\lambda = \sum_{i=1}^{n} \lambda_i$.

(3) 若 $X \sim B(n_1, p), Y \sim B(n_2, p)$ 相互独立,则 $X + Y \sim B(n_1 + n_2, p)$.

3. 连续型随机变量

若 X, Y 相互独立,密度函数分别为 $f_X(x), f_Y(y), Z = X + Y$,则有

$$f_Z(z) = \int_{-\infty}^{+\infty} f_X(x) f_Y(z - x) \mathrm{d}x,$$

(卷积公式)

或 $$f_Z(z) = \int_{-\infty}^{+\infty} f_X(z - y) f_Y(y) \mathrm{d}y.$$

注意：具体计算时，积分限要由密度函数值的非零域来确定.

线性和的分布 若 X,Y 相互独立，密度函数分别为 $f_X(x),f_Y(y)$，$Z=aX+bY(ab\neq 0)$，则有

$$f_Z(z) = \int_{-\infty}^{+\infty} \frac{1}{b} f_X(x) f_Y\left[\frac{1}{b}(z-ax)\right] dx,$$

或

$$f_Z(z) = \int_{-\infty}^{+\infty} \frac{1}{a} f_X\left[\frac{1}{a}(z-by)\right] f_Y(y) dy.$$

注意：具体计算时，积分限要由密度函数值的非 0 域来确定.

一般变换定理 设二维随机变量 (X,Y) 的联合密度函数为 $f_{(X,Y)}(x,y)$，并有函数 $U=u(X,Y),V=v(x,y)$. 如果函数 $u=u(x,y),v=v(x,y)$ 有惟一的单值反函数 $x=x(u,v),y=y(u,v)$，且有连续的一阶偏导数 $\frac{\partial x}{\partial u},\frac{\partial x}{\partial v},\frac{\partial y}{\partial u},\frac{\partial y}{\partial v}$，则二维随机变量 (U,V) 的联合密度函数为

$$f_{(U,V)}(u,v) = f_{(X,Y)}[x(u,v),y(u,v)]|J|,$$

其中 J 为雅可比行列式，即

$$J = \begin{vmatrix} \dfrac{\partial x}{\partial u} & \dfrac{\partial x}{\partial v} \\ \dfrac{\partial y}{\partial u} & \dfrac{\partial y}{\partial v} \end{vmatrix}.$$

关于 U, V 的边缘密度函数为

$$f_U(u) = \int_{-\infty}^{+\infty} f_{(U,V)}(u,v) \mathrm{d}v.$$

$$f_V(v) = \int_{-\infty}^{+\infty} f_{(U,V)}(u,v) \mathrm{d}u.$$

一般函数 $Z = g(X, Y)$ 的分布

以连续型随机变量为例. 设 (X, Y) 的联合密度函数为 $f(x, y)$, $Z = g(X, Y)$, 则 Z 的分布函数为

$$\begin{aligned} F_Z(z) &= P\{Z \leqslant z\} = P\{g(X, Y) \leqslant z\} \\ &= \iint_D f(x, y) \mathrm{d}y \mathrm{d}x, \end{aligned}$$

其中 D 为 $g(x,y) \leqslant z$ 所表示的平面域.

Z 的概率密度函数为
$$f_Z(z) = F'_Z(z).$$

最大值,最小值的分布

(1) 设 $X_1, X_2, \cdots, X_n$ 为相互独立的 n 个随机变量,分布函数分别为 $F_{X_1}(x_1), F_{X_2}(x_2), \cdots, F_{X_n}(x_n)$,记
$$M = \max(X_1, X_2, \cdots, X_n),$$
$$N = \min(X_1, X_2, \cdots, X_n).$$

M, N 的分布函数分别为
$$F_M(z) = F_{X_1}(z) F_{X_2}(z) \cdots F_{X_n}(z),$$
$$F_N(z) = 1 - [1 - F_{X_1}(z)][1 - F_{X_2}(z)] \cdots [1 - F_{X_n}(z)].$$

若 $X_1, X_2, \cdots, X_n$ 同分布,分布函数为 $F(x)$,密度函数为 $f(x)$,则有分布函数
$$F_M(z) = [F(z)]^n,$$
$$F_N(z) = 1 - [1 - F(z)]^n.$$

M, N 的密度函数为

$$f_M(z) = F'_M(z) = n[F(z)]^{n-1}f(z),$$
$$f_N(z) = n[1-F(z)]^{n-1}f(z).$$

(2) 指数分布的最小值的分布

① 设 $X \sim E(\lambda_1), Y \sim E(\lambda_2)$ 相互独立,$Z = \min(X,Y)$,则 $Z \sim E(\lambda_1 + \lambda_2)$.

② 设 $X_i \sim E(\lambda_i)(i=1,2,\cdots,n)$,$X_i$ 之间相互独立,$Z = \min\{X_1, X_2, \cdots, X_n\}$,则 $Z \sim E(\lambda)$,其中 $\lambda = \sum_{i=1}^{n} \lambda_i$.

第4章 随机变量的数字特征

4.1 随机变量的数学期望

数学期望就是随机变量的按照概率规律求出的加权平均值.

一维随机变量的数学期望 $E(X)$

1. 离散型随机变量

① 有限型:若 X 的分布律为 $P\{X=x_i\}=p_i, i=1,2,\cdots,n$,则 X 的数学期望为 $E(X)=\sum_{i=1}^{n} x_i p_i$.

② 无限型:$P\{X=x_i\}=p_i, i=1,2,\cdots,$

如果级数 $\sum_{i=1}^{\infty} x_i p_i$ 绝对收敛,则 X 的数学期望为

$$E(X) = \sum_{i=1}^{\infty} x_i p_i.$$

2. 连续型随机变量

设 X 的密度函数为 $f(x)$,如果广义积分 $\int_{-\infty}^{+\infty} xf(x)\mathrm{d}x$ 绝对收敛,则 X 的数学期望为

$$E(X) = \int_{-\infty}^{+\infty} xf(x)\mathrm{d}x.$$

二维随机变量的数学期望

1. 离散型随机变量

设 (X,Y) 的联合分布律为 $P\{X=x_i, Y=y_j\}=p_{ij}$. 两个边缘分布律分别为

$$P\{X = x_i\} = p_{i\cdot}, P\{Y = y_j\} = p_{\cdot j},$$

则 X, Y 的数学期望分别为

$$E(X) = \sum_i x_i p_{i\cdot} = \sum_i \sum_j x_i p_{ij},$$
$$E(Y) = \sum_j y_j p_{\cdot j} = \sum_j \sum_i y_j p_{ij}.$$

2. 连续型随机变量

设 (X,Y) 的联合密度函数为 $f(x,y)$,边缘密度函数分别为 $f_X(x), f_Y(y)$,则 X,Y 的数学期望分别为

$$E(X) = \int_{-\infty}^{+\infty} x f_X(x) \mathrm{d}x = \int_{-\infty}^{+\infty} \int_{-\infty}^{+\infty} x f(x,y) \mathrm{d}y \mathrm{d}x,$$

$$E(Y) = \int_{-\infty}^{+\infty} y f_Y(y) \mathrm{d}y = \int_{-\infty}^{+\infty} \int_{-\infty}^{+\infty} y f(x,y) \mathrm{d}x \mathrm{d}y.$$

函数的数学期望

1. 一维随机变量

若 $Y = g(X), E(Y) = E[g(X)]$.

(1) 离散型随机变量

设 X 的分布律为 $P\{X = x_i\} = p_i$,则 Y 的数学期望为

$$E(Y) = \sum_i g(x_i) P\{X = x_i\}.$$

(2) 连续型随机变量

设 X 的概率密度函数为 $f(x)$,则 Y 的数学期望为

$$E(Y) = \int_{-\infty}^{+\infty} g(x)f(x)\,dx.$$

2. 二维随机变量

若 $Z=g(X,Y), E(Z)=E[g(X,Y)]$.

(1) 离散型随机变量

设 (X,Y) 的联合分布律为 $P\{X=x_i, Y=y_j\}=p_{ij}$,则 Z 的数学期望为

$$E(Z) = \sum_i \sum_j g(x_i, y_i) p_{ij}.$$

(2) 连续型随机变量

设 (X,Y) 的联合密度函数为 $f(x,y)$,则 Z 的数学期望为

$$E(Z) = \int_{-\infty}^{+\infty} \int_{-\infty}^{+\infty} g(x,y) f(x,y)\,dy\,dx.$$

数学期望的性质(假设期望存在)

(1) 若 C 为常数,则 $E(C)=C$.

(2) 若 a 为常数,则 $E(aX)=aE(X)$.

(3) $E(X\pm Y)=E(X)\pm E(Y)$.

推广：$E\left(\sum_{i=1}^{n} X_i\right) = \sum_{i=1}^{n} E(X_i)$.

(4) 若 X,Y 独立,则 $E(XY) = E(X)E(Y)$.

推广：若 $X_1, X_2, \cdots, X_n$ 相互独立,则

$$E\left(\prod_{i=1}^{n} X_i\right) = \prod_{i=1}^{n} E(X_i).$$

4.2 随机变量的方差

方差定义 $D(X) = E[X - E(X)]^2$ 称为 X 的方差,称 $\sqrt{D(X)}$ 为均方差.

计算公式：$D(X) = E(X^2) - E^2(X)$.

相互关系：$E(X^2) = D(X) + E^2(X)$.

方差性质

(1) 若 C 为常数,则 $D(C) = 0$.

(2) 若 a, b 为常数,则 $D(aX + b) = a^2 D(X)$.

(3) 若 X, Y 相互独立,则 $D(X \pm Y) = D(X) + D(Y)$.

推广：若 $X_1, X_2, \cdots, X_n$ 相互独立,则

4.3 重要分布的数学期望与方差

(0-1)分布

$$P\{X=1\} = p, P\{X=0\} = 1-p.$$

$$E(X) = p = P\{X=1\}.$$

$$D(X) = p(1-p) = P\{X=1\}P\{X=0\}.$$

二项分布 $X \sim B(n,p)$

$$E(X) = np, \quad D(X) = np(1-p).$$

泊松分布 $X \sim P(\lambda)$

$$E(X) = \lambda, \quad D(X) = \lambda.$$

超几何分布

$$P\{X=k\} = \frac{C_N^k C_M^{n-k}}{C_l^n}, k=0,1,2,\cdots,n, \quad l = M+N.$$

$$E(X) = \frac{nN}{l}, \quad D(X) = n\left(\frac{N}{l}\right)\left(\frac{M}{l}\right)\left(\frac{l-n}{l-1}\right).$$

几何分布

$$P\{X = k\} = p(1-p)^{k-1} \quad k = 1, 2, \cdots$$

$$E(X) = \frac{1}{p}, \quad D(X) = \frac{1-p}{p^2}.$$

负二项分布（帕斯卡分布）

$$P\{X = k\} = C_{k-1}^{r-1} p^r (1-p)^{k-r}, \quad k = r, r+1, \cdots$$

$$E(X) = \frac{r}{p}, \quad D(X) = \frac{r(1-p)}{p^2}.$$

均匀分布 $X \sim U(a, b)$

$$E(X) = \frac{1}{2}(a+b), \quad D(X) = \frac{(b-a)^2}{12}.$$

指数分布 $X \sim E(\lambda)$

$$E(X) = \frac{1}{\lambda}, \quad D(X) = \frac{1}{\lambda^2}.$$

正态分布 $X \sim N(\mu, \sigma^2)$

$$E(X) = \mu, \quad D(X) = \sigma^2.$$

特例:标准正态分布 $X \sim N(0,1)$

$$E(X) = 0, \quad D(X) = 1.$$

伽马分布(Γ 分布)

$$f(x) = \begin{cases} \dfrac{\lambda^r}{\Gamma(r)} x^{r-1} e^{-\lambda x}, & x > 0, \\ 0, & x \leqslant 0, \end{cases} \quad \lambda > 0, \quad r > 0 \text{ 为常数}.$$

$$E(X) = \frac{r}{\lambda}, \quad D(X) = \frac{r}{\lambda^2}.$$

4.4 二维随机变量的协方差和相关系数

协方差

定义:$\mathrm{cov}(X,Y) = E\{[X-E(X)][Y-E(Y)]\}$ 称为 X,Y 的协方差.

计算公式:$\mathrm{cov}(X,Y) = E(XY) - E(X)E(Y)$.

性质:

(1) $\mathrm{cov}(X,Y) = \mathrm{cov}(Y,X)$;

(2) 若 a,b 为常数,则 $\mathrm{cov}(aX,bY)=ab\,\mathrm{cov}(X,Y)$;

(3) $\mathrm{cov}(X_1+X_2,Y)=\mathrm{cov}(X_1,Y)+\mathrm{cov}(X_2,Y)$;

(4) $D(X\pm Y)=D(X)+D(Y)\pm 2\mathrm{cov}(X,Y)$;

(5) 若 X,Y 相互独立,则 $\mathrm{cov}(X,Y)=0$.

相关系数

定义:$\rho_{XY}=\dfrac{\mathrm{cov}(X,Y)}{\sqrt{D(X)}\,\sqrt{D(Y)}}$ 称为 X,Y 的相关系数.

性质:$0\leqslant|\rho_{XY}|\leqslant 1$.

(1) $\rho_{XY}=0$,称 X,Y 不相关.

① 若 X,Y 独立,则 X,Y 一定不相关;但不相关不一定独立;

② 若 $(X,Y)\sim N(\mu_1,\mu_2,\sigma_1^2,\sigma_2^2,\rho)$,则 X,Y 独立与 X,Y 不相关等价.

③ 若 X,Y 都服从 (0-1) 分布,则 X,Y 独立与 X,Y 不相关等价.

(2) 若 $|\rho_{XY}|=1$,则称 X,Y 为完全线性相关.

若 $Y=aX+b$,则 $|\rho_{XY}|=1$.

$a>0$, $\rho_{XY}=1$,称为正相关.

$a<0$, $\rho_{XY}=-1$,称为负相关.

4.5 随机变量的矩

1. 称 $E(X^k)$ 为 X 的 k 阶原点矩.
2. 称 $E\{[(X-E(X))]^k\}$ 为 X 的 k 阶中心矩.
3. 称 $E(X^k Y^l)$ 为 X,Y 的 $(k+l)$ 阶混合原点矩.
4. 称 $E\{[X-E(X)]^k[Y-E(Y)]^l\}$ 为 X,Y 的 $(k+l)$ 阶混合中心矩.

4.6 几个重要结论

以下函数的分布,首先要理解并记住分布的形式,其中的参数可以用期望和方差的运算得到.

(1) 均匀分布的线性函数服从均匀分布:

若 $X \sim \bigcup(a,b)$,则 $Y=kX+l \sim \bigcup(\alpha,\beta)$,其中 $\alpha=ka+l$, $\beta=kb+l$.

(2) 指数分布的正比函数服从指数分布:

若 $X \sim E(\lambda), Y=kX \quad (k>0)$,则 $Y \sim E\left(\dfrac{\lambda}{k}\right)$.

(3) 正态分布的线性函数服从正态分布:

若 $X \sim N(\mu, \sigma^2), Y = aX + b$,则 $Y \sim N(a\mu + b, a^2\sigma^2)$.

(4) 若 $X \sim B(n_1, p), Y \sim B(n_2, p)$,相互独立,则 $X + Y \sim B(n_1 + n_2, p)$.

(5) 若 $X \sim P(\lambda_1), Y \sim P(\lambda_2)$,相互独立,则 $X + Y \sim P(\lambda_1 + \lambda_2)$.

(6) 若 $X \sim N(\mu_1, \sigma_1^2), Y \sim N(\mu_2, \sigma_2^2)$,相互独立,则 $aX \pm bY \sim N(\mu, \sigma^2)$,其中 $\mu = a\mu_1 \pm b\mu_2, \sigma^2 = a^2\sigma_1^2 + b^2\sigma_2^2$.

(4)、(5)、(6)都可以推广到 n 个随机变量的情况.

(7) 若 $X_i \sim E(\lambda_i)(i = 1, 2, \cdots, n)$ 相互独立,
$$Y = \min(X_1, X_2, \cdots, X_n)(n = 2, 3, \cdots),$$
则 $Y \sim E(\lambda)$,其中 $\lambda = \sum_{i=1}^{n} \lambda_i$.

第5章 极限定理

切比雪夫不等式 设 X 有 $E(X)=\mu, D(X)=\sigma^2$，则对任意实数 $\varepsilon>0$，恒有

$$P\{|X-\mu|\geq \varepsilon\}\leq \frac{\sigma^2}{\varepsilon^2},$$

或

$$P\{|X-\mu|<\varepsilon\}\geq 1-\frac{\sigma^2}{\varepsilon^2}.$$

大数定律

1. 切比雪夫定理的特殊情况

设随机变量 $X_1, X_2, \cdots, X_n, \cdots$，相互独立，且有相同的期望和方差：$E(X_k)=\mu, D(X_k)=\sigma^2, (k=1,2,\cdots)$，记

$$Y_n = \frac{1}{n}\sum_{k=1}^{n} X_k,$$

则对于任意正数 ε，有

$$\lim_{n\to+\infty} P\{|Y_n - \mu| < \varepsilon\} = 1,$$

并称 Y_n 依概率收敛于它的期望值 μ.

2. 伯努利定理

设 μ_n 是 n 次独立重复试验中事件 A 发生的次数,p 是事件 A 在每次试验中发生的概率,则对任意正数 ε,有

$$\lim_{n\to+\infty} P\left\{\left|\frac{\mu_n}{n} - p\right| < \varepsilon\right\} = 1,$$

或

$$\lim_{n\to+\infty} P\left\{\left|\frac{\mu_n}{n} - p\right| \geqslant \varepsilon\right\} = 0.$$

3. 辛钦定理

设随机变量 $X_1, X_2, \cdots, X_n, \cdots$ 相互独立,服从同一分布,且具有数学期望 $E(X_k) = \mu (k=1,2,\cdots)$,则对任意正数 ε,有

$$\lim_{n\to+\infty} P\left\{\left|\frac{1}{n}\sum_{k=1}^{n} X_k - \mu\right| < \varepsilon\right\} = 1.$$

中心极限定理

1. 列维-林德伯格定理(独立同分布的中心极限定理)

设随机变量 $X_1, X_2, \cdots, X_n, \cdots$ 相互独立,服从同一分布,且具有数学期望 $E(X_k)=\mu$ 和方差 $D(X_k)=\sigma^2 \neq 0 (k=1,2,\cdots)$,则对任何 x 有

$$\lim_{n \to +\infty} F_n(x) = \lim_{n \to +\infty} P\left\{ \frac{\sum\limits_{k=1}^{n} X_k - n\mu}{\sqrt{n}\sigma} \leqslant x \right\} = \Phi(x) = \int_{-\infty}^{x} \frac{1}{\sqrt{2\pi}} e^{-\frac{t^2}{2}} dt.$$

2. 棣莫佛-拉普拉斯定理(二项分布以正态分布为极限分布的中心极限定理)

设 $\mu_n \sim B(n,p)$,则对于任何 x,有

$$\lim_{n \to +\infty} P\left\{ \frac{\mu_n - np}{\sqrt{np(1-p)}} \leqslant x \right\} = \Phi(x) = \int_{-\infty}^{x} \frac{1}{\sqrt{2\pi}} e^{-\frac{t^2}{2}} dt.$$

第6章 数理统计的基本概念

6.1 总体与样本

总体与个体

研究对象的全体叫做总体;其中的每个单元(或元素)叫做个体.通常研究对象是某个指标,视为随机变量 X,因而 X 取值的全体叫做总体.其中的每一个 X_i ($i=1,2,\cdots$)叫做个体.

样本与样本值

样本:在总体 X 中抽取 n 个个体 $X_1,X_2,\cdots,X_n$,这 n 个个体就称为总体 X 的容量为 n 的样本.

样本值:对一次具体的抽取得到 n 个数值 $x_1,x_2,\cdots,x_n$,这一组数值叫做样本值,或叫做样本的观察值.

简单随机样本 通常对样本的选取是有要求的.具有下面两个特点的样本叫

简单随机样本.

(1) 每个个体 $X_i(i=1,2,\cdots,n)$ 与总体 X 同分布;

(2) 任何两个个体 X_i 与 $X_j(i\neq j)$ 之间相互独立.

性质：设总体 X 的分布函数为 $F(x)$,密度函数为 $f(x)$,样本的联合分布函数为 $F^*(x_1,x_2,\cdots,x_n)$,联合密度函数为 $f^*(x_1,x_2,\cdots,x_n)$. 则有

$$F^*(x_1,x_2,\cdots,x_n) = \prod_{i=1}^{n} F(x_i);$$

$$f^*(x_1,x_2,\cdots,x_n) = \prod_{i=1}^{n} f(x_i).$$

样本的数字特征

样本均值：$\bar{X} = \dfrac{1}{n}\sum_{i=1}^{n} X_i$.

样本方差：$S^2 = \dfrac{1}{n-1}\sum_{i=1}^{n}(X_i - \bar{X})^2$.

样本标准差：$S = \sqrt{S^2}$.

样本矩：称 $A_k = \dfrac{1}{n}\sum_{i=1}^{n} X_i^k$ 为样本的 k 阶原点矩 $A_1 = \bar{X}$.

称 $B_k = \dfrac{1}{n}\sum\limits_{i=1}^{n}(X_i - \overline{X})^k$ 为样本的 **k 阶中心矩**.

$$B_2 = \frac{1}{n}\sum_{i=1}^{n}(X_i - \overline{X})^2, \quad B_2 = \frac{n-1}{n}S^2.$$

经验分布函数 将 n 个样本值按大小排成 $x_{(1)} \leqslant x_{(2)} \leqslant \cdots \leqslant x_{(n)}$ 的顺序,记 $F_n(x)$ 为不大于 x 的样本值出现的频率,有

$$F_n(x) = \begin{cases} 0, & x < x_{(1)}, \\ \dfrac{1}{n}, & x_{(1)} \leqslant x < x_{(2)}, \\ \vdots & \vdots \\ \dfrac{k}{n}, & x_{(k)} \leqslant x < x_{(k+1)}, \\ \vdots & \\ 1, & x \geqslant x_{(n)}, \end{cases}$$

则称 $F_n(x)$ 为**经验分布函数**. 它等于在 n 次独立重复试验中,事件 $\{X \leqslant x\}$ 出现的频率,具有分布函数的一切性质.

格列汶科定理 设总体分布函数为 $F(x)$,经验分布函数为 $F_n(x)$,则

$$P\{\lim_{n\to+\infty}\sup |F_n(x)-F(x)|=0\}=1,$$

即当 $n\to+\infty$ 时,$F_n(x)$ 以概率 1 关于 x 均匀收敛于 $F(x)$.

当 n 很大时,可以用 $F_n(x)$ 近似代替 $F(x)$,即

$$F(x)\approx F_n(x).$$

统计量 设 $X_1,X_2,\cdots,X_n$ 是总体 X 的样本,$g(X_1,X_2,\cdots,X_n)$ 是样本的连续函数,如果此函数中不含任何未知参数,则称此函数为一个统计量.

实践中,人们总是根据需要构造合适的统计量,通过对统计量的研究,达到对总体的认识.这是数理统计的基本问题之一.在这里,统计量的分布成为一个重要问题.

6.2 抽样分布

统计量的分布叫抽样分布.

分位点(又叫分位数) 设有统计量 U 服从某分布,如果 $P\{U>u_\alpha\}=\alpha(0<\alpha<1)$,则称 u_α 为该分布的上 α 分位点.分位点都可在专门的数表上查出.

标准正态分布 $U\sim N(0,1)$,密度函数

$$\varphi(u)=\frac{1}{\sqrt{2\pi}}e^{-\frac{u^2}{2}} \quad (-\infty<u<+\infty),$$

它的分位点记为 z_α(见图 6.1).

$P\{U>z_\alpha\}=\alpha, P\{U\leqslant z_\alpha\}=\Phi(z_\alpha)=1-\alpha$,反查表查出 z_α.

χ^2 分布

1. 定义

设总体 $X\sim N(0,1), X_1, X_2, \cdots, X_n$ 为简单随机样本($X_i\sim N(0,1)$),统计量 χ^2 为

$$\chi^2 = X_1^2 + X_2^2 + \cdots + X_n^2 = \sum_{i=1}^n X_i^2$$

则称 χ^2 所服从的分布为自由度是 n 的 χ^2 分布,记为 $\chi^2\sim\chi^2(n)$.

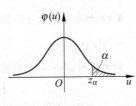

图 6.1

它的概率密度函数为

$$f(y) = \begin{cases} \dfrac{1}{2^{\frac{n}{2}}\Gamma\left(\dfrac{n}{2}\right)}y^{\frac{n}{2}-1}e^{-\frac{y}{2}}, & y>0, \\ 0, & y\leqslant 0. \end{cases}$$

图形如图 6.2.

图 6.2

$\chi^2(1)$ 分布是 Γ 分布.

$\chi^2(2)$ 分布是指数分布 $E\left(\dfrac{1}{2}\right)$.

2. $\chi^2(n)$ 分布表

对给定的 $\alpha(0<\alpha<1)$，若有一点 $\chi_\alpha^2(n)$，如果

$$P\{\chi^2(n) > \chi_\alpha^2(n)\} = \alpha,$$

则称此点为 $\chi^2(n)$ 分布的上 α 分位点(见图 6.2).

3. $\chi^2(n)$ 分布的可加性

若 $\chi_1^2 \sim \chi^2(n_1), \chi_2^2 \sim \chi^2(n_2)$，且相互独立，则

$$\chi_1^2 + \chi_2^2 \sim \chi^2(n_1 + n_2).$$

4. $\chi^2(n)$ 的期望和方差

$$E(\chi^2(n)) = n, \quad D(\chi^2(n)) = 2n.$$

t 分布

1. 定义

设 $U \sim N(0,1), V \sim \chi^2(n), U, V$ 相互独立，记

$$T = \frac{U}{\sqrt{V/n}},$$

则称 T 所服从的分布为自由度是 n 的 t 分布. 记为 $T \sim t(n)$. 它的概率密度函数为

$$f(t) = \frac{\Gamma\left(\dfrac{n+1}{2}\right)}{\sqrt{n\pi}\,\Gamma\left(\dfrac{n}{2}\right)} \left(1 + \frac{t^2}{n}\right)^{-\frac{n-1}{2}} \quad (-\infty < t < +\infty).$$

图形如图 6.3.

$f(t)$ 是偶函数,图形对称于中心轴 $t=0$.

2. $t(n)$ 分布表

对给定的 $\alpha (0 < \alpha < 1)$,若有一点 $t_\alpha(n)$,如果满足

$$P\{T > t_\alpha(n)\} = \alpha,$$

则称此点为 $t(n)$ 分布的上 α 分位点(见图 6.3).

3. $t_{1-\alpha}(n) = -t_\alpha(n)$.

4. $\lim\limits_{n \to +\infty} f(t) = \dfrac{1}{\sqrt{2\pi}} e^{-\frac{t^2}{2}} = \varphi(t)$,即 $t(n)$ 分

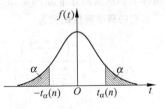

图 6.3

布的极限分布为 $N(0,1)$ 分布.

当 n 很大时, $t(n)$ 分布近似为 $N(0,1)$ 分布. 当 $n \geqslant 50$ 时, $t_a(n) \approx z_a$, 这里 z_a 为标准正态分布的上 α 分位点.

F 分布

1. 定义

设 $U \sim \chi^2(n_1), V \sim \chi^2(n_2), U, V$ 相互独立. 记

$$F = \frac{U/n_1}{V/n_2},$$

则称 F 所服从的分布为 $F(n_1, n_2)$ 分布, 自由度为 (n_1, n_2).

它的概率密度函数为

$$f(y) = \begin{cases} \dfrac{\Gamma\left(\dfrac{n_1+n_2}{2}\right)}{\Gamma\left(\dfrac{n_1}{2}\right)\Gamma\left(\dfrac{n_2}{2}\right)} \left(\dfrac{n_1}{n_2}\right) \left(\dfrac{n_1}{n_2} y\right)^{\frac{n_2}{2}-1} \left(1+\dfrac{n_1}{n_2} y\right)^{-\frac{n_1+n_2}{2}}, & y > 0, \\ 0, & y \leqslant 0. \end{cases}$$

$f(y)$ 的图形如图 6.4 所示.

2. $F(n_1, n_2)$ 分布表

对给定的 $\alpha (0 < \alpha < 1)$,若有一点 $F_\alpha(n_1, n_2)$,如果满足

$$P\{F > F_\alpha(n_1, n_2)\} = \alpha,$$

则称 $F_\alpha(n_1, n_2)$ 为 $F(n_1, n_2)$ 分布的上 α 分位点(见图 6.4).

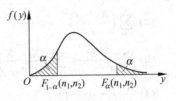

图 6.4

3. 性质

(1) 若 $W \sim F(n_1, n_2)$,则 $\dfrac{1}{W} \sim F(n_2, n_1)$;

(2) $F_{1-\alpha}(n_1, n_2) = \dfrac{1}{F_\alpha(n_2, n_1)}$.

常用统计量的分布

1. 一个正态总体

设 $X \sim N(\mu, \sigma^2)$,$X_1, X_2, \cdots, X_n$ 为简单随机样本,则有

(1) $\overline{X} \sim N\left(\mu, \dfrac{\sigma^2}{n}\right)$, $\dfrac{\overline{X} - \mu}{\sigma/\sqrt{n}} \sim N(0,1)$;

(2) $\sum_{i=1}^{n}\left(\dfrac{X_i-\mu}{\sigma}\right)^2 \sim \chi^2(n)$;

(3) $\dfrac{(n-1)S^2}{\sigma^2} = \sum_{i=1}^{n}\left(\dfrac{X_i-\overline{X}}{\sigma}\right)^2 \sim \chi^2(n-1)$;

(4) $\dfrac{\overline{X}-\mu}{S/\sqrt{n}} \sim t(n-1)$.

2. 两个正态总体

设 $X \sim N(\mu_1,\sigma_1^2), Y \sim N(\mu_2,\sigma_2^2), X,Y$ 相互独立,它们的简单随机样本分别为 $X_1, X_2, \cdots, X_{n_1}$; $Y_1, Y_2, \cdots, Y_{n_2}$, $\overline{X}=\dfrac{1}{n_1}\sum_{i=1}^{n_1}X_i, \overline{Y}=\dfrac{1}{n_2}\sum_{j=1}^{n_2}Y_j$,则有

(1) $\overline{X}-\overline{Y} \sim N\left(\mu_1-\mu_2, \dfrac{\sigma_1^2}{n_1}+\dfrac{\sigma_2^2}{n_2}\right)$,

$$\dfrac{(\overline{X}-\overline{Y})-(\mu_1-\mu_2)}{\sqrt{\dfrac{\sigma_1^2}{n_1}+\dfrac{\sigma_2^2}{n_2}}} \sim N(0,1).$$

(2) 若 $\sigma_1^2=\sigma_2^2=\sigma^2$,

$$\bar{X} - \bar{Y} \sim N\left(\mu_1 - \mu_2, \left(\frac{1}{n_1} + \frac{1}{n_2}\right)\sigma^2\right);$$

$$\frac{(\bar{X} - \bar{Y}) - (\mu_1 - \mu_2)}{\sigma\sqrt{\frac{1}{n_1} + \frac{1}{n_2}}} \sim N(0, 1).$$

(3) 若

$$S_1^2 = \frac{1}{n_1 - 1}\sum_{i=1}^{n_1}(X_i - \bar{X})^2, \quad S_2^2 = \frac{1}{n_2 - 1}\sum_{j=1}^{n_2}(Y_j - \bar{Y})^2,$$

记 $S_w^2 = \dfrac{(n_1-1)S_1^2 + (n_2-1)S_2^2}{n_1 + n_2 - 2}$,称之为**复合样本方差**.

$S_w = \sqrt{S_w^2}$ 称为**复合标准差**.

$$\frac{(\bar{X} - \bar{Y}) - (\mu_1 - \mu_2)}{S_w\sqrt{\frac{1}{n_1} + \frac{1}{n_2}}} \sim t(n_1 + n_2 - 2).$$

(4) $\dfrac{S_1^2}{S_2^2} \Big/ \dfrac{\sigma_1^2}{\sigma_2^2} \sim F(n_1 - 1, n_2 - 1)$, 当 $\sigma_1^2 = \sigma_2^2$ 时,

$$\frac{S_1^2}{S_2^2} \sim F(n_1 - 1, n_2 - 1).$$

第7章 参数估计

7.1 参数的点估计

矩法(矩估计法)

用样本矩作为相应的总体矩的估计量.

理论根据：样本矩依概率收敛于相应的总体矩.

(1) 用样本的一阶原点矩(即样本均值)$\overline{X}$作为总体的一阶原点矩(即期望)$E(X)=\mu$的估计. 即

$$\hat{\mu} = \overline{X}.$$

(2) 用样本的二阶中心矩B_2作为总体的二阶中心矩(即方差)$D(X)=\sigma^2$的估计量，即$\hat{\sigma}^2 = B_2$.

(3) 用样本方差S^2作为σ^2的估计量，即$\hat{\sigma}^2 = S^2$.

极大似然法(最大似然法)

设总体的密度函数为 $f(x,\theta)$,其中 θ 为要估计的参数.

极大似然法步骤如下:

(1) 写出似然函数 $L = \prod_{i=1}^{n} f(x_i, \theta)$;

(2) 求出 $\ln L$;

(3) 求出 $\dfrac{\mathrm{d}\ln L}{\mathrm{d}\theta}$;

(4) 解方程 $\dfrac{\mathrm{d}\ln L}{\mathrm{d}\theta} = 0$,解出 θ,即为 $\hat{\theta}$ (极大似然估计).

估计量的评定标准

(1) 无偏性:如果 $E(\hat{\theta}) = \theta$,则称这个 $\hat{\theta}$ 为 θ 的无偏估计量.

不难证明.

$\hat{\mu} = \overline{X}$ 是 μ 的无偏估计量,$\hat{\sigma}^2 = S^2$ 是 σ^2 的无偏估计量. $\hat{\sigma}^2 = B_2$ 不是 σ^2 的无偏估计量.

(2) 有效性:设 $\hat{\theta}_1, \hat{\theta}_2$ 都是 θ 的无偏估计量,如果

$$D(\hat{\theta}_1) < D(\hat{\theta}_2),$$

则称 $\hat{\theta}_1$ 比 $\hat{\theta}_2$ 有效.

估计量 $\hat{\theta}$ 的方差 $D(\hat{\theta})$ 有一个非零的下界,即 $D(\hat{\theta}) \geq \delta > 0$,

$$\delta = \frac{1}{nE\left[\dfrac{\partial}{\partial \theta}f(X;\theta)\right]^2}. \quad \delta \text{ 称为方差界}.$$

$f(x;\theta)$ 为总体 X 的密度函数. 若 $D(\hat{\theta}) = \delta$,则称 $\hat{\theta}$ 为 θ 的达到方差界的无偏估计量 $\hat{\mu} = \overline{X}, \hat{\sigma}^2 = S^2$ 分别是 μ, σ^2 的达到方差界的无偏估计量.

(3) 一致性(又叫相合性):设 $\hat{\theta}$ 是 θ 的一个估计量,如果对任意 $\varepsilon > 0$,都有
$$\lim_{n \to \infty} P\{|\hat{\theta} - \theta| < \varepsilon\} = 1,$$
则称这个 $\hat{\theta}$ 为 θ 的一致估计量.

$\hat{\mu} = \overline{X}$ 是 μ 的一致估计量. $\hat{\sigma}^2 = S^2, \hat{\sigma}^2 = B_2$ 都是 σ^2 的一致估计量.

7.2 参数的区间估计

正态总体期望 μ 的区间估计

总体 $X \sim N(\mu, \sigma^2)$,简单随机样本为 $X_1, X_2, \cdots, X_n, X_i \sim N(\mu, \sigma^2)$,

$$\overline{X} = \frac{1}{n}\sum_{i=1}^{n} X_i \sim N\left(\mu, \frac{\sigma^2}{n}\right).$$

1. σ^2 已知

解题步骤为:

(1) 构造统计量
$$U = \frac{\overline{X} - \mu}{\sigma/\sqrt{n}} \sim N(0,1);$$

(2) 给出置信度 $1-\alpha$,对 U 应有
$$P\{-z_{\frac{\alpha}{2}} < U < z_{\frac{\alpha}{2}}\} = 1-\alpha;$$

(3) 代入 U,经换算,对 μ 得到
$$P\left\{\overline{X} - z_{\frac{\alpha}{2}} \frac{\sigma}{\sqrt{n}} < \mu < \overline{X} + z_{\frac{\alpha}{2}} \frac{\sigma}{\sqrt{n}}\right\} = 1-\alpha.$$

记 $\underline{\mu} = \overline{X} - z_{\frac{\alpha}{2}} \frac{\sigma}{\sqrt{n}}, \quad \overline{\mu} = \overline{X} + z_{\frac{\alpha}{2}} \frac{\sigma}{\sqrt{n}},$

从而得出 μ 的置信度为 $(1-\alpha)$ 的置信区间为
$$(\underline{\mu}, \overline{\mu}) = (\overline{X} - \delta, \overline{X} + \delta), \quad \text{其中 } \delta = z_{\frac{\alpha}{2}} \frac{\sigma}{\sqrt{n}}.$$

对一次抽样的样本值,得出确定的置信区间
$$(\underline{\mu}, \overline{\mu}) = (\bar{x} - \delta, \bar{x} + \delta), \quad \text{其中 } \delta = z_{\frac{\alpha}{2}} \frac{\sigma}{\sqrt{n}}.$$

2. σ^2 未知(与 σ^2 已知类似)

用 S 代替 σ

(1) 构造统计量

$$T = \frac{\overline{X} - \mu}{S/\sqrt{n}} \sim t(n-1);$$

(2) 给出 $1-\alpha$,对 T 有

$$P\{-t_{\frac{\alpha}{2}}(n-1) < T < t_{\frac{\alpha}{2}}(n-1)\} = 1-\alpha;$$

(3) 代入 T,经换算,对 μ 得

$$P\left\{\overline{X} - t_{\frac{\alpha}{2}}(n-1)\frac{S}{\sqrt{n}} < \mu < \overline{X} + t_{\frac{\alpha}{2}}(n-1)\frac{S}{\sqrt{n}}\right\} = 1-\alpha,$$

得出 μ 的置信度为 $(1-\alpha)$ 的置信区间为

$$(\underline{\mu}, \overline{\mu}) = (\overline{X} - \delta, \overline{X} + \delta), \quad 其中 \delta = t_{\frac{\alpha}{2}}(n-1)\frac{S}{\sqrt{n}}.$$

正态总体方差 σ^2 的区间估计

1. μ 已知

(1) 构造统计量

$$k^2 = \frac{\sum_{i=1}^{n}(X_i - \mu)^2}{\sigma^2} \sim \chi^2(n);$$

(2) 给出置信度 $1-\alpha$,对 k^2 有

$$P\left\{\chi^2_{1-\frac{\alpha}{2}}(n) < k^2 < \chi^2_{\frac{\alpha}{2}}(n)\right\} = 1 - \alpha;$$

(3) 代入 k^2,经换算,对 σ^2 得

$$P\left\{\frac{\sum_{i=1}^{n}(X_i - \mu)^2}{\chi^2_{\frac{\alpha}{2}}(n)} < \sigma^2 < \frac{\sum(X_i - \mu)^2}{\chi^2_{1-\frac{\alpha}{2}}(n)}\right\} = 1 - \alpha,$$

从而得出 σ^2 的置信度为 $(1-\alpha)$ 的置信区间为

$$(\underline{\sigma^2}, \overline{\sigma^2}) = \left(\frac{\sum_{i=1}^{n}(X_i - \mu)^2}{\chi^2_{\frac{\alpha}{2}}(n)}, \frac{\sum_{i=1}^{n}(X_i - \mu)^2}{\chi^2_{1-\frac{\alpha}{2}}(n)}\right).$$

2. μ 未知,与 μ 已知类似(步骤省略)得出

$$(\underline{\sigma^2}, \overline{\sigma^2}) = \left(\frac{\sum_{i=1}^{n}(X_i - \overline{X})^2}{\chi^2_{\frac{\alpha}{2}}(n-1)}, \frac{\sum_{i=1}^{n}(X_i - \overline{X})^2}{\chi^2_{1-\frac{\alpha}{2}}(n-1)}\right).$$

两正态总体期望差$(\mu_1 - \mu_2)$的区间估计(只给出结果)

1. σ_1^2, σ_2^2 均已知

$$(\underline{\mu_1 - \mu_2}, \overline{\mu_1 - \mu_2}) = (\overline{X} - \overline{Y} - \delta, \overline{X} - \overline{Y} + \delta), \quad \text{其中} \delta = z_{\frac{\alpha}{2}} \sqrt{\frac{\sigma_1^2}{n_1} + \frac{\sigma_2^2}{n_2}}.$$

2. σ_1^2, σ_2^2 均未知,但 $\sigma_1^2 = \sigma_2^2 = \sigma^2$.

统计量

$$T = \frac{(\overline{X} - \overline{Y}) - (\mu_1 - \mu_2)}{S_\omega \sqrt{\frac{1}{n_1} + \frac{1}{n_2}}}, \quad S_\omega^2 = \frac{(n_1-1)S_1^2 + (n_2-1)S_2^2}{n_1 + n_2 - 2}.$$

S_1^2, S_2^2 分别为 X, Y 的样本方差.

$T \sim t(n_1 + n_2 - 2)$. 记 $k = n_1 + n_2 - 2$,

$$(\underline{\mu_1 - \mu_2}, \overline{\mu_1 - \mu_2}) = (\overline{X} - \overline{Y} - \delta, \quad \overline{X} - \overline{Y} + \delta),$$

其中 $\delta = t_{\frac{\alpha}{2}}(k) S_\omega \sqrt{\frac{1}{n_1} + \frac{1}{n_2}}$.

3. σ_1^2, σ_2^2 均未知,但 n_1, n_2 很大(一般说大于 50),这时用 S_1^2, S_2^2 代替 σ_1^2, σ_2^2,

和 σ_1^2, σ_2^2 已知的情况一样处理，$\mu_1 - \mu_2$ 的置信区间

$$(\underline{\mu_1 - \mu_2}, \overline{\mu_1 - \mu_2}) = (\bar{X} - \bar{Y} - \delta, \bar{X} - \bar{Y} + \delta), \quad \text{其中 } \delta = z_{\frac{\alpha}{2}} \sqrt{\frac{S_1^2}{n_1} + \frac{S_2^2}{n_2}}.$$

两正态总体方差比 $\left(\dfrac{\sigma_1^2}{\sigma_2^2}\right)$ 的区间估计

1. μ_1, μ_2 均已知

$$\left(\underline{\frac{\sigma_1^2}{\sigma_2^2}}, \overline{\frac{\sigma_1^2}{\sigma_2^2}}\right) = \left(\frac{Q}{F_{\frac{\alpha}{2}}(n_1, n_2)}, \frac{Q}{F_{1-\frac{\alpha}{2}}(n_1, n_2)}\right),$$

其中

$$Q = \frac{n_2 \sum_{i=1}^{n_1} (X_i - \mu_1)^2}{n_1 \sum_{j=1}^{n_2} (Y_j - \mu_2)^2}.$$

2. μ_1, μ_2 均未知

$$\left(\underline{\frac{\sigma_1^2}{\sigma_2^2}}, \overline{\frac{\sigma_1^2}{\sigma_2^2}}\right) = \left(\frac{S_1^2/S_2^2}{F_{\frac{\alpha}{2}}(n_1 - 1, n_2 - 1)}, \frac{S_1^2/S_2^2}{F_{1-\frac{\alpha}{2}}(n_1 - 1, n_2 - 1)}\right).$$

(0-1)分布参数 p 的区间估计

在 n 很大 ($n \geq 50$) 的情况下,p 的 $(1-\alpha)$ 置信区间为

$$(\underline{p}, \overline{p}) = (\overline{X} - \delta, \overline{X} + \delta), \quad \text{其中 } \delta = z_{\frac{\alpha}{2}} \sqrt{\frac{\overline{X}(1-\overline{X})}{n}}.$$

第 8 章 假设检验

8.1 基本概念

假设检验的基本思想和方法

根据具体情况和问题的要求,首先作出假设,然后用适当的方法对这个假设进行检验.根据一定的原则,最后作出是否接受这个假设的决定.

解题步骤 假设检验问题,一般都通过下面几个步骤来解决:

(1) 根据问题的要求作出两个假设:原假设 H_0,**对立假设**(或**备择假设**)H_1;

(2) 在 H_0 成立的前提下,选择合适的检验统计量,并确定其分布;

(3) 给出显著性水平 α,根据 H_1 和统计量的分布,写出小概率事件使其概率为 α;

(4) 由样本值算出需要的数值,并查表查出需要的常数值;

(5) 根据小概率原理,对假设作出判断:若小概率事件发生,就拒绝 H_0;若小概率事件未发生,就接受 H_0.

H_0 的拒绝域,接受域

H_0 的拒绝域:前面所说的"小概率事件"的事件域就叫 H_0 的拒绝域,它的"对立面"就是 H_0 的接受域.用拒绝域、接受域解决问题更为方便.

具体判断方法:

若统计量的值落在 H_0 的接受域内,就接受 H_0;若统计量的值落在 H_0 的拒绝域内,就拒绝 H_0.

8.2 正态总体期望 μ 的假设检验

1. σ^2 已知
(1) 原假设 $H_0: \mu = \mu_0$.

备择假设 H_1:

① $\mu \neq \mu_0$(双侧检验);

② $\mu > \mu_0$(右侧检验);

③ $\mu < \mu_0$(左侧检验).

(2) 统计量 $U = \dfrac{\overline{X} - \mu_0}{\sigma/\sqrt{n}} \sim N(0,1)$.

(3) 给出 α, H_0 的拒绝域(小概率事件)

① $|U| > z_{\frac{\alpha}{2}}$；

② $U > z_\alpha$；

③ $U < -z_\alpha$.

对 $\overline{X}$ 来说，H_0 的拒绝域为

① $\overline{X} < \mu_0 - z_{\frac{\alpha}{2}} \dfrac{\sigma}{\sqrt{n}}$ 或 $\overline{X} > \mu_0 + z_{\frac{\alpha}{2}} \dfrac{\sigma}{\sqrt{n}}$；

② $\overline{X} > \mu_0 + z_\alpha \dfrac{\sigma}{\sqrt{n}}$；

③ $\overline{X} < \mu_0 - z_\alpha \dfrac{\sigma}{\sqrt{n}}$.

2. σ^2 未知

(1) $H_0: \mu = \mu_0$,

H_1: ① $\mu \neq \mu_0$；

② $\mu > \mu_0$；

③ $\mu < \mu_0$.

(2) 统计量
$$T = \frac{\overline{X} - \mu_0}{S/\sqrt{n}} \sim t(n-1).$$

(3) 给出 α, H_0 的拒绝域(小概率事件)

① $|T| > t_{\frac{\alpha}{2}}(n-1)$;

② $T > t_\alpha(n-1)$;

③ $T < -t_\alpha(n-1)$.

对 $\overline{X}$ 来说，H_0 的拒绝域为

① $\overline{X} < \mu_0 - t_{\frac{\alpha}{2}}(n-1)\frac{S}{\sqrt{n}}$ 或 $\overline{X} > \mu_0 + t_{\frac{\alpha}{2}}(n-1)\frac{S}{\sqrt{n}}$;

② $\overline{X} > \mu_0 + t_\alpha(n-1)\frac{S}{\sqrt{n}}$;

③ $\overline{X} < \mu_0 - t_\alpha(n-1)\frac{S}{\sqrt{n}}$.

8.3 正态总体方差 σ^2 的假设检验

1. μ 已知

(1) $H_0: \sigma^2 = \sigma_0^2$.

H_1: ① $\sigma^2 \neq \sigma_0^2$;
② $\sigma^2 > \sigma_0^2$;
③ $\sigma^2 < \sigma_0^2$.

(2) 统计量

$$k^2 = \frac{\sum_{i=1}^{n}(X_i - \mu)^2}{\sigma_0^2} \sim \chi^2(n).$$

(3) 给出 α, H_0 的拒绝域(小概率事件)

① $0 < k^2 < \chi_{1-\frac{\alpha}{2}}^{2}(n)$ 或 $k^2 > \chi_{\frac{\alpha}{2}}^{2}(n)$;

② $k^2 > \chi_{\alpha}^{2}(n)$;

③ $0 < k^2 < \chi_{1-\alpha}^{2}(n)$.

2. μ 未知

(1) H_0: $\sigma^2 = \sigma_0^2$.

H_1: ① $\sigma^2 \neq \sigma_0^2$;
② $\sigma^2 > \sigma_0^2$;
③ $\sigma^2 < \sigma_0^2$.

(2) 统计量

$$k^2 = \frac{(n-1)S^2}{\sigma_0^2} \sim \chi^2(n-1).$$

(3) 给出 α, H_0 的拒绝域（小概率事件）

① $0 < k^2 < \chi^2_{1-\frac{\alpha}{2}}(n-1)$ 或 $k^2 > \chi^2_{\frac{\alpha}{2}}(n-1)$；

② $k^2 > \chi^2_{\alpha}(n-1)$；

③ $0 < k^2 < \chi^2_{1-\alpha}(n-1)$.

8.4 两正态总体期望差 $\mu_1 - \mu_2$ 的假设检验

1. σ_1^2, σ_2^2 均已知

(1) $H_0: \mu_1 - \mu_2 = \delta_0$.

H_1: ① $\mu_1 - \mu_2 \neq \delta_0$；

② $\mu_1 - \mu_2 > \delta_0$；

③ $\mu_1 - \mu_2 < \delta_0$.

8.4 两正态总体期望差 $\mu_1 - \mu_2$ 的假设检验

(2) 统计量

$$U = \frac{(\overline{X} - \overline{Y}) - \delta_0}{\sqrt{\frac{\sigma_1^2}{n_1} + \frac{\sigma_2^2}{n_2}}} \sim N(0,1).$$

(3) 给出 α, H_0 的拒绝域

① $|U| > z_{\frac{\alpha}{2}}$;

② $U > z_\alpha$;

③ $U < -z_\alpha$.

对 $(\overline{X} - \overline{Y})$ 来说, H_0 的拒绝域为

① $\overline{X} - \overline{Y} < \delta_0 - z_{\frac{\alpha}{2}} \sqrt{\frac{\sigma_1^2}{n_1} + \frac{\sigma_2^2}{n_2}}$ 或 $\overline{X} - \overline{Y} > \delta_0 + z_{\frac{\alpha}{2}} \sqrt{\frac{\sigma_1^2}{n_1} + \frac{\sigma_2^2}{n_2}}$;

② $\overline{X} - \overline{Y} > \delta_0 + z_\alpha \sqrt{\frac{\sigma_1^2}{n_1} + \frac{\sigma_2^2}{n_2}}$;

③ $\overline{X} - \overline{Y} < \delta_0 - z_\alpha \sqrt{\frac{\sigma_1^2}{n_1} + \frac{\sigma_2^2}{n_2}}$.

2. σ_1^2, σ_2^2 均为未知,但 $\sigma_1^2 = \sigma_2^2 = \sigma^2$

(1) $H_0: \mu_1 - \mu_2 = \delta_0$.

H_1: ① $\mu_1 - \mu_2 \neq \delta_0$;
② $\mu_1 - \mu_2 > \delta_0$;
③ $\mu_1 - \mu_2 < \delta_0$.

(2) 统计量

$$T = \frac{\overline{X} - \overline{Y} - \delta_0}{S_w \sqrt{\frac{1}{n_1} + \frac{1}{n_2}}} \sim t(n_1 + n_2 - 2).$$

其中 S_w 如前面给出的.

(3) 给出 α, H_0 的拒绝域为

① $|T| > t_{\frac{\alpha}{2}}(k), k = n_1 + n_2 - 2$;

② $T > t_\alpha(k)$;

③ $T < -t_\alpha(k)$.

对 $(\overline{X} - \overline{Y})$ 来说,H_0 的拒绝域为

① $\overline{X} - \overline{Y} < \delta_0 - t_{\frac{\alpha}{2}}(k) \cdot S_w \sqrt{\frac{1}{n_1} + \frac{1}{n_2}}$ 或 $\overline{X} - \overline{Y} > \delta_0 + t_{\frac{\alpha}{2}}(k) S_w \sqrt{\frac{1}{n_1} + \frac{1}{n_2}}$;

② $\overline{X} - \overline{Y} > \delta_0 + t_\alpha(k) \cdot S_\omega \sqrt{\dfrac{1}{n_1} + \dfrac{1}{n_2}}$;

③ $\overline{X} - \overline{Y} < \delta_0 - t_\alpha(k) S_\omega \sqrt{\dfrac{1}{n_1} + \dfrac{1}{n_2}}$.

3. σ_1^2, σ_2^2 均未知,但 n_1, n_2 都很大

(1) $H_0: \mu_1 - \mu_2 = \delta_0$,

$H_1:$ ① $\mu_1 - \mu_2 \neq \delta_0$;

② $\mu_1 - \mu_2 > \delta_0$;

③ $\mu_1 - \mu_2 < \delta_0$;

(2) 统计量

$$U = \dfrac{\overline{X} - \overline{Y} - \delta_0}{\sqrt{\dfrac{S_1^2}{n_1} + \dfrac{S_2^2}{n_2}}} \underset{(近似)}{\sim} N(0,1);$$

(3) 给出 α, H_0 的拒绝域为

① $|U| > z_{\frac{\alpha}{2}}$;

② $U > z_\alpha$;

③ $U < -z_\alpha$.

对 $\bar{X}, \bar{Y}$ 来说，H_0 的拒绝域为

① $\bar{X} - \bar{Y} < \delta_0 - z_{\frac{\alpha}{2}} \sqrt{\frac{S_1^2}{n_1} + \frac{S_2^2}{n_2}}$ 或 $\bar{X} - \bar{Y} > \delta_0 + z_{\frac{\alpha}{2}} \sqrt{\frac{S_1^2}{n_1} + \frac{S_2^2}{n_2}}$；

② $\bar{X} - \bar{Y} > \delta_0 + z_\alpha \sqrt{\frac{S_1^2}{n_1} + \frac{S_2^2}{n_2}}$；

③ $\bar{X} - \bar{Y} < \delta_0 - z_\alpha \sqrt{\frac{S_1^2}{n_1} + \frac{S_2^2}{n_2}}$.

8.5 两正态总体方差比 $\dfrac{\sigma_1^2}{\sigma_2^2}$ 的假设检验

1. μ_1, μ_2 均已知

(1) $H_0: \sigma_1^2 = \sigma_2^2 \left(\text{即} \dfrac{\sigma_1^2}{\sigma_2^2} = 1\right)$.

$H_1:$ ① $\sigma_1^2 \neq \sigma_2^2 \left(\text{即} \dfrac{\sigma_1^2}{\sigma_2^2} \neq 1\right)$；

② $\sigma_1^2 > \sigma_2^2 \left(\text{即} \dfrac{\sigma_1^2}{\sigma_2^2} > 1\right)$；

③ $\sigma_1^2 < \sigma_2^2 \left(\text{即} \dfrac{\sigma_1^2}{\sigma_2^2} < 1\right)$.

8.5 两正态总体方差比 $\dfrac{\sigma_1^2}{\sigma_2^2}$ 的假设检验

(2) 统计量

$$F = \dfrac{n_2 \sum\limits_{i=1}^{n_1}(X_i - \mu_1)^2}{n_1 \sum\limits_{j=1}^{n_2}(Y_j - \mu_2)^2} \sim F(n_1, n_2).$$

(3) 给出 α, H_0 的拒绝域为:

① $0 < F < F_{1-\frac{\alpha}{2}}(n_1, n_2)$ 或 $F > F_{\frac{\alpha}{2}}(n_1, n_2)$;

② $F > F_\alpha(n_1, n_2)$;

③ $0 < F < F_{1-\alpha}(n_1, n_2)$.

2. μ_1, μ_2 均未知

(1) $H_0: \sigma_1^2 = \sigma_2^2$,

  $H_1:$ ① $\sigma_1^2 \neq \sigma_2^2$;

  ② $\sigma_1^2 > \sigma_2^2$;

  ③ $\sigma_1^2 < \sigma_2^2$.

(2) 统计量

$$F = \dfrac{S_1^2}{S_2^2} \sim F(n_1 - 1, n_2 - 1).$$

(3) 给出 α, H_0 的拒绝域为

① $0 < F < F_{1-\frac{\alpha}{2}}(n_1-1, n_2-1)$ 或 $F > F_{\frac{\alpha}{2}}(n_1-1, n_2-1)$;

② $F > F_\alpha(n_1-1, n_2-1)$;

③ $0 < F < F_{1-\alpha}(n_1-1, n_2-1)$.

8.6 (0-1)分布参数 p 的假设检验

设 $X \sim (0\text{-}1)$ 分布. $X_i \sim (0\text{-}1)$ 分布, $X_1, X_2, \cdots, X_n$ 为简单随机样本.

$$\overline{X} = \frac{1}{n}\sum_{i=1}^{n} X_i, \quad E(\overline{X}) = p, \quad D(\overline{X}) = p(1-p)/n \quad (n \text{ 很大}).$$

(1) $H_0: p = p_0$.

H_1: ① $p \neq p_0$;

② $p > p_0$;

③ $p < p_0$.

(2) 统计量

$$U = \frac{\overline{X} - p_0}{\sqrt{p_0(1-p_0)/n}} \underset{(\text{近似})}{\overset{(n \text{ 很大})}{\sim}} N(0, 1).$$

(3) 给出 α, H_0 的拒绝域为

① $|U|>z_{\frac{\alpha}{2}}$;

② $U>z_\alpha$;

③ $U<-z_\alpha$.

对 $\overline{X}$ 来说,H_0 的拒绝域为

① $\overline{X}<p_0-z_{\frac{\alpha}{2}}\sqrt{\dfrac{p_0(1-p_0)}{n}}$ 或 $\overline{X}>p_0+z_{\frac{\alpha}{2}}\sqrt{\dfrac{p_0(1-p_0)}{n}}$;

② $\overline{X}>p_0+z_\alpha\sqrt{\dfrac{p_0(1-p_0)}{n}}$;

③ $\overline{X}<p_0-z_\alpha\sqrt{\dfrac{p_0(1-p_0)}{n}}$.

8.7 χ^2 检验法

这是非参数的假设检验,是对总体分布进行假设检验.

设总体 X 的实际分布函数为 $F(x)$,它是未知的. 从样本值推测出的可能的总体 X 的分布函数为 $F^*(x)$,并称 $F^*(x)$ 为 X 的理论分布函数,然后对 $F^*(x)$

进行检验.

具体检验方法如下:

(1) 将 n 个样本值按大小顺序排列并等分成 k 个小区间(每个小区间内的样本点数不要小于 5 个),用 m_i 表示在第 i 个小区间 $[t_{i-1}, t_i]$ 上的样本值个数,$\dfrac{m_i}{n}$ 为频率,画出频率的直方图,从直方图估出总体 X 的分布,定出 X 的分布函数 $F^*(x)$.

原假设 $H_0: F(x) = F^*(x)$.

设 $\hat{p}_i = P\{t_{i-1} < X \leqslant t_i\}$,在 H_0 成立的条件下,有

$$\hat{p}_i = F^*(t_i) - F^*(t_{i-1}).$$

研究 $\dfrac{m_i}{n}$ 与 $\hat{p}_i$ 的差异程度. 或说是 m_i 与 $n\hat{p}_i$ 的差异程度.

(2) 选统计量

$$\chi^2 = \sum_{i=1}^{k} \left(\dfrac{m_i - n\hat{p}_i}{n\hat{p}_i} \right)^2 = \dfrac{1}{n} \sum \dfrac{m_i^2}{\hat{p}_i} - n.$$

皮尔逊(Pearson)证明了当 $n \to +\infty$ 时,χ^2 的极限分布是 $\chi^2(k-r-1)$ 分布,其中 r 是 $F^*(x)$ 中待估参数的个数. 当 n 充分大(一般 $n \geqslant 50$ 时),就按 $\chi^2(k-r-1)$ 分布

处理.

（3）对给定的 α，小概率事件的概率表达式为

$$P\{\chi^2 > \chi_\alpha^2(k-r-1)\} = \alpha.$$

（4）由样本值求出 χ^2 值，查出 $\chi_\alpha^2(k-r-1)$ 的值.

（5）判断：若 $\chi^2 > \chi_\alpha^2(k-r-1)$，小概率事件出现，则拒绝 H_0；若 $\chi^2 < \chi_\alpha^2(k-r-1)$，则接受 $H_0: F(x) = F^*(x)$.

8.8 两类错误

假设检验问题的结果是拒绝 H_0 还是接受 H_0，是由样本值决定的. 由于样本的随机性，会出现两类错误.

第一类错误叫做弃真：H_0 是正确的，却拒绝了 H_0，这类错误的大小，用下面概率表示：

$$P\{拒绝 H_0 | H_0 正确\} = \alpha(检验水平).$$

第二类错误叫做取伪：H_0 是不正确的，却接受了 H_0，这类错误的大小，用概率表示为

$$P\{\text{接受 } H_0 \mid H_0 \text{ 不正确}\} = P\{\text{接受 } H_0 \mid H_1 \text{ 正确}\} = \beta.$$

解决这类问题通常有两种情况:

(1) 给出检验水平 α (此即把第一类错误的概率),定出 H_0 的拒绝域,接受域,然后根据 H_1,求出犯第二类错误的概率 β.

(2) 根据具体要求,确定出拒绝域,接受域,然后计算出 α 和 β 的大小.

注 加大样本容量可减少两类错误.

附表1 积 分 表

说明(1)表中均省略了常数 c;(2)$\ln g(x)$ 均指 $\ln|g(x)|$.

一、含 $ax+b$

1. $\int \dfrac{1}{ax+b}dx = \dfrac{1}{a}\ln(ax+b)$.

2. $\int \dfrac{1}{(ax+b)^2}dx = -\dfrac{1}{a(ax+b)}$.

3. $\int \dfrac{1}{(ax+b)^3}dx = -\dfrac{1}{2a(ax+b)^2}$.

4. $\int x(ax+b)^n dx = \dfrac{(ax+b)^{n+2}}{a^2(n+2)} - \dfrac{b(ax+b)^{n+1}}{a^2(n+1)}$ $(n\neq -1,-2)$.

5. $\int \dfrac{x}{ax+b}dx = \dfrac{x}{a} - \dfrac{b}{a^2}\ln(ax+b)$.

6. $\int \dfrac{x}{(ax+b)^2}dx = \dfrac{b}{a^2(ax+b)} + \dfrac{1}{a^2}\ln(ax+b)$.

7. $\int \dfrac{x}{(ax+b)^3}\mathrm{d}x = \dfrac{b}{2a^2(ax+b)^2} - \dfrac{1}{a^2(ax+b)}$.

8. $\int x^2(ax+b)^n\mathrm{d}x = \dfrac{1}{a^3}\left[\dfrac{(ax+b)^{n+3}}{n+3} - 2b\dfrac{(ax+b)^{n+2}}{n+2} + b^2\dfrac{(ax+b)^{n+1}}{n+1}\right]$
 $(n \neq -1, -2, -3)$.

9. $\int \dfrac{1}{x(ax+b)}\mathrm{d}x = -\dfrac{1}{b}\ln\dfrac{ax+b}{x}$.

10. $\int \dfrac{1}{x^2(ax+b)}\mathrm{d}x = -\dfrac{1}{bx} + \dfrac{a}{b^2}\ln\dfrac{ax+b}{x}$.

11. $\int \dfrac{1}{x^3(ax+b)}\mathrm{d}x = \dfrac{2ax-b}{2b^2x^2} - \dfrac{a^2}{b^3}\ln\dfrac{ax+b}{x}$.

12. $\int \dfrac{1}{x(ax+b)^2}\mathrm{d}x = \dfrac{1}{b(ax+b)} - \dfrac{1}{b^2}\ln\dfrac{ax+b}{x}$.

13. $\int \dfrac{1}{x(ax+b)^3}\mathrm{d}x = \dfrac{1}{b^3}\left[\dfrac{1}{2}\left(\dfrac{ax+2b}{ax+b}\right)^2 - \ln\dfrac{ax+b}{x}\right]$.

二、含 $\sqrt{ax+b}$

14. $\int \sqrt{ax+b}\,\mathrm{d}x = \dfrac{2}{3a}\sqrt{(ax+b)^3}$.

15. $\int x\sqrt{ax+b}\,dx = \dfrac{2(3ax-2b)}{15a^2}\sqrt{(ax+b)^3}$.

16. $\int x^2\sqrt{ax+b}\,dx = \dfrac{2(15a^2x^2-12abx+8b^2)}{105a^3}\sqrt{(ax+b)^3}$.

17. $\int x^n\sqrt{ax+b}\,dx = \dfrac{2x^n}{(2n+3)a}\sqrt{(ax+b)^3} - \dfrac{2nb}{(2n+3)a}\int x^{n-1}\sqrt{ax+b}\,dx$.

18. $\int \dfrac{1}{\sqrt{ax+b}}\,dx = \dfrac{2}{a}\sqrt{ax+b}$.

19. $\int \dfrac{x}{\sqrt{ax+b}}\,dx = \dfrac{2(ax-2b)}{3a^2}\sqrt{ax+b}$.

20. $\int \dfrac{x^n}{\sqrt{ax+b}}\,dx = \dfrac{2x^n}{(2n+1)a}\sqrt{ax+b} - \dfrac{2nb}{(2n+1)a}\int \dfrac{x^{n-1}}{\sqrt{ax+b}}\,dx$.

21. $\int \dfrac{1}{x\sqrt{ax+b}}\,dx = \dfrac{1}{\sqrt{b}}\ln\dfrac{\sqrt{ax+b}-\sqrt{b}}{\sqrt{ax+b}+\sqrt{b}}$ $(b>0)$.

22. $\int \dfrac{1}{x\sqrt{ax+b}}\,dx = \dfrac{2}{\sqrt{-b}}\arctan\sqrt{\dfrac{ax+b}{-b}}$ $(b<0)$.

23. $\int \dfrac{1}{x^n \sqrt{ax+b}} dx = -\dfrac{\sqrt{ax+b}}{(n-1)bx^{n-1}} - \dfrac{(2n-3)a}{2(n-1)b}\int \dfrac{dx}{x^{n-1}\sqrt{ax+b}}$ $(n>1)$.

24. $\int \dfrac{\sqrt{ax+b}}{x} dx = 2\sqrt{ax+b} + b\int \dfrac{1}{x\sqrt{ax+b}} dx$.

25. $\int \dfrac{\sqrt{ax+b}}{x^n} dx = -\dfrac{\sqrt{(ax+b)^3}}{(n-1)bx^{n-1}} - \dfrac{(2n-5)a}{2(n-1)b}\int \dfrac{\sqrt{ax+b}}{x^{n-1}} dx$ $(n>1)$.

26. $\int x\sqrt{(ax+b)^n} dx = \dfrac{2}{a^2}\left[\dfrac{1}{n+4}\sqrt{(ax+b)^{n+4}} - \dfrac{b}{n+2}\sqrt{(ax+b)^{n+2}}\right]$.

27. $\int \dfrac{x}{\sqrt{(ax+b)^n}} dx = \dfrac{2}{a^2}\left[\dfrac{b}{n-2}\dfrac{1}{\sqrt{(ax+b)^{n-2}}} - \dfrac{1}{n-4}\dfrac{1}{\sqrt{(ax+b)^{n-4}}}\right]$.

三、含 $\sqrt{ax+b}$, $\sqrt{cx+d}$

28. $\int \dfrac{1}{\sqrt{ax+b}\sqrt{cx+d}} dx = \dfrac{2}{\sqrt{ac}}\operatorname{artanh}\sqrt{\dfrac{c(ax+b)}{a(cx+d)}}$ $(ac>0)$.

29. $\int \dfrac{1}{\sqrt{ax+b}\sqrt{cx+d}} dx = \dfrac{2}{\sqrt{-ac}}\arctan\sqrt{\dfrac{-c(ax+b)}{a(cx+d)}}$ $(ac<0)$.

30. $\int \sqrt{ax+b}\ \sqrt{cx+d}\,\mathrm{d}x = \dfrac{2acx+ad+bc}{4ac}\sqrt{ax+b}\ \sqrt{cx+d} - \dfrac{(ad-bc)^2}{8ac}\int \dfrac{\mathrm{d}x}{\sqrt{ax+b}\cdot\sqrt{cx+d}}.$

31. $\int \sqrt{\dfrac{ax+b}{cx+d}}\,\mathrm{d}x = \dfrac{\sqrt{ax+b}\ \sqrt{cx+d}}{c} - \dfrac{ad-bc}{2c}\int \dfrac{\mathrm{d}x}{\sqrt{ax+b}\ \sqrt{cx+d}}.$

32. $\int \dfrac{1}{\sqrt{(x-p)(q-x)}}\,\mathrm{d}x = 2\arcsin\sqrt{\dfrac{x-p}{q-p}}.$

四、含 ax^2+c

33. $\int \dfrac{1}{ax^2+c}\,\mathrm{d}x = \dfrac{1}{\sqrt{ac}}\arctan\left(x\sqrt{\dfrac{a}{c}}\right)\quad (a>0, c>0).$

34. $\int \dfrac{1}{ax^2+c}\,\mathrm{d}x = \dfrac{1}{2\sqrt{-ac}}\ln\dfrac{x\sqrt{a}-\sqrt{-c}}{x\sqrt{a}+\sqrt{-c}}\quad (a>0, c<0).$

$\int \dfrac{1}{ax^2+c}\,\mathrm{d}x = \dfrac{1}{2\sqrt{-ac}}\ln\dfrac{\sqrt{c}+x\sqrt{-a}}{\sqrt{c}-x\sqrt{-a}}\quad (a<0, c>0).$

35. $\int \dfrac{1}{(ax^2+c)^n}dx = \dfrac{x}{2c(n-1)(ax^2+c)^{n-1}} + \dfrac{2n-3}{2c(n-1)}\int \dfrac{dx}{(ax^2+c)^{n-1}}$ $(n>1)$.

36. $\int x(ax^2+c)^n dx = \dfrac{(ax^2+c)^{n+1}}{2a(n+1)}$ $(n \neq -1)$.

37. $\int \dfrac{x}{ax^2+c}dx = \dfrac{1}{2a}\ln(ax^2+c)$.

38. $\int \dfrac{x^2}{ax^2+c}dx = \dfrac{x}{a} - \dfrac{c}{a}\int \dfrac{dx}{ax^2+c}$.

39. $\int \dfrac{x^n}{ax^2+c}dx = \dfrac{x^{n-1}}{a(n-1)} - \dfrac{c}{a}\int \dfrac{x^{n-2}}{ax^2+c}dx$ $(n \neq -1)$.

五、含 $\sqrt{ax^2+c}$

40. $\int \sqrt{ax^2+c}\,dx = \dfrac{x}{2}\sqrt{ax^2+c} + \dfrac{c}{2\sqrt{a}}\ln(x\sqrt{a}+\sqrt{ax^2+c})$ $(a>0)$.

41. $\int \sqrt{ax^2+c}\,dx = \dfrac{x}{2}\sqrt{ax^2+c} + \dfrac{c}{2\sqrt{-a}}\arcsin\left(x\sqrt{\dfrac{-a}{c}}\right)$ $(a<0)$.

42. $\int \sqrt{(ax^2+c)^3}\,dx = \dfrac{x}{8}(2ax^2+5c)\sqrt{ax^2+c} + \dfrac{3c^2}{8\sqrt{a}}\ln(x\sqrt{a}+$

$\sqrt{ax^2+c}$). $(a>0)$.

43. $\int \sqrt{(ax^2+c)^3}dx = \dfrac{x}{8}(2a^2x+5c)\sqrt{ax^2+c} + \dfrac{3c^2}{8\sqrt{-a}}\arcsin\left(x\sqrt{\dfrac{-a}{c}}\right)$

$(a<0)$.

44. $\int x\sqrt{ax^2+c}dx = \dfrac{1}{3a}\sqrt{(ax^2+c)^3}$.

45. $\int x^2\sqrt{ax^2+c}dx = \dfrac{x}{4a}\sqrt{(ax^2+c)^3} - \dfrac{cx}{8a}\sqrt{ax^2+c} - \dfrac{c^2}{8\sqrt{a^3}}\ln(x\sqrt{a}+\sqrt{ax^2+c})$ $(a>0)$.

46. $\int x^2\sqrt{ax^2+c}dx = \dfrac{x}{4a}\sqrt{(ax^2+c)^3} - \dfrac{cx}{8a}\sqrt{ax^2+c} - \dfrac{c^2}{8a\sqrt{-a}}\arcsin\left(x\sqrt{\dfrac{-a}{c}}\right)$ $(a<0)$.

47. $\int x^n\sqrt{ax^2+c}dx = \dfrac{x^{n-1}}{(n+2)a}\sqrt{(ax^2+c)^3} - \dfrac{(x-1)c}{(n+2)a}\int x^{n-2}\sqrt{ax^2+c}dx$ $(n>0)$.

48. $\int x \sqrt{(ax^2+c)^3}\,\mathrm{d}x = \dfrac{1}{5a}\sqrt{(ax^2+c)^5}$.

49. $\int x^2 \sqrt{(ax^2+c)^3}\,\mathrm{d}x = \dfrac{x^3}{6}\sqrt{(ax^2+c)^3} + \dfrac{c}{2}\int x^2\sqrt{ax^2+c}\,\mathrm{d}x$.

50. $\int x^n \sqrt{(ax^2+c)^3}\,\mathrm{d}x = \dfrac{x^{n+1}}{n+4}\sqrt{(ax^2+c)^3} + \dfrac{3c}{n+4}\int x^n\sqrt{ax^2+c}\,\mathrm{d}x$. $(n>0)$.

51. $\int \dfrac{\sqrt{ax^2+c}}{x}\,\mathrm{d}x = \sqrt{ax^2+c} + \sqrt{c}\ln\dfrac{\sqrt{ax^2+c}-\sqrt{c}}{x}\quad (c>0)$.

52. $\int \dfrac{\sqrt{ax^2+c}}{x}\,\mathrm{d}x = \sqrt{ax^2+c} - \sqrt{-c}\arctan\dfrac{\sqrt{ax^2+c}}{\sqrt{-c}},\quad (c<0)$.

53. $\int \dfrac{\sqrt{ax^2+c}}{x^n}\,\mathrm{d}x = -\dfrac{\sqrt{(ax^2+c)^3}}{c(n-1)x^{n-1}} - \dfrac{(n-4)a}{(n-1)c}\int \dfrac{\sqrt{ax^2+c}}{x^{n-2}}\,\mathrm{d}x \quad (n>1)$.

54. $\int \dfrac{\mathrm{d}x}{\sqrt{ax^2+c}} = \dfrac{1}{\sqrt{a}}\ln(x\sqrt{a}+\sqrt{ax^2+c})\quad (a>0)$.

55. $\int \dfrac{\mathrm{d}x}{\sqrt{ax^2+c}} = \dfrac{1}{\sqrt{-a}}\arcsin\left(x\sqrt{\dfrac{-a}{c}}\right)\quad (a<0)$.

56. $\int \dfrac{\mathrm{d}x}{\sqrt{(ax^2+c)^3}} = \dfrac{x}{c\sqrt{ax^2+c}}.$

57. $\int \dfrac{x}{\sqrt{ax^2+c}}\mathrm{d}x = \dfrac{1}{a}\sqrt{ax^2+c}.$

58. $\int \dfrac{x^2}{\sqrt{ax^2+c}}\mathrm{d}x = \dfrac{x}{a}\sqrt{ax^2+c} - \dfrac{1}{a}\int \sqrt{ax^2+c}\,\mathrm{d}x.$

59. $\int \dfrac{x^n}{\sqrt{ax^2+c}}\mathrm{d}x = \dfrac{x^{n-1}}{na}\sqrt{ax^2+c} - \dfrac{(n-1)c}{na}\int \dfrac{x^{n-2}}{\sqrt{ax^2+c}}\mathrm{d}x \quad (n>0).$

60. $\int \dfrac{1}{x\sqrt{ax^2+c}}\mathrm{d}x = \dfrac{1}{\sqrt{c}}\ln \dfrac{\sqrt{ax^2+c}-\sqrt{c}}{x} \quad (c>0).$

61. $\int \dfrac{1}{x\sqrt{ax^2+c}}\mathrm{d}x = \dfrac{1}{\sqrt{-c}}\operatorname{arcsec}\left(x\sqrt{\dfrac{-a}{c}}\right) \quad (c<0).$

62. $\int \dfrac{1}{x^2\sqrt{ax^2+c}}\mathrm{d}x = -\dfrac{\sqrt{ax^2+c}}{cx}.$

63. $\int \dfrac{1}{x^n\sqrt{ax^2+c}}\mathrm{d}x = -\dfrac{\sqrt{ax^2+c}}{c(n-1)x^{n-1}} - \dfrac{(n-2)a}{(n-1)c}\int \dfrac{\mathrm{d}x}{x^{n-2}\sqrt{ax^2+c}} \quad (n>1).$

六、含 ax^2+bx+c

64. $\displaystyle\int \frac{1}{ax^2+bx+c}\mathrm{d}x = \frac{1}{\sqrt{b^2-4ac}}\ln\frac{2ax+b-\sqrt{b^2-4ac}}{2ax+b+\sqrt{b^2-4ac}}$ $(b^2 > 4ac)$.

65. $\displaystyle\int \frac{1}{ax^2+bx+c}\mathrm{d}x = \frac{2}{\sqrt{4ac-b^2}}\arctan\frac{2ax+b}{\sqrt{4ac-b^2}}$ $(b^2 < 4ac)$.

66. $\displaystyle\int \frac{1}{ax^2+bx+c}\mathrm{d}x = -\frac{2}{2ax+b}.$ $(b^2 = 4ac)$.

67. $\displaystyle\int \frac{1}{(ax^2+bx+c)^n}\mathrm{d}x = \frac{2ax+b}{(n-1)(4ac-b^2)(ax^2+bx+c)^{n-1}} + \frac{2(2n-3)a}{(n-1)(4ac-b^2)}\int \frac{\mathrm{d}x}{(ax^2+bx+c)^{n-1}}$ $(n>1, b^2 \neq 4ac)$.

68. $\displaystyle\int \frac{x}{ax^2+bx+c}\mathrm{d}x = \frac{1}{2a}\ln(ax^2+bx+c) - \frac{b}{2a}\int \frac{\mathrm{d}x}{ax^2+bx+c}.$

69. $\displaystyle\int \frac{x^2}{ax^2+bx+c}\mathrm{d}x = \frac{x}{a} - \frac{b}{2a^2}\ln(ax^2+bx+c) + \frac{b^2-2ac}{2a^2}\int \frac{\mathrm{d}x}{ax^2+bx+c}.$

70. $\displaystyle\int \frac{x^n}{ax^2+bx+c}\mathrm{d}x = \frac{x^{n-1}}{(n-1)a} - \frac{c}{a}\int \frac{x^{n-2}}{ax^2+bx+c}\mathrm{d}x - \frac{b}{a}\int \frac{x^{n-1}}{ax^2+bx+c}\mathrm{d}x$ $(n>1)$.

七、含 $\sqrt{ax^2+bx+c}$

71. $\int \dfrac{1}{\sqrt{ax^2+bx+c}}dx = \dfrac{1}{\sqrt{a}}\ln(2ax+b+2\sqrt{a}\ \sqrt{ax^2+bx+c})$ $(a>0)$.

72. $\int \dfrac{dx}{\sqrt{ax^2+bx+c}} = \dfrac{1}{\sqrt{-a}}\arcsin\dfrac{-2ax-b}{\sqrt{b^2-4ac}}$ $(a<0, b^2>4ac)$.

73. $\int \dfrac{xdx}{\sqrt{ax^2+bx+c}} = \dfrac{\sqrt{ax^2+bx+c}}{a} - \dfrac{b}{2a}\int \dfrac{dx}{\sqrt{ax^2+bx+c}}$.

74. $\int \dfrac{x^n dx}{\sqrt{ax^2+bx+c}} = \dfrac{x^{n-1}}{na}\sqrt{ax^2+bx+c} - \dfrac{(2n-1)b}{2na}\int \dfrac{x^{n-1}}{\sqrt{ax^2+bx+c}}dx - \dfrac{(n+1)c}{na}\int \dfrac{x^{n-2}}{\sqrt{ax^2+bx+c}}dx$.

75. $\int \sqrt{ax^2+bx+c}\,dx = \dfrac{2ax+b}{4a}\sqrt{ax^2+bx+c} - \dfrac{b^2-4ac}{8a}\int \dfrac{dx}{\sqrt{ax^2+bx+c}}$.

76. $\int x\sqrt{ax^2+bx+c}\,dx = \dfrac{1}{3a}\sqrt{(ax^2+bx+c)^3} - \dfrac{b}{2a}\int \sqrt{ax^2+bx+c}\,dx$.

77. $\int x^2 \sqrt{ax^2+bx+c}\,dx = \left(x - \dfrac{5b}{6a}\right)\dfrac{\sqrt{(ax^2+bx+c)^3}}{4a} +$

$$\frac{5b^2-4ac}{16a^2}\int \sqrt{ax^2+bx+c}\,dx.$$

78. $\displaystyle\int \frac{1}{x\sqrt{ax^2+bx+c}}\,dx = -\frac{1}{\sqrt{c}}\ln\left(\frac{\sqrt{ax^2+bx+c}+\sqrt{c}}{x} + \frac{b}{2\sqrt{c}}\right)$ $(c>0)$.

79. $\displaystyle\int \frac{1}{x\sqrt{ax^2+bx+c}}\,dx = \frac{1}{\sqrt{-c}}\arcsin\frac{bx+2c}{x\sqrt{b^2-4ac}}$ $(c<0, b^2>4ac)$.

80. $\displaystyle\int \frac{dx}{x\sqrt{ax^2+bx}} = -\frac{2}{bx}\sqrt{ax^2+bx}.$

81. $\displaystyle\int \frac{dx}{x^n\sqrt{ax^2+bx+c}} = -\frac{\sqrt{ax^2+bx+c}}{(n-1)cx^{n-1}} - \frac{(2n-3)b}{2(n-1)c}\int \frac{dx}{x^{n-1}\sqrt{ax^2+bx+c}} - \frac{(n-2)a}{(n-1)c}\int \frac{dx}{x^{n-2}\sqrt{ax^2+bx+c}}$ $(n>1)$.

八、含 sin*ax*

82. $\displaystyle\int \sin ax\,dx = -\frac{1}{a}\cos ax.$

83. $\displaystyle\int \sin^2 ax\,dx = \frac{x}{2} - \frac{1}{4a}\sin 2ax.$

84. $\int \sin^3 ax \, dx = -\frac{1}{a}\cos ax + \frac{1}{3a}\cos^3 ax.$

85. $\int \sin^n ax \, dx = -\frac{1}{na}\sin^{n-1} ax \cos ax + \frac{n-1}{n}\int \sin^{n-2} ax \, dx$ （n 为正整数）.

86. $\int \frac{1}{\sin ax} dx = \frac{1}{a}\ln \tan \frac{ax}{2}.$

87. $\int \frac{1}{\sin^2 ax} dx = -\frac{1}{a}\cot ax.$

88. $\int \frac{1}{\sin^n ax} dx = -\frac{\cos ax}{(n-1)a \sin^{n-1} ax} + \frac{n-2}{n-1}\int \frac{dx}{\sin^{n-2} ax}.$ （$n \geqslant 2$ 为整数）.

89. $\int \frac{dx}{1 \pm \sin ax} = \mp \frac{1}{a}\tan\left(\frac{\pi}{4} \mp \frac{ax}{2}\right).$

90. $\int \frac{dx}{b + c\sin ax} = -\frac{2}{a\sqrt{b^2 - c^2}}\arctan\left[\sqrt{\frac{b-c}{b+c}}\tan\left(\frac{\pi}{4} - \frac{ax}{2}\right)\right]$ （$b^2 > c^2$）.

91. $\int \frac{dx}{b + c\sin ax} = -\frac{1}{a\sqrt{c^2 - b^2}}\ln \frac{c + b\sin ax + \sqrt{c^2 - b^2}\cos ax}{b + c\sin ax}$ （$b^2 < c^2$）.

92. $\int \sin ax \sin bx \, dx = \dfrac{\sin(a-b)x}{2(a-b)} - \dfrac{\sin(a+b)x}{2(a+b)}$, $|a| \neq |b|$.

九、含 $\cos ax$

93. $\int \cos ax \, dx = \dfrac{1}{a} \sin ax$.

94. $\int \cos^2 ax \, dx = \dfrac{x}{2} + \dfrac{1}{4a} \sin 2ax$.

95. $\int \cos^n ax \, dx = \dfrac{1}{na} \cos^{n-1} ax \sin ax + \dfrac{n-1}{n} \int \cos^{n-2} ax \, dx$ （n 为正整数）.

96. $\int \dfrac{1}{\cos ax} dx = \dfrac{1}{a} \ln \tan \left(\dfrac{\pi}{4} + \dfrac{ax}{2} \right)$.

97. $\int \dfrac{1}{\cos^2 ax} dx = \dfrac{1}{a} \tan ax$.

98. $\int \dfrac{1}{\cos^n ax} dx = \dfrac{\sin ax}{(n-1)a \cos^{n-1} ax} + \dfrac{n-2}{n-1} \int \dfrac{dx}{\cos^{n-2} ax}$ （$n \geqslant 2$ 为整数）.

99. $\int \dfrac{dx}{1+\cos ax} = \dfrac{1}{a} \tan \dfrac{ax}{2}$.

100. $\int \dfrac{dx}{1-\cos ax} = -\dfrac{1}{a} \cot \dfrac{ax}{2}$.

101. $\int \dfrac{\mathrm{d}x}{b+c\cos ax} = \dfrac{1}{a\sqrt{b^2-c^2}} \arctan \dfrac{\sqrt{b^2-c^2}\sin ax}{c+b\cos ax}$ ($|b|>|c|$).

102. $\int \dfrac{\mathrm{d}x}{b+c\cos ax} = \dfrac{1}{c-b}\sqrt{\dfrac{c-b}{c+b}} \ln \dfrac{\tan\dfrac{x}{2}+\sqrt{\dfrac{c+b}{c-b}}}{\tan\dfrac{x}{2}-\sqrt{\dfrac{c+b}{c-b}}}$ ($|b|<|c|$).

103. $\int \cos ax \cos bx \, \mathrm{d}x = \dfrac{\sin(a-b)x}{2(a-b)} + \dfrac{\sin(a+b)x}{2(a+b)}$ ($|a|\neq|b|$).

十、含 $\sin ax$ 和 $\cos ax$

104. $\int \sin ax \cos bx \, \mathrm{d}x = -\dfrac{\cos(a-b)x}{2(a-b)} - \dfrac{\cos(a+b)x}{2(a+b)}$ ($|a|\neq|b|$).

105. $\int \sin^n ax \cos ax \, \mathrm{d}x = \dfrac{1}{(n+1)a} \sin^{n+1} ax$ ($n\neq -1$).

106. $\int \sin ax \cos^n ax \, \mathrm{d}x = -\dfrac{1}{(n+1)a} \cos^{n+1} ax$ ($n\neq -1$).

107. $\int \dfrac{\sin ax}{\cos ax} \mathrm{d}x = -\dfrac{1}{a} \ln \cos ax$.

108. $\int \dfrac{\cos ax}{\sin ax} \mathrm{d}x = \dfrac{1}{a} \ln \sin ax$.

109. $\int \dfrac{\mathrm{d}x}{b^2\cos^2 ax + c^2\sin^2 ax} = \dfrac{1}{abc}\arctan\dfrac{c\cdot\tan ax}{b}.$

110. $\int \sin^2 ax\cos^2 ax\,\mathrm{d}x = \dfrac{x}{8} - \dfrac{1}{32a}\sin 4ax.$

111. $\int \dfrac{\mathrm{d}x}{\sin ax\cos ax} = \dfrac{1}{a}\ln\tan ax.$

112. $\int \dfrac{\mathrm{d}x}{\sin^2 ax\cos^2 ax} = \dfrac{1}{a}(\tan ax - \cot ax).$

113. $\int \dfrac{\sin^2 ax}{\cos ax}\mathrm{d}x = -\dfrac{1}{a}\sin ax + \dfrac{1}{a}\ln\tan\left(\dfrac{\pi}{4} + \dfrac{ax}{2}\right).$

114. $\int \dfrac{\cos^2 ax}{\sin ax}\mathrm{d}x = \dfrac{1}{a}\cos ax + \dfrac{1}{a}\ln\tan\dfrac{ax}{2}.$

115. $\int \dfrac{\cos ax}{b + c\sin ax}\mathrm{d}x = \dfrac{1}{ac}\ln(b + c\sin ax).$

116. $\int \dfrac{\sin ax}{b + c\cos ax}\mathrm{d}x = -\dfrac{1}{ac}\ln(b + c\cos ax).$

117. $\int \dfrac{\mathrm{d}x}{b\sin ax + c\cos ax} = \dfrac{1}{a\sqrt{b^2+c^2}} \ln\tan\dfrac{ax+\arctan\dfrac{c}{b}}{2}$.

十一、含 $\tan ax$, $\cot ax$

118. $\int \tan ax\,\mathrm{d}x = -\dfrac{1}{a}\ln\cos ax$.

119. $\int \cot ax\,\mathrm{d}x = \dfrac{1}{a}\ln\sin ax$.

120. $\int \tan^2 ax\,\mathrm{d}x = \dfrac{1}{a}\tan ax - x$.

121. $\int \cot^2 ax\,\mathrm{d}x = -\dfrac{1}{a}\cot ax - x$.

122. $\int \tan^n ax\,\mathrm{d}x = \dfrac{1}{(n-1)a}\tan^{n-1} ax - \int \tan^{n-2} ax\,\mathrm{d}x$ （$n \geqslant 2$ 为整数）.

123. $\int \cot^n ax\,\mathrm{d}x = -\dfrac{1}{(n-1)a}\cot^{n-1} ax - \int \cot^{n-2} ax\,\mathrm{d}x$ （$n \geqslant 2$ 为整数）.

十二、含 $x^n \sin ax$, $x^n \cos ax$

124. $\int x\sin ax\,\mathrm{d}x = \dfrac{1}{a^2}\sin ax - \dfrac{1}{a}x\cos ax$.

125. $\int x^2 \sin ax \, dx = \frac{2x}{a^2} \sin ax + \frac{2}{a^3} \cos ax - \frac{x^2}{a} \cos ax.$

126. $\int x^n \sin ax \, dx = -\frac{x^n}{a} \cos ax + \frac{n}{a} \int x^{n-1} \cos ax \, dx.$

127. $\int x \cos ax \, dx = \frac{1}{a^2} \cos ax + \frac{x}{a} \sin ax.$

128. $\int x^2 \cos ax \, dx = \frac{2x}{a^2} \cos ax - \frac{2}{a^3} \sin ax + \frac{x^2}{a} \sin ax.$

129. $\int x^n \cos ax \, dx = \frac{x^n}{a} \sin ax - \frac{n}{a} \int x^{n-1} \sin ax \, dx \quad (n > 0).$

十三、含 e^{ax}

130. $\int e^{ax} \, dx = \frac{1}{a} e^{ax}.$

131. $\int b^{ax} \, dx = \frac{1}{a \ln b} b^{ax}.$

132. $\int x e^{ax} \, dx = \frac{e^{ax}}{a^2} (ax - 1).$

133. $\int x b^{ax} \, dx = \frac{x b^{ax}}{a \ln b} - \frac{b^{ax}}{a^2 (\ln b)^2}.$

134. $\int x^n e^{ax} = \dfrac{e^{ax}}{a^{n+1}}[(ax)^n - n(ax)^{n-1} + n(n-1)(ax)^{n-2} + \cdots + (-1)^n n!]$

(n 为正整数).

135. $\int x^n b^{ax} dx = \dfrac{x^n b^{ax}}{a \ln b} - \dfrac{n}{a \ln b}\int x^{n-1} b^{ax} dx \quad (n > 0)$.

136. $\int e^{ax} \sin bx \, dx = \dfrac{e^{ax}}{a^2 + b^2}(a\sin bx - b\cos bx)$.

137. $\int e^{ax} \cos bx \, dx = \dfrac{e^{ax}}{a^2 + b^2}(a\cos bx + b\sin bx)$.

十四、含 $\ln ax$

138. $\int \ln ax \, dx = x\ln ax - x$.

139. $\int x\ln ax \, dx = \dfrac{x^2}{2}\ln ax - \dfrac{x^2}{4}$.

140. $\int x^n \ln ax \, dx = \dfrac{x^{n+1}}{n+1}\ln ax - \dfrac{x^{n+1}}{(n+1)^2} \quad (n \neq -1)$.

141. $\int \dfrac{1}{x\ln ax} dx = \ln\ln ax$.

142. $\int \dfrac{1}{x(\ln ax)^n}\mathrm{d}x = -\dfrac{1}{(n-1)(\ln ax)^{n-1}} \quad (n \neq 1)$.

143. $\int \dfrac{x^n}{(\ln ax)^m}\mathrm{d}x = -\dfrac{x^{n+1}}{(m-1)(\ln ax)^{m-1}} + \dfrac{n+1}{m-1}\int \dfrac{x^n}{(\ln ax)^{m-1}}\mathrm{d}x \quad (m \neq 1)$.

十五、含反三角函数

144. $\int \arcsin ax\, \mathrm{d}x = x\arcsin ax + \dfrac{1}{a}\sqrt{1-a^2x^2}$.

145. $\int (\arcsin ax)^2\, \mathrm{d}x = x(\arcsin ax)^2 - 2x + \dfrac{2}{a}\sqrt{1-a^2x^2}\arcsin ax$.

146. $\int x\arcsin ax\, \mathrm{d}x = \left(\dfrac{x^2}{2} - \dfrac{1}{4a^2}\right)\arcsin ax + \dfrac{x}{4a}\sqrt{1-a^2x^2}$.

147. $\int \arccos ax\, \mathrm{d}x = x\arccos ax - \dfrac{1}{a}\sqrt{1-a^2x^2}$.

148. $\int (\arccos ax)^2\, \mathrm{d}x = x(\arccos ax)^2 - 2x - \dfrac{2}{a}\sqrt{1-a^2x^2}\arccos ax$.

149. $\int x\arccos ax\, \mathrm{d}x = \left(\dfrac{x^2}{2} - \dfrac{1}{4a^2}\right)\arccos ax - \dfrac{x}{4a}\sqrt{1-a^2x^2}$.

150. $\int \arctan ax \, dx = x \arctan ax - \dfrac{1}{2a} \ln(1 + a^2 x^2)$.

151. $\int x^n \arctan ax \, dx = \dfrac{x^{n+1}}{n+1} \arctan ax - \dfrac{a}{n+1} \int \dfrac{x^{n+1}}{1 + a^2 x^2} dx \quad (n \neq -1)$.

152. $\int \operatorname{arccot} ax \, dx = x \operatorname{arccot} ax + \dfrac{1}{2a} \ln(1 + a^2 x^2)$.

153. $\int x^n \operatorname{arccot} ax \, dx = \dfrac{x^{n+1}}{n+1} \operatorname{arccot} ax + \dfrac{a}{n+1} \int \dfrac{x^{n+1}}{1 + a^2 x^2} dx \quad (n \neq -1)$.

附表 2 标准正态分布表

$$\Phi(z)=\int_{-\infty}^{z}\frac{1}{\sqrt{2\pi}}\mathrm{e}^{-\frac{u^2}{2}}\mathrm{d}u=P\{Z\leqslant z\}$$

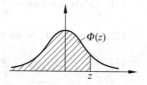

z	0	1	2	3	4	5	6	7	8	9
0.0	0.5000	0.5040	0.5080	0.5120	0.5160	0.5199	0.5239	0.5279	0.5319	0.5359
0.1	0.5398	0.5438	0.5478	0.5517	0.5557	0.5596	0.5636	0.5675	0.5714	0.5753
0.2	0.5793	0.5832	0.5871	0.5910	0.5948	0.5987	0.6026	0.6064	0.6103	0.6141
0.3	0.6179	0.6217	0.6255	0.6293	0.6331	0.6368	0.6406	0.6443	0.6480	0.6517
0.4	0.6554	0.6591	0.6628	0.6664	0.6700	0.6736	0.6772	0.6808	0.6844	0.6879
0.5	0.6915	0.6950	0.6985	0.7019	0.7054	0.7088	0.7123	0.7157	0.7190	0.7224
0.6	0.7257	0.7291	0.7324	0.7357	0.7389	0.7422	0.7454	0.7486	0.7517	0.7549
0.7	0.7580	0.7611	0.7642	0.7673	0.7703	0.7734	0.7764	0.7794	0.7823	0.7852
0.8	0.7881	0.7910	0.7939	0.7967	0.7995	0.8023	0.8051	0.8078	0.8106	0.8133
0.9	0.8159	0.8186	0.8212	0.8238	0.8264	0.8289	0.8315	0.8340	0.8365	0.8389
1.0	0.8413	0.8438	0.8461	0.8485	0.8508	0.8531	0.8554	0.8577	0.8599	0.8621

续表

z	0	1	2	3	4	5	6	7	8	9
1.1	0.8643	0.8665	0.8686	0.8708	0.8729	0.8749	0.8770	0.8790	0.8810	0.8830
1.2	0.8849	0.8869	0.8888	0.8907	0.8925	0.8944	0.8962	0.8980	0.8997	0.9015
1.3	0.9032	0.9049	0.9066	0.9082	0.9099	0.9115	0.9131	0.9147	0.9162	0.9177
1.4	0.9192	0.9207	0.9222	0.9236	0.9251	0.9265	0.9278	0.9292	0.9306	0.9319
1.5	0.9332	0.9345	0.9357	0.9370	0.9382	0.9394	0.9406	0.9418	0.9430	0.9441
1.6	0.9452	0.9463	0.9474	0.9484	0.9495	0.9505	0.9515	0.9525	0.9535	0.9545
1.7	0.9554	0.9564	0.9573	0.9582	0.9591	0.9599	0.9608	0.9616	0.9625	0.9633
1.8	0.9641	0.9648	0.9656	0.9664	0.9671	0.9678	0.9686	0.9693	0.9700	0.9706
1.9	0.9713	0.9719	0.9726	0.9732	0.9738	0.9744	0.9750	0.9756	0.9762	0.9767
2.0	0.9772	0.9778	0.9783	0.9788	0.9793	0.9798	0.9803	0.9808	0.9812	0.9817
2.1	0.9821	0.9826	0.9830	0.9834	0.9838	0.9842	0.9846	0.9850	0.9854	0.9857
2.2	0.9861	0.9864	0.9868	0.9871	0.9874	0.9878	0.9881	0.9884	0.9887	0.9890
2.3	0.9893	0.9896	0.9898	0.9901	0.9904	0.9906	0.9909	0.9911	0.9913	0.9916
2.4	0.9918	0.9920	0.9922	0.9925	0.9927	0.9929	0.9931	0.9932	0.9934	0.9936
2.5	0.9938	0.9940	0.9941	0.9943	0.9945	0.9946	0.9948	0.9949	0.9951	0.9952
2.6	0.9953	0.9955	0.9956	0.9957	0.9959	0.9960	0.9961	0.9962	0.9963	0.9964
2.7	0.9965	0.9966	0.9967	0.9968	0.9969	0.9970	0.9971	0.9972	0.9973	0.9974
2.8	0.9974	0.9975	0.9976	0.9977	0.9977	0.9978	0.9979	0.9979	0.9980	0.9981
2.9	0.9981	0.9982	0.9982	0.9983	0.9984	0.9984	0.9985	0.9985	0.9986	0.9986
3.0	0.9987	0.9990	0.9993	0.9995	0.9997	0.9998	0.9998	0.9999	0.9999	1.0000

注：表中末行系函数值 $\Phi(3.0),\Phi(3.1),\cdots,\Phi(3.9)$.

附表 3　泊松分布表

$$I - F(x-1) = \sum_{r=x}^{+\infty} \frac{e^{-\lambda}\lambda^r}{r!}$$

x	$\lambda=0.2$	$\lambda=0.3$	$\lambda=0.4$	$\lambda=0.5$	$\lambda=0.6$
0	1.000 000 0	1.000 000 0	1.000 000 0	1.000 000 0	1.000 000 0
1	0.181 269 2	0.259 181 8	0.329 680 0	0.393 469	0.451 188
2	0.017 523 1	0.036 936 3	0.061 551 9	0.090 204	0.121 901
3	0.001 148 5	0.003 599 5	0.007 926 3	0.014 388	0.023 115
4	0.000 056 8	0.000 265 8	0.000 776 3	0.001 752	0.003 358
5	0.000 002 3	0.000 015 8	0.000 061 2	0.000 172	0.000 394
6	0.000 000 1	0.000 000 8	0.000 004 0	0.000 014	0.000 039
7			0.000 000 2	0.000 000 1	0.000 003

x	$\lambda=0.7$	$\lambda=0.8$	$\lambda=0.9$	$\lambda=1.0$	$\lambda=1.2$
0	1.000 000	1.000 000	1.000 000	1.000 000	1.000 000
1	0.503 415	0.550 671	0.593 430	0.632 121	0.698 806
2	0.155 805	0.191 208	0.227 518	0.264 241	0.337 373
3	0.034 142	0.047 423	0.062 857	0.080 301	0.120 513

续表

x	$\lambda=0.7$	$\lambda=0.8$	$\lambda=0.9$	$\lambda=1.0$	$\lambda=1.2$
4	0.005 753	0.009 080	0.013 459	0.018 988	0.033 769
5	0.000 786	0.001 411	0.002 344	0.003 660	0.007 746
6	0.000 090	0.000 184	0.000 343	0.000 594	0.001 500
7	0.000 009	0.000 021	0.000 043	0.000 083	0.000 251
8	0.000 001	0.000 002	0.000 005	0.000 010	0.000 037
9				0.000 001	0.000 005
10					0.000 001

x	$\lambda=1.4$	$\lambda=1.6$	$\lambda=1.8$	$\lambda=2.0$	$\lambda=2.2$
0	1.000 000	1.000 000	1.000 000	1.000 000	1.000 000
1	0.753 403	0.798 103	0.834 701	0.864 665	0.889 197
2	0.408 167	0.475 069	0.537 163	0.593 994	0.645 430
3	0.166 502	0.216 642	0.269 379	0.323 324	0.377 286
4	0.053 725	0.078 813	0.108 708	0.142 877	0.180 648
5	0.014 253	0.023 682	0.036 407	0.052 653	0.072 496
6	0.003 201	0.006 040	0.010 378	0.016 564	0.024 910
7	0.000 622	0.001 336	0.002 569	0.004 534	0.007 461
8	0.000 107	0.000 260	0.000 562	0.001 097	0.001 978
9	0.000 016	0.000 045	0.000 110	0.000 237	0.000 470
10	0.000 002	0.000 007	0.000 019	0.000 046	0.000 101
11		0.000 001	0.000 003	0.000 008	0.000 020

附表3 泊松分布表

续表

x	$\lambda=2.5$	$\lambda=3.0$	$\lambda=3.5$	$\lambda=4.0$	$\lambda=4.5$	$\lambda=5.0$
0	1.000 000	1.000 000	1.000 000	1.000 000	1.000 000	1.000 000
1	0.917 915	0.950 213	0.969 803	0.981 684	0.988 891	0.993 262
2	0.712 703	0.800 852	0.864 112	0.908 422	0.938 901	0.959 572
3	0.456 187	0.576 810	0.679 153	0.761 897	0.826 422	0.875 348
4	0.242 424	0.352 768	0.463 367	0.566 530	0.657 704	0.734 974
5	0.108 822	0.184 737	0.274 555	0.371 163	0.467 896	0.559 507
6	0.042 021	0.083 918	0.142 386	0.214 870	0.297 070	0.384 039
7	0.014 187	0.033 509	0.065 288	0.110 674	0.168 949	0.237 817
8	0.004 247	0.011 905	0.026 739	0.051 134	0.086 586	0.133 372
9	0.001 140	0.003 803	0.009 874	0.021 363	0.040 257	0.068 094
10	0.000 277	0.001 102	0.003 315	0.008 132	0.017 093	0.031 828
11	0.000 062	0.000 292	0.001 019	0.002 840	0.006 669	0.013 695
12	0.000 013	0.000 071	0.000 289	0.000 915	0.002 404	0.005 453
13	0.000 002	0.000 016	0.000 076	0.000 274	0.000 805	0.002 019
14		0.000 003	0.000 019	0.000 076	0.000 252	0.000 698
15		0.000 001	0.000 004	0.000 020	0.000 074	0.000 226
16			0.000 001	0.000 005	0.000 020	0.000 069
17				0.000 001	0.000 005	0.000 020
18					0.000 001	0.000 005
19						0.000 001

附表 4　t 分布表

$P\{t(n) > t_\alpha(n)\} = \alpha$

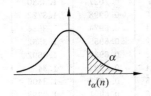

n	$\alpha=0.25$	0.10	0.05	0.025	0.01	0.005
1	1.0000	3.0777	6.3138	12.7062	31.8207	63.6574
2	0.8165	1.8856	2.9200	4.3027	6.9646	9.9248
3	0.7649	1.6377	2.3534	3.1824	4.5407	5.8409
4	0.7407	1.5332	2.1318	2.7764	3.7469	4.6041
5	0.7267	1.4759	2.0150	2.5706	3.3649	4.0322
6	0.7176	1.4398	1.9432	2.4469	3.1427	3.7074
7	0.7111	1.4149	1.8946	2.3646	2.9980	3.4995

续表

n	$\alpha=0.25$	0.10	0.05	0.025	0.01	0.005
8	0.7064	1.3968	1.8595	2.3060	2.8965	3.3554
9	0.7027	1.3830	1.8331	2.2622	2.8214	3.2498
10	0.6998	1.3722	1.8125	2.2281	2.7638	3.1693
11	0.6974	1.3634	1.7959	2.2010	2.7181	3.1058
12	0.6955	1.3562	1.7823	2.1788	2.6810	3.0545
13	0.6938	1.3502	1.7709	2.1604	2.6503	3.0123
14	0.6924	1.3450	1.7613	2.1448	2.6245	2.9768
15	0.6912	1.3406	1.7531	2.1315	2.6025	2.9467
16	0.6901	1.3368	1.7459	2.1199	2.5835	2.9208
17	0.6892	1.3334	1.7396	2.1098	2.5669	2.8982
18	0.6884	1.3304	1.7341	2.1009	2.5524	2.8784
19	0.6876	1.3277	1.7291	2.0930	2.5395	2.8609
20	0.6870	1.3253	1.7247	2.0860	2.5280	2.8453
21	0.6864	1.3232	1.7207	2.0796	2.5177	2.8314
22	0.6858	1.3212	1.7171	2.0739	2.5083	2.8188
23	0.6853	1.3195	1.7139	2.0687	2.4999	2.8073
24	0.6848	1.3178	1.7109	2.0639	2.4922	2.7969
25	0.6844	1.3163	1.7108	2.0595	2.4851	2.7874
26	0.6840	1.3150	1.7056	2.0555	2.4786	2.7787

续表

n	$\alpha=0.25$	0.10	0.05	0.025	0.01	0.005
27	0.6837	1.3137	1.7033	2.0518	2.4727	2.7707
28	0.6834	1.3125	1.7011	2.0484	2.4671	2.7633
29	0.6830	1.3114	1.6991	2.0452	2.4620	2.7564
30	0.6828	1.3104	1.6973	2.0423	2.4573	2.7500
31	0.6825	1.3095	1.6955	2.0395	2.4528	2.7440
32	0.6822	1.3086	1.6939	2.0369	2.4487	2.7385
33	0.6820	1.3077	1.6924	2.0345	2.4448	2.7333
34	0.6818	1.3070	1.6909	2.0322	2.4411	2.7284
35	0.6816	1.3062	1.6896	2.0301	2.4377	2.7238
36	0.6814	1.3055	1.6883	2.0281	2.4345	2.7195
37	0.6812	1.3049	1.6871	2.0262	2.4314	2.7154
38	0.6810	1.3042	1.6860	2.0244	2.4286	2.7116
39	0.6808	1.3036	1.6849	2.0227	2.4258	2.7079
40	0.6807	1.3031	1.6839	2.0211	2.4233	2.7045
41	0.6805	1.3025	1.6829	2.0195	2.4208	2.7012
42	1.6804	1.3020	1.6820	2.0181	2.4185	2.6981
43	1.6802	1.3016	1.6811	2.0167	2.4163	2.6951
44	1.6801	1.3011	1.6802	2.0154	2.4141	2.6923
45	0.6800	1.3006	1.6794	2.0141	2.4121	2.6896

附表 5 χ^2 分布表

$P\{\chi^2(n) > \chi_\alpha^2(n)\} = \alpha$

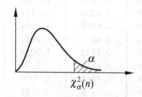

n	$\alpha=0.995$	0.99	0.975	0.95	0.90	0.75
1	—	—	0.001	0.004	0.016	0.102
2	0.010	0.020	0.051	0.103	0.211	0.575
3	0.072	0.115	0.216	0.352	0.584	1.213
4	0.207	0.297	0.484	0.711	1.064	1.923
5	0.412	0.554	0.831	1.145	1.610	2.675
6	0.676	0.872	1.237	1.635	2.204	3.455
7	0.989	1.239	1.690	2.167	2.833	4.255

续表

n	$\alpha=0.995$	0.99	0.975	0.95	0.90	0.75
8	1.344	1.646	2.180	2.733	3.490	5.071
9	1.735	2.088	2.700	3.325	4.168	5.899
10	2.156	2.558	3.247	3.940	4.865	6.737
11	2.603	3.053	3.816	4.575	5.578	7.584
12	3.074	3.571	4.404	5.226	6.304	8.438
13	3.565	4.107	5.009	5.892	7.042	9.299
14	4.075	4.660	5.629	6.571	7.790	10.165
15	4.601	5.229	6.262	7.261	8.547	11.037
16	5.142	5.812	6.908	7.962	9.312	11.912
17	5.697	6.408	7.564	8.672	10.085	12.792
18	6.265	7.015	8.231	9.390	10.865	13.675
19	6.844	7.633	8.907	10.117	11.651	14.562
20	7.434	8.260	9.591	10.851	12.443	15.452
21	8.034	8.897	10.283	11.591	13.240	16.344
22	8.643	9.542	10.982	12.338	14.042	17.240
23	9.260	10.196	11.689	13.091	14.848	18.137
24	9.886	10.856	12.401	13.848	15.659	19.037
25	10.520	11.524	13.120	14.611	16.473	19.939
26	11.160	12.198	13.844	15.379	17.292	20.843

附表5 χ^2 分布表

续表

n	$\alpha=0.995$	0.99	0.975	0.95	0.90	0.75
27	11.808	12.879	14.573	16.151	18.114	21.749
28	12.461	13.565	15.308	16.928	18.939	22.657
29	13.121	14.257	16.047	17.708	19.768	23.567
30	13.787	14.954	16.791	18.493	20.599	24.478
31	14.458	15.655	17.539	19.281	21.434	25.390
32	15.134	16.362	18.291	20.072	22.271	26.304
33	15.815	17.074	19.047	20.867	23.110	27.219
34	16.501	17.789	19.806	21.664	23.952	28.136
35	17.192	18.509	20.569	22.465	24.797	29.054
36	17.887	19.233	21.336	23.269	25.643	29.973
37	18.586	19.960	22.106	24.075	26.492	30.893
38	19.289	20.691	22.878	24.884	27.343	31.815
39	19.996	21.426	23.654	25.695	28.196	32.737
40	20.707	22.164	24.433	26.509	29.051	33.660
41	21.421	22.906	25.215	27.326	29.907	34.585
42	22.138	23.650	25.999	28.144	30.765	35.510
43	22.859	24.398	26.785	28.965	31.625	36.436
44	23.584	25.148	27.575	29.787	32.487	37.363
45	24.311	25.901	28.366	30.612	33.350	38.291

续表

n	$\alpha=0.25$	0.10	0.05	0.025	0.01	0.005
1	1.323	2.706	3.841	5.024	6.635	7.879
2	2.773	4.605	5.991	7.378	9.210	10.597
3	4.108	6.251	7.815	9.348	11.345	12.838
4	5.385	7.779	9.488	11.143	13.277	14.860
5	6.626	9.236	11.071	12.833	15.086	16.750
6	7.841	10.645	12.592	14.449	16.812	18.548
7	9.037	12.017	14.067	16.013	18.475	20.278
8	10.219	13.362	15.507	17.535	20.090	21.955
9	11.389	14.684	16.919	19.023	21.666	23.589
10	12.549	15.987	18.307	20.483	23.209	25.188
11	13.701	17.275	19.675	21.920	24.725	26.757
12	14.845	18.549	21.026	23.337	26.217	28.299
13	15.984	19.812	22.362	24.736	27.688	29.819
14	17.117	21.064	23.685	26.119	29.141	31.319
15	18.245	22.307	24.996	27.488	30.578	32.801
16	19.369	23.542	26.296	28.845	32.000	34.267
17	21.489	24.769	27.587	30.191	33.409	35.718
18	21.605	25.989	28.869	31.526	34.805	37.156

附表5 χ^2 分布表

续表

n	$\alpha=0.25$	0.10	0.05	0.025	0.01	0.005
19	22.718	27.204	30.144	32.852	36.191	38.582
20	23.828	28.412	31.410	34.170	37.566	39.997
21	24.935	29.615	32.671	35.479	38.932	41.401
22	26.039	30.813	33.924	36.781	40.289	42.796
23	27.141	32.007	35.172	38.076	41.638	44.181
24	28.241	33.196	36.415	39.364	42.980	45.559
25	29.339	34.382	37.652	40.646	44.314	46.928
26	30.435	35.563	38.885	41.923	45.642	48.290
27	31.528	36.741	40.113	43.194	46.963	49.645
28	32.620	37.916	41.337	44.461	48.273	50.993
29	33.711	39.087	42.557	45.722	49.588	52.336
30	34.800	40.256	43.773	46.979	50.892	53.672
31	35.887	41.422	44.985	48.232	52.191	55.003
32	36.973	42.585	46.194	49.480	53.486	56.328
33	38.058	43.745	47.400	50.725	54.776	57.648
34	39.141	44.903	48.602	51.966	56.061	58.964
35	40.223	46.059	49.802	53.203	57.342	60.275
36	41.304	47.212	50.998	54.437	58.619	61.581

续表

n	$\alpha=0.25$	0.10	0.05	0.025	0.01	0.005
37	42.383	48.363	52.192	55.668	59.892	62.883
38	43.462	49.513	53.384	56.896	61.162	64.181
39	44.539	50.660	54.572	58.120	62.428	65.476
40	45.616	51.805	55.758	59.342	63.691	66.766
41	46.692	52.949	56.942	60.561	64.950	68.053
42	47.766	54.090	58.124	61.777	66.206	69.336
43	48.840	55.230	59.304	62.990	67.459	70.616
44	49.913	56.369	60.481	64.201	68.710	71.393
45	50.985	57.505	61.656	65.410	69.957	73.166

附表6 F 分布表

$$P\{F(n_1,n_2)>F_\alpha(n_1,n_2)\}=\alpha$$

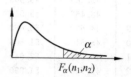

$\alpha=0.10$

$n_2 \backslash n_1$	1	2	3	4	5	6	7	8	9	10	12	15	20	24	30	40	60	120	∞
1	39.86	49.50	53.59	55.83	57.24	58.20	58.91	59.44	59.86	60.19	60.71	61.22	61.74	62.00	62.26	62.53	62.79	63.06	63.33
2	8.53	9.00	9.16	9.24	9.29	9.33	9.35	9.37	9.38	9.39	9.41	9.42	9.44	9.45	9.46	9.47	9.47	9.48	9.49
3	5.54	5.46	5.39	5.34	5.31	5.28	5.27	5.25	5.24	5.23	5.22	5.20	5.18	5.18	5.17	5.16	5.15	5.14	5.13
4	4.54	4.32	4.19	4.11	4.05	4.01	3.98	3.95	3.94	3.92	3.90	3.87	3.84	3.83	3.82	3.80	3.79	3.78	3.76
5	4.06	3.78	3.62	3.52	3.45	3.40	3.37	3.34	3.32	3.30	3.27	3.24	3.21	3.19	3.17	3.16	3.14	3.12	3.10
6	3.78	3.46	3.29	3.18	3.11	3.05	3.01	2.98	2.96	2.94	2.90	2.87	2.84	2.82	2.80	2.78	2.76	2.74	2.72
7	3.59	3.26	3.07	2.96	2.88	2.83	2.78	2.75	2.72	2.70	2.67	2.63	2.59	2.58	2.56	2.54	2.51	2.49	2.47
8	3.46	3.11	2.92	2.81	2.73	2.67	2.62	2.59	2.56	2.54	2.50	2.46	2.42	2.40	2.38	2.36	2.34	2.32	2.29
9	3.36	3.01	2.81	2.69	2.61	2.55	2.51	2.47	2.44	2.42	2.38	2.34	2.30	2.28	2.25	2.23	2.21	2.18	2.16
10	3.29	2.92	2.73	2.61	2.52	2.46	2.41	2.38	2.35	2.32	2.28	2.24	2.20	2.18	2.16	2.13	2.11	2.08	2.06
11	3.23	2.86	2.66	2.54	2.45	2.39	2.34	2.30	2.27	2.25	2.21	2.17	2.12	2.10	2.08	2.05	2.03	2.00	1.97
12	3.18	2.81	2.61	2.48	2.39	2.33	2.28	2.24	2.21	2.19	2.15	2.10	2.06	2.04	2.01	1.99	1.96	1.93	1.90
13	3.14	2.76	2.56	2.43	2.35	2.28	2.23	2.20	2.16	2.14	2.10	2.05	2.01	1.98	1.96	1.93	1.90	1.88	1.85
14	3.10	2.73	2.52	2.39	2.31	2.24	2.19	2.15	2.12	2.10	2.05	2.01	1.96	1.94	1.91	1.89	1.86	1.83	1.80

附表6 F分布表

$\alpha = 0.10$

n_2\n_1	1	2	3	4	5	6	7	8	9	10	12	15	20	24	30	40	60	120	∞
15	3.07	2.70	2.49	2.36	2.27	2.21	2.16	2.12	2.09	2.06	2.02	1.97	1.92	1.90	1.87	1.85	1.82	1.79	1.76
16	3.05	2.67	2.46	2.33	2.24	2.18	2.13	2.09	2.06	2.03	1.99	1.94	1.89	1.87	1.84	1.81	1.78	1.75	1.72
17	3.03	2.64	2.44	2.31	2.22	2.15	2.10	2.06	2.03	2.00	1.96	1.91	1.86	1.84	1.81	1.78	1.75	1.72	1.69
18	3.01	2.62	2.42	2.29	2.20	2.13	2.08	2.04	2.00	1.98	1.93	1.89	1.84	1.81	1.78	1.75	1.72	1.69	1.66
19	2.99	2.61	2.40	2.27	2.18	2.11	2.06	2.02	1.98	1.96	1.91	1.86	1.81	1.79	1.76	1.73	1.70	1.67	1.63
20	2.97	2.59	2.38	2.25	2.16	2.09	2.04	2.00	1.96	1.94	1.89	1.84	1.79	1.77	1.74	1.71	1.68	1.64	1.61
21	2.96	2.57	2.36	2.23	2.14	2.08	2.02	1.98	1.95	1.92	1.87	1.83	1.78	1.75	1.72	1.69	1.66	1.62	1.59
22	2.95	2.56	2.35	2.22	2.13	2.06	2.01	1.97	1.93	1.90	1.86	1.81	1.76	1.73	1.70	1.67	1.64	1.60	1.57
23	2.94	2.55	2.34	2.21	2.11	2.05	1.99	1.95	1.92	1.89	1.84	1.80	1.74	1.72	1.69	1.66	1.62	1.59	1.55
24	2.93	2.54	2.33	2.19	2.10	2.04	1.98	1.94	1.91	1.88	1.83	1.78	1.73	1.70	1.67	1.64	1.61	1.57	1.53
25	2.92	2.53	2.32	2.18	2.09	2.02	1.97	1.93	1.89	1.87	1.82	1.77	1.72	1.69	1.66	1.63	1.59	1.56	1.52
26	2.91	2.52	2.31	2.17	2.08	2.01	1.96	1.92	1.88	1.86	1.81	1.76	1.71	1.68	1.65	1.61	1.58	1.54	1.50
27	2.90	2.51	2.30	2.17	2.07	2.00	1.95	1.91	1.87	1.85	1.80	1.75	1.70	1.67	1.64	1.60	1.57	1.53	1.49
28	2.89	2.50	2.29	2.16	2.06	2.00	1.94	1.90	1.87	1.84	1.79	1.74	1.69	1.66	1.63	1.59	1.56	1.52	1.48
29	2.89	2.50	2.28	2.15	2.06	1.99	1.93	1.89	1.86	1.83	1.78	1.73	1.68	1.65	1.62	1.58	1.55	1.51	1.47
30	2.88	2.49	2.28	2.14	2.05	1.98	1.93	1.88	1.85	1.82	1.77	1.72	1.67	1.64	1.61	1.57	1.54	1.50	1.46
40	2.84	2.44	2.23	2.09	2.00	1.93	1.87	1.83	1.79	1.76	1.71	1.66	1.61	1.57	1.54	1.51	1.47	1.42	1.38
60	2.79	2.39	2.18	2.04	1.95	1.87	1.82	1.77	1.74	1.71	1.66	1.60	1.54	1.51	1.48	1.44	1.40	1.35	1.29
120	2.75	2.35	2.13	1.99	1.90	1.82	1.77	1.72	1.68	1.65	1.60	1.55	1.48	1.45	1.41	1.37	1.32	1.26	1.19
∞	2.71	2.30	2.08	1.94	1.85	1.77	1.72	1.67	1.63	1.60	1.55	1.49	1.42	1.38	1.34	1.30	1.24	1.17	1.00

$\alpha = 0.05$

n_2\n_1	1	2	3	4	5	6	7	8	9	10	12	15	20	24	30	40	60	120	∞
1	161.4	199.5	215.7	224.6	230.2	234.0	236.8	238.9	240.5	241.9	243.9	245.9	248.0	249.1	250.1	251.1	252.2	253.3	254.3
2	18.51	19.00	19.16	19.25	19.30	19.33	19.35	19.37	19.38	19.40	19.41	19.43	19.45	19.45	19.46	19.47	19.48	19.49	19.50
3	10.13	9.55	9.28	9.12	9.01	8.94	8.89	8.85	8.81	8.79	8.74	8.70	8.66	8.64	8.62	8.59	8.57	8.55	8.53
4	7.71	6.94	6.59	6.39	6.26	6.16	6.09	6.04	6.00	5.96	5.91	5.86	5.80	5.77	5.75	5.72	5.69	5.66	5.63
5	6.61	5.79	5.41	5.19	5.05	4.95	4.88	4.82	4.77	4.74	4.68	4.62	4.56	4.53	4.50	4.46	4.43	4.40	4.36
6	5.99	5.14	4.76	4.53	4.39	4.28	4.21	4.15	4.10	4.06	4.00	3.94	3.87	3.84	3.81	3.77	3.74	3.70	3.67
7	5.59	4.74	4.35	4.12	3.97	3.87	3.79	3.73	3.68	3.64	3.57	3.51	3.44	3.41	3.38	3.34	3.30	3.27	3.23

$\alpha = 0.05$

续表

n_2\n_1	1	2	3	4	5	6	7	8	9	10	12	15	20	24	30	40	60	120	∞
8	5.32	4.46	4.07	3.84	3.69	3.58	3.50	3.44	3.39	3.35	3.28	3.22	3.15	3.12	3.08	3.04	3.01	2.97	2.93
9	5.12	4.26	3.86	3.63	3.48	3.37	3.29	3.23	3.18	3.14	3.07	3.01	2.94	2.90	2.86	2.83	2.79	2.75	2.71
10	4.96	4.10	3.71	3.48	3.33	3.22	3.14	3.07	3.02	2.98	2.91	2.85	2.77	2.74	2.70	2.66	2.62	2.58	2.54
11	4.84	3.98	3.59	3.36	3.20	3.09	3.01	2.95	2.90	2.85	2.79	2.72	2.65	2.61	2.57	2.53	2.49	2.45	2.40
12	4.75	3.89	3.49	3.26	3.11	3.00	2.91	2.85	2.80	2.75	2.69	2.62	2.54	2.51	2.47	2.43	2.38	2.34	2.30
13	4.67	3.81	3.41	3.18	3.03	2.92	2.83	2.77	2.71	2.67	2.60	2.53	2.46	2.42	2.38	2.34	2.30	2.25	2.21
14	4.60	3.74	3.34	3.11	2.96	2.85	2.76	2.70	2.65	2.60	2.53	2.46	2.39	2.35	2.31	2.27	2.22	2.18	2.13
15	4.54	3.68	3.29	3.06	2.90	2.79	2.71	2.64	2.59	2.54	2.48	2.40	2.33	2.29	2.25	2.20	2.16	2.11	2.07
16	4.49	3.63	3.24	3.01	2.85	2.74	2.66	2.59	2.54	2.49	2.42	2.35	2.28	2.24	2.19	2.15	2.11	2.06	2.01
17	4.45	3.59	3.20	2.96	2.81	2.70	2.61	2.55	2.49	2.45	2.38	2.31	2.23	2.19	2.15	2.10	2.06	2.01	1.96
18	4.41	3.55	3.16	2.93	2.77	2.66	2.58	2.51	2.46	2.41	2.34	2.27	2.19	2.15	2.11	2.06	2.02	1.97	1.92
19	4.38	3.52	3.13	2.90	2.74	2.63	2.54	2.48	2.42	2.38	2.31	2.23	2.16	2.11	2.07	2.03	1.98	1.93	1.88
20	4.35	3.49	3.10	2.87	2.71	2.60	2.51	2.45	2.39	2.35	2.28	2.20	2.12	2.08	2.04	1.99	1.95	1.90	1.84
21	4.32	3.47	3.07	2.84	2.68	2.57	2.49	2.42	2.37	2.32	2.25	2.18	2.10	2.05	2.01	1.96	1.92	1.87	1.81
22	4.30	3.44	3.05	2.82	2.66	2.55	2.46	2.40	2.34	2.30	2.23	2.15	2.07	2.03	1.98	1.94	1.89	1.84	1.78
23	4.28	3.42	3.03	2.80	2.64	2.53	2.44	2.37	2.32	2.27	2.20	2.13	2.05	2.01	1.96	1.91	1.86	1.81	1.76
24	4.26	3.40	3.01	2.78	2.62	2.51	2.42	2.36	2.30	2.25	2.18	2.11	2.03	1.98	1.94	1.89	1.84	1.79	1.73
25	4.24	3.39	2.99	2.76	2.60	2.49	2.40	2.34	2.28	2.24	2.16	2.09	2.01	1.96	1.92	1.87	1.82	1.77	1.71
26	4.23	3.37	2.98	2.74	2.59	2.47	2.39	2.32	2.27	2.22	2.15	2.07	1.99	1.95	1.90	1.85	1.80	1.75	1.69
27	4.21	3.35	2.96	2.73	2.57	2.46	2.37	2.31	2.25	2.20	2.13	2.06	1.97	1.93	1.88	1.84	1.79	1.73	1.67
28	4.20	3.34	2.95	2.71	2.56	2.45	2.36	2.29	2.24	2.19	2.12	2.04	1.96	1.91	1.87	1.82	1.77	1.71	1.65
29	4.18	3.33	2.93	2.70	2.55	2.43	2.35	2.28	2.22	2.18	2.10	2.03	1.94	1.90	1.85	1.81	1.75	1.70	1.64
30	4.17	3.32	2.92	2.69	2.53	2.42	2.33	2.27	2.21	2.16	2.09	2.01	1.93	1.89	1.84	1.79	1.74	1.68	1.62
40	4.08	3.23	2.84	2.61	2.45	2.34	2.25	2.18	2.12	2.08	2.00	1.92	1.84	1.79	1.74	1.69	1.64	1.58	1.51
60	4.00	3.15	2.76	2.53	2.37	2.25	2.17	2.10	2.04	1.99	1.92	1.84	1.75	1.70	1.65	1.59	1.53	1.47	1.39
120	3.92	3.07	2.68	2.45	2.29	2.17	2.09	2.02	1.96	1.91	1.83	1.75	1.66	1.61	1.55	1.50	1.43	1.35	1.25
∞	3.84	3.00	2.60	2.37	2.21	2.10	2.01	1.94	1.88	1.83	1.75	1.67	1.57	1.52	1.46	1.39	1.32	1.22	1.00

附表6 F分布表

$\alpha=0.025$

续表

n₂\n₁	1	2	3	4	5	6	7	8	9	10	12	15	20	24	30	40	60	120	∞
1	647.8	799.5	864.2	899.6	921.8	937.1	948.2	956.7	963.3	368.6	976.7	984.9	993.1	997.2	1001	1006	1010	1014	1018
2	38.51	39.00	39.17	39.25	39.30	39.33	39.36	39.37	39.39	39.40	39.41	39.43	39.45	39.46	39.46	39.47	39.48	39.49	39.50
3	17.44	16.04	15.44	15.10	14.88	14.73	14.62	14.54	14.47	14.42	14.34	14.25	14.17	14.12	14.08	14.04	13.99	13.95	13.90
4	12.22	10.65	9.98	9.60	9.36	9.20	9.07	8.98	8.90	8.84	8.75	8.66	8.56	8.51	8.46	8.41	8.36	8.31	8.26
5	10.01	8.43	7.76	7.39	7.15	6.98	6.85	6.76	6.68	6.62	6.52	6.43	6.33	6.28	6.23	6.18	6.12	6.07	6.02
6	8.81	7.26	6.60	6.23	5.99	5.82	5.70	5.60	5.52	5.46	5.37	5.27	5.17	5.12	5.07	5.01	4.96	4.90	4.85
7	8.07	6.54	5.89	5.52	5.29	5.12	4.99	4.90	4.82	4.76	4.67	4.57	4.47	4.42	4.36	4.31	4.25	4.20	4.14
8	7.57	6.06	5.42	5.05	4.82	4.65	4.53	4.43	4.36	4.30	4.20	4.10	4.00	3.95	3.89	3.84	3.78	3.73	3.67
9	7.21	5.71	5.08	4.72	4.48	4.32	4.20	4.10	4.03	3.96	3.87	3.77	3.67	3.61	3.56	3.51	3.45	3.39	3.33
10	6.94	5.46	4.83	4.47	4.24	4.07	3.95	3.85	3.78	3.72	3.62	3.52	3.42	3.37	3.31	3.26	3.20	3.14	3.08
11	6.72	5.26	4.63	4.28	4.04	3.88	3.76	3.66	3.59	3.53	3.43	3.33	3.23	3.17	3.12	3.06	3.00	2.94	2.88
12	6.55	5.10	4.47	4.12	3.89	3.73	3.61	3.51	3.44	3.37	3.28	3.18	3.07	3.02	2.96	2.91	2.85	2.79	2.72
13	6.41	4.97	4.35	4.00	3.77	3.60	3.48	3.39	3.31	3.25	3.15	3.05	2.95	2.89	2.84	2.78	2.72	2.66	2.60
14	6.30	4.86	4.24	3.89	3.66	3.50	3.38	3.29	3.21	3.15	3.05	2.95	2.84	2.79	2.73	2.67	2.61	2.55	2.49
15	6.20	4.77	4.15	3.80	3.58	3.41	3.29	3.20	3.12	3.06	2.96	2.86	2.76	2.70	2.64	2.59	2.52	2.46	2.40
16	6.12	4.69	4.08	3.73	3.50	3.34	3.22	3.12	3.05	2.99	2.89	2.79	2.68	2.63	2.57	2.51	2.45	2.38	2.32
17	6.04	4.62	4.01	3.66	3.44	3.28	3.16	3.06	2.98	2.92	2.82	2.72	2.62	2.56	2.50	2.44	2.38	2.32	2.25
18	5.98	4.56	3.95	3.61	3.38	3.22	3.10	3.01	2.93	2.87	2.77	2.67	2.56	2.50	2.44	2.38	2.32	2.26	2.19
19	5.92	4.51	3.90	3.56	3.33	3.17	3.05	2.96	2.88	2.82	2.72	2.62	2.51	2.45	2.39	2.33	2.27	2.20	2.13
20	5.87	4.46	3.86	3.51	3.29	3.13	3.01	2.91	2.84	2.77	2.68	2.57	2.46	2.41	2.35	2.29	2.22	2.16	2.09
21	5.83	4.42	3.82	3.48	3.25	3.09	2.97	2.87	2.80	2.73	2.64	2.53	2.42	2.37	2.31	2.25	2.18	2.11	2.04
22	5.79	4.38	3.78	3.44	3.22	3.05	2.93	2.84	2.76	2.70	2.60	2.50	2.39	2.33	2.27	2.21	2.14	2.08	2.00
23	5.75	4.35	3.75	3.41	3.18	3.02	2.90	2.81	2.73	2.67	2.57	2.47	2.36	2.30	2.24	2.18	2.11	2.04	1.97
24	5.72	4.32	3.72	3.38	3.15	2.99	2.87	2.78	2.70	2.64	2.54	2.44	2.33	2.27	2.21	2.15	2.08	2.01	1.94
25	5.69	4.29	3.60	3.35	3.13	2.97	2.85	3.75	2.68	2.61	2.51	2.41	2.30	2.24	2.18	2.12	2.05	1.98	1.91
26	5.66	4.27	3.67	3.33	3.10	2.94	2.82	2.73	2.65	2.59	2.49	2.39	2.28	2.22	2.16	2.09	2.03	1.95	1.88
27	5.63	4.24	3.65	3.31	3.08	2.92	2.80	2.71	2.63	2.57	2.47	2.36	3.25	3.19	2.13	2.07	2.00	1.93	1.85
28	5.61	4.33	3.63	3.29	3.06	2.90	2.78	2.69	2.61	2.55	2.45	2.34	2.23	2.17	2.11	2.05	1.98	1.91	1.83
29	5.59	4.20	3.61	3.27	3.04	2.88	2.76	2.67	2.59	2.53	2.43	2.32	2.21	2.15	2.09	2.03	1.96	1.89	1.18

附表6 F分布表

$\alpha = 0.025$ 续表

	1	2	3	4	5	6	7	8	9	10	12	15	20	24	30	40	60	120	∞
30	5.57	4.18	3.59	3.25	3.03	2.87	2.75	2.65	2.57	2.51	2.41	2.31	2.20	2.14	2.07	2.01	1.94	1.87	1.79
40	5.42	4.05	3.46	3.13	2.90	2.74	2.62	2.53	2.45	2.39	2.29	2.18	2.07	2.01	1.94	1.88	1.80	1.72	1.64
60	5.29	3.93	3.34	3.01	2.79	2.63	2.51	2.41	2.33	2.27	2.17	2.06	1.94	1.88	1.82	1.74	1.64	1.58	1.48
120	5.15	3.80	3.23	2.89	2.67	2.52	2.39	2.30	2.22	2.16	2.05	1.94	1.82	1.76	1.69	1.61	2.53	1.43	1.31
∞	5.02	3.69	3.12	2.79	2.57	2.41	2.29	2.19	2.11	2.05	1.94	1.83	1.71	1.64	1.57	1.48	1.39	1.27	1.00

$\alpha = 0.01$

	1	2	3	4	5	6	7	8	9	10	12	15	20	24	30	40	60	120	∞
1	4052	4999.5	5403	5625	5764	5859	5928	5982	6022	6056	6106	6157	6209	6235	6261	6287	6313	6339	6366
2	98.50	99.00	99.17	99.25	99.30	99.33	99.36	99.37	99.39	99.40	99.42	99.43	99.45	99.46	99.47	99.47	99.48	99.49	99.50
3	34.12	30.82	29.46	28.71	28.24	27.91	27.67	27.49	27.35	27.23	27.05	26.87	26.69	26.60	26.50	26.41	26.32	26.22	26.13
4	21.20	18.00	16.69	15.98	15.52	15.21	14.98	14.80	14.66	14.55	14.37	14.20	14.02	13.93	13.84	13.75	13.65	13.56	13.46
5	16.26	13.27	12.06	11.39	10.97	10.67	10.46	10.29	10.16	10.05	9.89	9.72	9.55	9.47	9.38	9.29	9.20	9.11	9.02
6	13.75	10.92	9.78	9.15	8.75	8.47	8.26	8.10	7.98	7.87	7.72	7.56	7.40	7.31	7.23	7.14	7.06	6.97	6.88
7	12.25	9.55	8.45	7.85	7.46	7.19	6.99	6.84	6.72	6.62	6.47	6.31	6.16	6.07	5.99	5.91	5.82	5.74	5.65
8	11.26	8.65	7.59	7.01	6.63	6.37	6.18	6.03	5.91	5.81	5.67	5.52	5.36	5.28	5.20	5.12	5.03	4.95	4.86
9	10.56	8.02	6.99	6.42	6.06	5.80	5.61	5.47	5.35	5.26	5.11	4.96	4.81	4.73	4.65	4.57	4.48	4.40	4.31
10	10.04	7.56	6.55	5.99	5.64	5.39	5.20	5.06	4.94	4.85	4.71	4.56	4.41	4.33	4.25	4.17	4.08	4.00	3.91
11	9.65	7.21	6.22	5.67	5.32	5.07	4.89	4.74	4.63	4.54	4.40	4.25	4.10	4.02	3.94	3.86	3.78	3.69	3.60
12	9.33	6.93	5.95	5.41	5.06	4.82	4.64	4.50	4.39	4.30	4.16	4.01	3.86	3.78	3.70	3.62	3.54	3.45	3.36
13	9.07	6.70	5.74	5.21	4.86	4.62	4.44	4.30	4.19	4.10	3.96	3.82	3.66	3.59	3.51	3.43	3.34	3.25	3.17
14	8.86	6.51	5.56	5.04	4.69	4.46	4.28	4.14	4.03	3.94	3.80	3.66	3.51	3.43	3.35	3.27	3.18	3.09	3.00
15	8.68	6.36	5.42	4.89	4.56	4.32	4.14	4.00	3.89	3.80	3.67	3.52	3.37	3.29	3.21	3.13	3.05	2.96	2.87
16	8.53	6.23	5.29	4.77	4.44	4.20	4.03	3.89	3.78	3.69	3.55	3.41	3.26	3.18	3.10	3.02	2.93	2.84	2.75
17	8.40	6.11	5.18	4.67	4.34	4.10	3.93	3.79	3.68	3.59	3.46	3.31	3.16	3.08	3.00	2.92	2.83	2.75	2.65
18	8.29	6.01	5.09	4.58	4.25	4.01	3.84	3.71	3.60	3.51	3.37	3.23	3.08	3.00	2.92	2.84	2.75	2.66	2.57
19	8.18	5.93	5.01	4.50	4.17	3.94	3.77	3.63	3.52	3.43	3.30	3.15	3.00	2.92	2.84	2.76	2.67	2.58	2.49
20	8.10	5.85	4.94	4.43	4.10	3.87	3.70	3.56	3.46	3.37	3.23	3.09	2.94	2.86	2.78	2.69	2.61	2.52	2.42
21	8.02	5.78	4.87	4.37	4.04	3.81	3.64	3.51	3.40	3.31	3.17	3.03	2.88	2.80	2.72	2.64	2.55	2.46	2.36

附表6 F分布表

$\alpha=0.01$ 续表

n_2 \ n_1	1	2	3	4	5	6	7	8	9	10	12	15	20	24	30	40	60	120	∞
22	7.95	5.72	4.82	4.31	3.99	3.76	3.59	3.45	3.35	3.26	3.12	2.98	2.83	2.75	2.67	2.58	2.50	2.40	2.31
23	7.88	5.66	4.76	4.26	3.94	3.71	3.54	3.41	3.30	3.21	3.07	2.93	2.78	2.70	2.62	2.54	2.45	2.35	2.26
24	7.82	5.61	4.72	4.22	3.90	3.67	3.50	3.36	3.26	3.17	3.03	2.89	2.74	2.66	2.58	2.49	2.40	2.31	2.21
25	7.77	5.57	4.68	4.18	3.85	3.63	3.46	3.32	3.22	3.13	2.99	2.85	2.70	2.62	2.54	2.45	2.36	2.27	2.17
26	7.72	5.53	4.64	4.14	3.82	3.59	3.42	3.29	3.18	3.09	2.96	2.81	2.66	2.58	2.50	2.42	2.33	2.23	2.13
27	7.68	5.49	4.60	4.11	3.78	3.56	3.39	3.26	3.15	3.06	2.93	2.78	2.63	2.55	2.47	2.38	2.29	2.20	2.10
28	7.64	5.45	4.57	4.07	3.75	3.53	3.36	3.23	3.12	3.03	2.90	2.75	2.60	2.52	2.44	2.35	2.26	2.17	2.06
29	7.60	5.42	4.54	4.04	3.73	3.50	3.33	3.20	3.09	3.00	2.87	2.73	2.57	2.49	2.41	2.33	2.23	2.14	2.03
30	7.56	5.39	4.51	4.02	3.70	3.47	3.30	3.17	3.07	2.98	2.84	2.70	2.55	2.47	2.39	2.30	2.21	2.11	2.01
40	7.31	5.18	4.31	3.83	3.51	3.29	3.12	2.99	2.89	2.80	2.66	2.52	2.37	2.29	2.20	2.11	2.02	1.92	1.80
60	7.08	4.98	4.13	3.65	3.34	3.12	2.95	2.82	2.72	2.63	2.50	2.35	2.20	2.12	2.03	1.94	1.84	1.73	1.60
120	6.85	4.79	3.95	3.48	3.17	2.96	2.79	2.66	2.56	2.47	2.34	2.19	2.03	1.95	1.86	1.76	1.66	1.53	1.38
∞	6.63	4.61	3.78	3.32	3.02	2.80	2.64	2.51	2.41	2.32	2.18	2.04	1.88	1.79	1.70	1.59	1.47	1.32	1.00

索 引

B

摆线 16
半角公式 5
半正定矩阵 340
伴随矩阵 279
备择假设 443
倍加初等矩阵 284
倍角公式 4
被积表达式 73,164
被积函数 73,164
比较审敛法 208
比值审敛法 210
必然事件 364

闭区间内的连续函数 41
闭区域 134
边界 134
边界点 134
边缘分布函数 396
边缘分布律 397
边缘密度函数 397
变上限定积分 86
标准正交基 313
标准正态分布 426
伯努利定理 421
伯努利方程 236
伯努利试验 377
不定积分 72

不可能事件　364

C

叉积　118
常数变易法　235
常微分方程　229
常系数线性微分方程组　251
超几何分布　380
乘法定理　371
抽样分布　426
初等倍乘矩阵　283
初等变换　282
初等函数　28
初等矩阵　283
初等列变换　283
初等行变换　283
初始条件　230
初值问题　230
垂直方程　124

D

大数定律　420
代数余子式　265
单参数曲线族　239
单调数列　37
单调性　22
单调有界准则　37
单位矩阵　276
单值函数　21
导函数　48
导数　46
导数的几何意义　47
等高线　155
等价矩阵　288

等价无穷小 38
等价无穷小代换定理 39
等价向量组 303
等量面 156
低阶无穷小 38
狄利克雷函数 21
笛卡儿叶形线 19
第Ⅰ类间断点 42
第Ⅱ类间断点 42
第一型曲线积分 182
棣莫佛-拉普拉斯定理 422
点到平面的距离 123
点到直线的距离 9,124
点法式 120
定积分 82
定积分的性质 84

独立同分布的中心极限定理 422
度量矩阵 356
对称矩阵 278
对称式方程 122
对换 256
对换初等矩阵 284
对角矩阵 277
对角形行列式 257
对立假设 443
多元初等函数 138
多元函数 136
多元函数的连续性 138

E

二阶非齐次线性微分方程 243
二阶齐次线性微分方程 243
二维均匀分布 399

二维正态分布　400
二项分布　378
二项分布以正态分布为极限分布的中心极限定理　422
二元函数　135
二元函数的极限　136
二重积分　163
二重积分的换元法　169
二重极限　137

F

F 分布　430
χ^2 分布　427
发散　206
法平面　150
法平面方程　150
法线　151
法线方程　152
法线公式　47
法向量　120,151
反对称矩阵　278
反函数　21
反函数的导数　49
反函数连续性　43
反双曲函数　29
方向导数　153
方向角　115
方向余弦　152
分布函数　382
分布律　376
分段函数　21
分块矩阵　289
分位点　426

分位数　426
分线段为定比的分点公式　7
符号差　339
负定矩阵　340
负二项分布　381
负惯性指数　339
负矩阵　271
负无穷大　35
负向量　114
复合函数　27
复合函数连续性　43
复合事件　363
复矩阵　270
副对角形行列式　259
傅里叶级数　225

G

Γ-函数　99
Γ 分布　388
伽马分布　388
概率密度函数　384
高阶导数　51
高阶无穷小　38
高斯公式　198
格列汶科定理　425
格林第一公式　199
格林公式　189
个体　423
共轭矩阵　329
共轭向量　329
共面　114
古典概型　367

拐点 68

惯性定理 338

广义积分发散 93

广义积分收敛 93

过渡矩阵 310

H

函数 20

函数单调性的判定法 65

函数的间断点 41

函数和、差、积、商的求导法 48

函数极值 65

函数项级数 214

和差与积互化公式 3

和函数 214

弧长 108

弧微分 69

环流量 202

混合积 119

J

积分变量 73

积分号 73

积分曲线 73,231

积分审敛法 210

积分因子 239

基 309

基本初等函数 23

基本单位向量 115

基本事件 363

级数 205

极大似然法 435

极大线性无关组 302

极大值 65,156

极限的四则运算　36
极限的惟一性　30
极小值　65, 156
极值　65, 156
极值点　65
几何分布　382
加法定理　369
加法公式　3
夹逼准则　36
假设检验　443
简单随机样本　423
渐屈线　71
渐伸线　71
降幂公式　6
交错级数　211
交换律　112, 117

阶梯形矩阵　286
接受域　444
结合律　113
截距　120
截距式方程　120
介值定理　44
近似公式　59
经验分布函数　425
矩法　434
矩估计法　434
矩形法　89
矩阵　270
矩阵的秩　287
矩阵的转置　275
拒绝域　444
聚点　134

绝对收敛　98,212
绝对误差　60
绝对误差限　60
均方根　110
均匀分布　385
均匀收敛　215

K

$(k+l)$ 阶混合原点矩　418
$(k+l)$ 阶混合中心矩　418
k 阶无穷小　38
k 阶原点矩　424
k 阶中心矩　418,425
开集　133
开区间内的连续函数　41
开区域　134
柯西(Cauchy)中值定理　62
柯西-施瓦兹不等式　312
柯西乘积　212
柯西极限存在准则(柯西收敛原理)　37
可分离变量的微分方程　231
克拉默(Cramer)法则　267

L

拉阿伯审敛法　210
拉格朗日(Lagrange)中值定理(微分中值定理)　61
拉格朗日乘数法　158
拉格朗日型余项　63,160
莱布尼茨判别法　211
连续　40
连通　134
联合分布函数　393

链式法则 49
两点间的距离 111
两点之间的距离公式 7
两平面间的夹角 121
两条直线之间的夹角 9
两直线间的夹角 122
列维—林德伯格定理 422
邻域 20,133
邻域的半径 20
零点定理 43
零矩阵 271
罗尔(Rolle)定理 61
洛必达法则(L'Hospital) 65

M

麦克劳林(Maclaurin)公式 63
麦克劳林(Maclaurin)级数 222

蔓叶线 19
玫瑰线 17
幂函数 23
幂级数 217
母线 127

N

n 阶常系数齐次线性微分方程 245
n 阶方阵 271
n 阶非齐次线性微分方程 242
n 阶齐次线性微分方程 242
n 阶行列式 256
n 维空间 135
n 元函数的极限 137
内点 133
内积 355
内积分 165

逆概率公式　371
逆序数　255
牛顿-莱布尼茨公式　87

O

欧拉方程　247
欧拉公式　224
欧氏空间　313,355
偶排列　256

P

排列　255
排列的逆序　255
抛物线　14
抛物线法　92
佩亚诺型余项　63
偏导函数　140

偏导数　139
偏微分方程　229
频率　367
平凡子空间　347
平均曲率　69
平均值　110
平面薄片　173
平面方程　119
平面束　123
平行四边形法则　112
泊松定理　379
泊松分布　379
普通旋轮线　16

Q

齐次方程　232
奇偶性　22

奇排列　256
切平面方程　151
切线方程　150
切线公式　47
切向量　149
球面方程　126
区间估计　436
区域　134
曲率　70
曲率半径　70
曲率圆　70
曲率中心　71
曲面面积　172
曲线凹凸　67
取整函数　21
全导数　142

全概率公式　371
全排列　255
全微分　146
全微分方程　236
全微分形式不变性　148
全增量　146

R

r 阶子式　287

S

3σ 规则　388
三角函数　24
三角形不等式　313
三角形的面积公式　7
三角有理式　77
三叶玫瑰线　17

三重积分 174
散度 200
上三角矩阵 277
上三角形行列式 258
生成子空间 347
实矩阵 270
收敛 206
收敛半径 218
收敛定理 225
收敛数列的有界性 30
收敛域 214
数量积 116
数量矩阵 277
数列 30
数列的极限 30
数学期望 409

数与向量的乘积 113
双扭线方程 15
双曲函数 28
双曲抛物面 131
双叶双曲面 129
四点共面 126
随机变量 376
随机事件 363
随机事件的概率 366
随机试验 363
随机现象 363

T

t 分布 428
泰勒(Taylor)中值定理 62
泰勒公式 63,160
泰勒级数 221

特解　230

特征向量　325

特征值　325

梯度　154

梯形法　91

条件分布律　398

条件概率　370

条件极值　158

条件密度函数　398

条件收敛　212

跳跃间断点　42

通量　200

同阶的无穷小　38

同型矩阵　271

统计量　426

投影　117, 132

投影曲线　132

投影柱面　132

椭球面　128

椭圆抛物面　129

W

外积分　165

微分　55

微分方程　229

微分方程的阶　229

微分方程的解　229

微分方程的通解　230

微分算子法　248

微商　57

微元法　102

魏尔斯特拉斯定理　215

无界点集　134

无穷大　35

无穷级数　205

无穷限的广义积分　92

无穷小　35

X

下三角矩阵　278

下三角形行列式　258

线性变换　350

线性空间　344

线性齐次方程　234

线性变换　333

线性无关　243,298

线性相关　298

线性组合　297

相对误差　60

相对误差限　60

相关变化率　55

相关系数　417

相邻对换　256

相似矩阵　327

向量　112,295

向量的长度　115

向量的方向余弦　115

向量的加法　112

向量的夹角　117

向量的减法　114

向量的模　112

向量的内积　311

向量共面　119

向量积　118,119

向量微分算子　203

向量相等　112

向量组的秩　303
小概率事件　443
协方差　416
斜渐近线　69
心形线　17
辛普森(Simpson)公式　92
辛钦定理　421
星形线　16
行矩阵　271
旋度　202
旋转体　106

Y

雅可比(Jacobi)行列式　170
样本　423
样本的数字特征　424
样本方差　424
样本矩　424
样本均值　424
样本空间　363
样本值　423
一般项　30
一阶微分方程解的存在与惟一性定理　239
一阶非齐次线性微分方程　234
一阶线性微分方程　234
一致连续　45
一致收敛　215
优势级数　216
有界点集　134
有界性　22,43
右导数　47
右极限　32

右连续 41

右下三角形行列式 260

余弦定理 6

余子式 265

元素法 102

原点矩 418

原函数 72

原假设 443

Z

正定二次型 340

正定矩阵 340

正惯性指数 339

正交变换 359

正交补 359

正交轨线 239,240

正交矩阵 314

正态分布 386

正无穷大 35

正弦定理 6

正弦级数与余弦级数 226

正项级数 208

直线的参数式方程 122

直线共面 125

直线与平面的夹角 123

指数分布 386

置信度 437

置信区间 437

中点 111

中心极限定理 422

重心 173

周期性 22

驻点 157

柱面　127
柱面方程　127
转动惯量　174
准线　127
子空间　310
子空间的和　348
子空间的交　348
子空间的直和　349
子数列（或子列）　30
单位向量　112
自然基　309
总体　423

最大似然法　435
最大值　43
最大值、最小值　66
最小值　43
左导数　47
左极限　31
左连续　41
左上三角形行列式　259
坐标　309
坐标平移公式　11
坐标旋转公式　11